高等职业教育产教融合特色系列教材

数控车铣编程与加工

主　编　崔广军　张南洋　徐昆鹏

副主编　田永庆　马路路　黄美英

主　审　陈子银

北京理工大学出版社

BEIJING INSTITUTE OF TECHNOLOGY PRESS

内容简介

《数控车铣编程与加工》是一本全面介绍数控车铣编程与加工技术的专业书籍。本书以FANUC系统为技术平台，按照教学内容划分为3个模块6个项目，26个任务，采用项目引领、任务驱动、虚实结合、课上课下结合的编写思路，全面介绍数控车铣编程与加工技术。加工难度与要求从模块、项目到任务，皆遵循由简单到复杂的原则。每个任务采用企业真实或典型的零件为教学载体，逐步渗入数控技术的相关知识，实现岗、课、赛、证综合育人，同时满足当前行业发展对高技能技术人才的需求，有利于读者构建复合型的职业能力。

本书内容由浅入深，内容丰富，详简得当，既注重内容的先进性，又有实用性；既有理论又有实例，是一本实用性很强的教材。

本书可作为数控技术应用专业、机电技术应用专业高等院校、高职院校教材，也可作为从事数控车床工作的工程技术人员的参考用书和数控车床短期培训用书。

为便于教学，本书配有电子课件、教学视频、训练手册等教学资源。

图书在版编目(CIP)数据

数控车铣编程与加工 / 崔广军，张南洋，徐昆鹏主编. -- 北京：北京理工大学出版社，2024.3(2024.8重印)
ISBN 978-7-5763-3692-4

Ⅰ. ①数… Ⅱ. ①崔… ②张… ③徐… Ⅲ. ①数控机床-车床-加工工艺 ②数控机床-铣床-加工工艺 Ⅳ. ①TG519.1 ②TG547

中国国家版本馆CIP数据核字(2024)第056977号

责任编辑：王梦春　　**文案编辑：**魏　笑
责任校对：刘亚男　　**责任印制：**李志强

出版发行 / 北京理工大学出版社有限责任公司
社　　址 / 北京市丰台区四合庄路6号
邮　　编 / 100070
电　　话 / (010) 68914026 (教材售后服务热线)
(010) 68944437 (课件资源服务热线)
网　　址 / http://www.bitpress.com.cn

版 印 次 / 2024年8月第1版第2次印刷
印　　刷 / 河北盛世彩捷印刷有限公司
开　　本 / 787 mm×1092 mm　1/16
印　　张 / 17
字　　数 / 359千字
定　　价 / 48.50元

前　言

本书编写基于 OBE 理念，理论表述简洁易懂，步骤清晰明了，在内容的组织和讲解方面力求做到符合教学规律和认知特点，便于读者自学使用，是高等职业院校机械类专业适用的教材。

本书内容涵盖数控车铣编程的基本原理、加工工艺、刀具选择、切削参数优化等多个方面，同时结合大量的实例和案例分析，使读者能够更好地理解并掌握相关知识。通过本书的学习，读者能够全面了解数控车铣编程与加工的各个方面，提高在实际工作中解决复杂问题的能力。

本书在编写过程中，力求内容的实用性和易读性，使读者能够快速掌握数控车铣编程与加工的核心知识；同时，注重内容的系统性和完整性，确保读者能够全面了解数控车铣编程技术的各个方面。

本书适合机械制造、数控技术、机电等专业的在校学生、教师以及从事相关工作的工程师和技术人员阅读。通过学习本书，读者能够掌握数控车铣编程与加工的核心知识，为未来的职业发展打下坚实的基础。

本书由江苏安全技术职业学院崔广军、张南洋，徐州工业职业技术学院徐昆鹏担任主编；江苏开放大学田永庆，江苏安全技术职业学院马路路、黄美英担任副主编；江苏安全技术职业学院张莉、张星、阚世元、宋宜振、谢峰以及徐贺参编；由江苏安全技术职业学院陈子银主审。由于编者的水平和经验有限，书中难免有欠妥和疏漏之处，恳请读者批评指正。

编　者

2023 年 10 月

目 录

模块一

数控车床编程与加工

数控车床是使用较为广泛的数控机床之一，主要用于轴类零件或盘类零件的内外圆柱面、任意锥角的内外圆锥面、复杂回转内外曲面和圆柱、圆锥螺纹等切削加工，并能进行切槽、钻孔、扩孔、铰孔及镗孔等。车削定义的条件是刀具静止，工件旋转。

数控车床主要加工零件的类型和所使用的刀具如下所示。

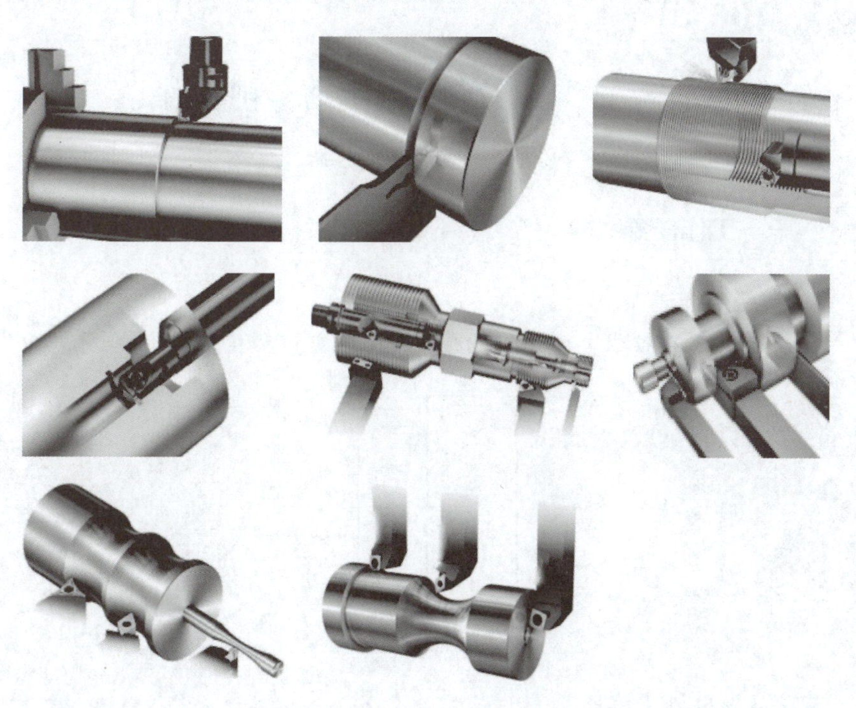

项目一　简单轴类零件的加工

项目描述

本项目介绍 FANUC 数控车床系统的操作面板与基本操作，对单一外圆零件、单一直槽轴、单一螺纹、圆弧轴零件进行加工。通过学习掌握数控系统的功能和数控机床的操作方法，掌握数控系统手工编程方法及标准坐标系的设定原则，能够区别机床坐标系及机床原点、参考坐标系及机床参考点、工件坐标系及编程原点，掌握程序结构及程序中各参数的含义。熟悉数控车床编程指令，学会直径及半径编程方法，学会使用绝对坐标及增量坐标进行坐标值确定；掌握数控车床辅助功能指令以及基本加工指令（如 G00、G01、G02、G03、G32 等）的格式、作用及参数含义；掌握子程序使用方法。通过加工简单轴类零件，学会分析工件加工工艺路线，熟练掌握数控车床加工步骤，并能对所加工工件进行检测及评价。

一、工作任务

1. 任务描述

手动方式完成图 1-1 零件的车削加工，保证零件的精度。

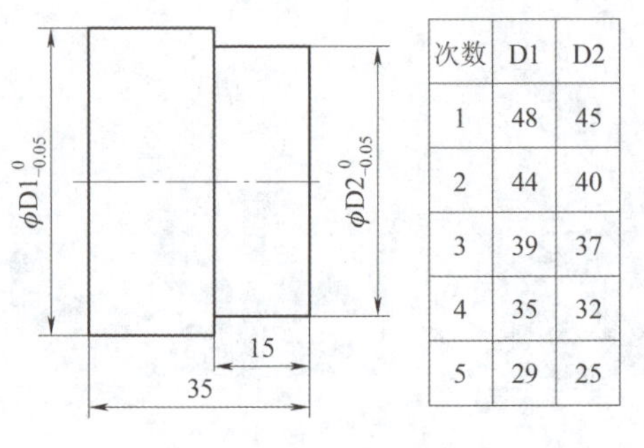

次数	D1	D2
1	48	45
2	44	40
3	39	37
4	35	32
5	29	25

图 1-1　零件图

手动车削零件

2. 学习目标

（1）熟悉数控车床的组成，能说出面板按钮的名称、功能以及用途。

（2）掌握 M、T、F 几种常见指令功能，掌握数控车床操作面板的操作方法。

（3）明确操作规范和实训室使用规范，使学生养成良好的工程职业习惯。

二、任务准备

1. 常用代码指令

(1) S 指令。

1) 恒主轴转速（G97）。

如图 1-2 所示，n 表示车床主轴的转速，单位为 r/min。

格式：G97 S1000；表示主轴转速为 1 000 r/min。

2) 主轴恒线速度（G96）。

如图 1-2 所示，v_c 表示刀具切削刃上的某一点相对待加工表面在主运动方向上的瞬时速度，单位为 m/s。

格式：G96 S150；表示切削速度为 150 m/min。

应用场合：此指令一般在车削盘类零件的断面或零件直径变化较大的情况下采用，这样可以保证直径变化。主轴的线速度不变，从而保证切削速度不变，使工件表面的粗糙度保持一致。

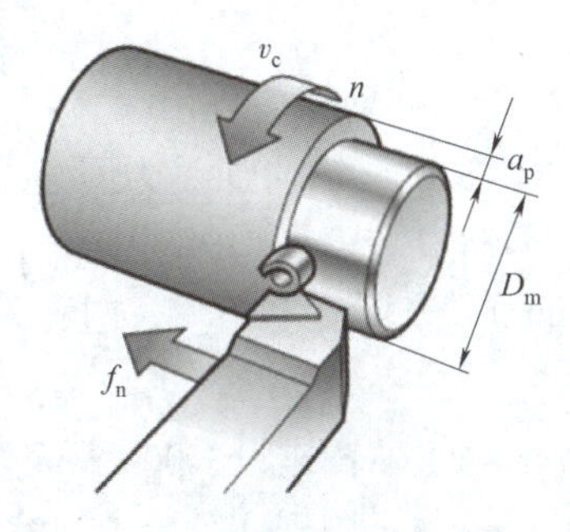

图 1-2　轴类零件车削加工（1）

3) 主轴最高转速限制指令（G50）。

一般情况下，切削速度 v_c 由刀具的耐用度决定，而主轴转速 n 则依据允许的切削速度和工件（或刀具）直径来选择，两者之间换算公式为 $n=1\,000\,v_c/\pi d$。当工件直径越大，采用的转速越低，反之亦然。

主轴转速指令 S

例 1-1：在图 1-3 中，依据刀片盒提供的最优切削速度（320 m/min），加工ϕ50 mm 圆柱面，是否需要 G50 指令？

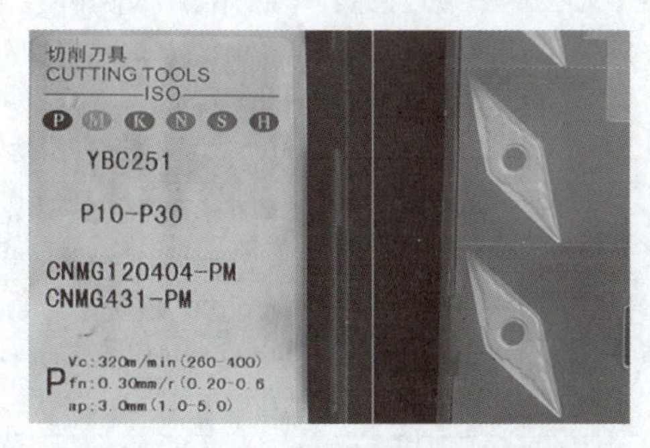

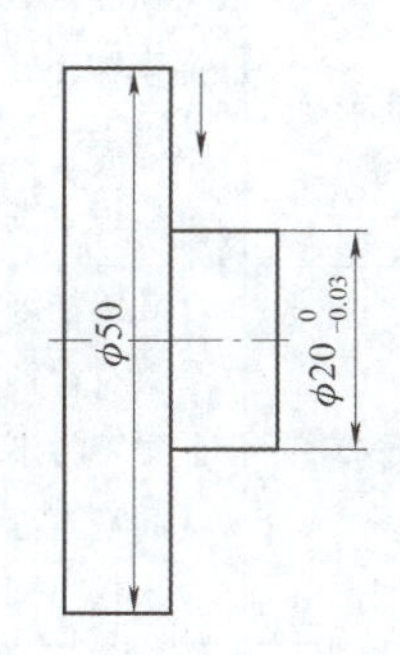

图 1-3　轴类零件车削加工（2）

$v_c=320$ m/min，$d=50$ mm

$n=v_c\times 1\,000/\pi d$

$=320\times 1\,000/3.14\times 50$

$=2\,038$ r/min

(2) F 指令。

在切削工件时，单位时间内工件与刀具在进给方向上的相对位移，可分为每分钟进给和每转进给两种，如图 1-4 所示。

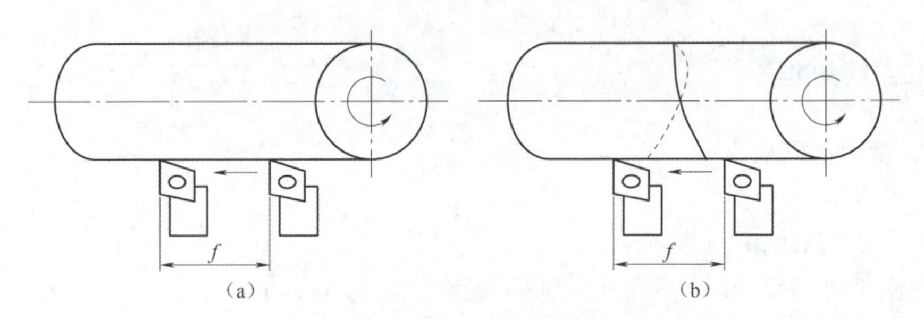

图 1-4　进给速度的两种进给方式
(a) 每分钟进给 (G98); (b) 每转进给 (G99)

进给速度指令 F

图 1-4 (a) 所示为刀具每分钟移动的距离，单位为 mm/min，采用 G98 指令；图 1-4 (b) 所示为主轴每转刀具移动的距离，单位为 mm/r，采用 G99 指令，两者关系如下：

$$f_{每分钟进给} = 主轴转速 \times f_{每转进给}$$

当主轴转速为 1 000 r/min 恒定时，每转进给为 F100，采用 G98 指令时，f 值为 0.1 mm/r；同理，每分钟进给为 F200，采用 G99 指令时，f 值为 0.2 mm/r。

(3) M 指令。

M 指令用于完成数控加工操作时的辅助动作，类似开、关功能的指令，常用的部分辅助功能 M 代码指令见表 1-1。M 指令是数控加工中的辅助指令，根据机床厂家设置的不同，不同机床的 M 指令也不尽相同。

表 1-1　常用的部分辅助功能 M 代码指令

代码	模态	功能说明
M00	非模态	M00 指令是一个暂停指令。功效是履行本指令后，机床结束一切操作，即主轴停转、切削液关闭、进给结束。但模态信息全数被保存，在按下把持面板上的启动指令后，机床重新启动，持续履行后面的程序。 本指令主要用于零件在加工过程中需停机检查、测量零件、手工换刀或交接班等
M01	非模态	M01 指令是一个选择性暂停指令。功效与 M00 指令类似，不同的是，M01 指令只有在预先按下把持面板上“选择结束开关”按钮的情形下，程序才会结束。如果不按下“选择结束开关”按钮，程序履行到 M01 指令时不会结束，而是持续履行下面的程序。M01 指令结束之后，按启动按钮可以持续履行后面的程序。 本指令主要用于加工工件抽样检查，清理切屑等
M02	非模态	M02 指令是程序结束指令。功效是履行此指令后，程序全数结束。此时主轴停转、切削液关闭，数控装置和机床复位。 本指令写在程序最后一段
M03	模态	M03 指令是主轴正转指令，M04 是主轴反转指令。M05 指令表现主轴结束迁移转变。M03、M04、M05 均为模态代码指令，可相互取消
M04		
M05		
M06	非模态	M06 指令为手动或主动换刀指令。当履行 M06 指令时，进给结束，但主轴、切削液不停。M06 指令不包含刀具选择功效，常用于加工中心等换刀前的筹备工作

续表

代码	模态	功能说明
M08	模态	本指令用于冷却装置的启动和关闭。M08 指令表示切削液打开，M09 指令表示切削液关闭
M09		
M30	非模态	M30 指令是一个程序结束指令。M30 指令能主动返回程序起始地位，为加工下一个工件作好筹备
M98	非模态	M98、M99 为子程序调用与返回指令。M98 为调用子程序指令，M99 为子程序结束并返回到主程序的指令
M99	非模态	

（4）T 指令。

功能：刀具功能指令字，后接两位数或四位数，前半部分表示刀具号，后半部分表示刀具补偿号。刀具号和补偿号可以相同，也可以不同（见图 1-5）。

例 1-2：

T0101 表示 1 号刀具，刀具地址在 01。

T0102 表示 1 号刀具，刀具地址在 02。

T0100 表示取消 1 号刀补。

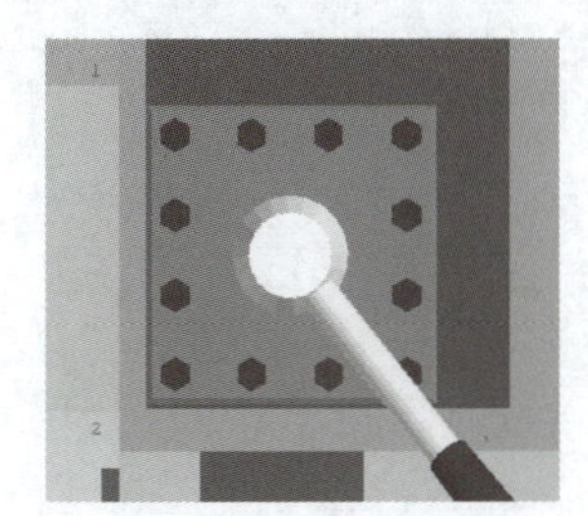

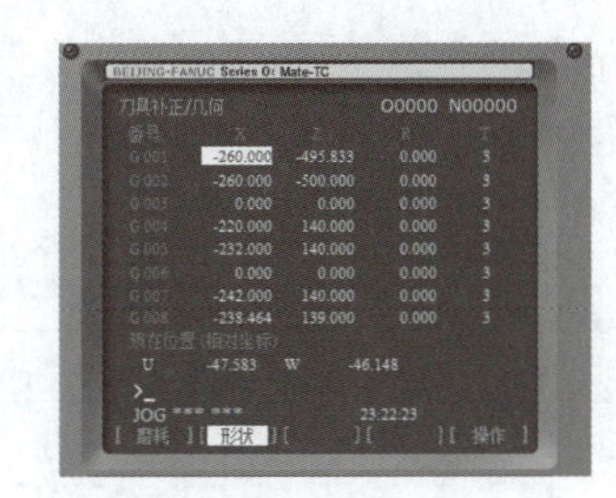

图 1-5　刀位及对刀参数

2. 数控机床面板操作

（1）熟悉 MDI 键盘。

数控机床操作面板如图 1-6 所示，显示器区位于操作台左上部，用于汉字菜单系统状态故障报警的显示和加工轨迹的图形仿真。MDI 键盘区用于零件程序的编制、参数输入、MDI 及系统管理操作等。标准化的字母数字式 MDI 键盘的大部分键具有上档键功能，通过 SHIFT 键进行切换。

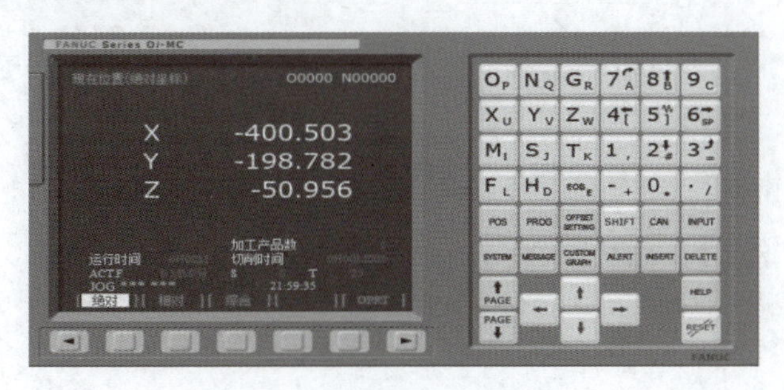

数控机床面板操作

图 1-6　数控机床操作面板

1）屏幕操作功能键。

POS 键：位置屏幕；PROG 键：程序屏幕；OFFSET SETTING 键：偏置或设置屏幕；SYSTEM 键：系统屏幕；MESSAGE 键：信息屏幕；CUSTOM GRAPH 键：图形显示屏幕。

2）程序编辑键。

CAN 键：取消，用来删除输入缓存区的最后一个字符或符号；INPUT 键：输入，用于参数数据的输入；ALTER 键：替换，用于程序的编辑；INSERT 键：插入，用于程序的编辑；DELETE 键：删除，用于程序的编辑。

3）其他功能键。

PAGE 键：翻页，用于将屏幕显示的页面向前、向后翻页；HELP 键：帮助；RESET 键：复位，可以使 CNC 复位或者取消报警等；EOB 键：“；”符号；光标移动键：控制光标的移动位置。

（2）机床控制面板。

标准机床控制面板位于操作面板的下部。机床控制面板用于直接控制机床的动作或加工过程，如图 1-7 所示。

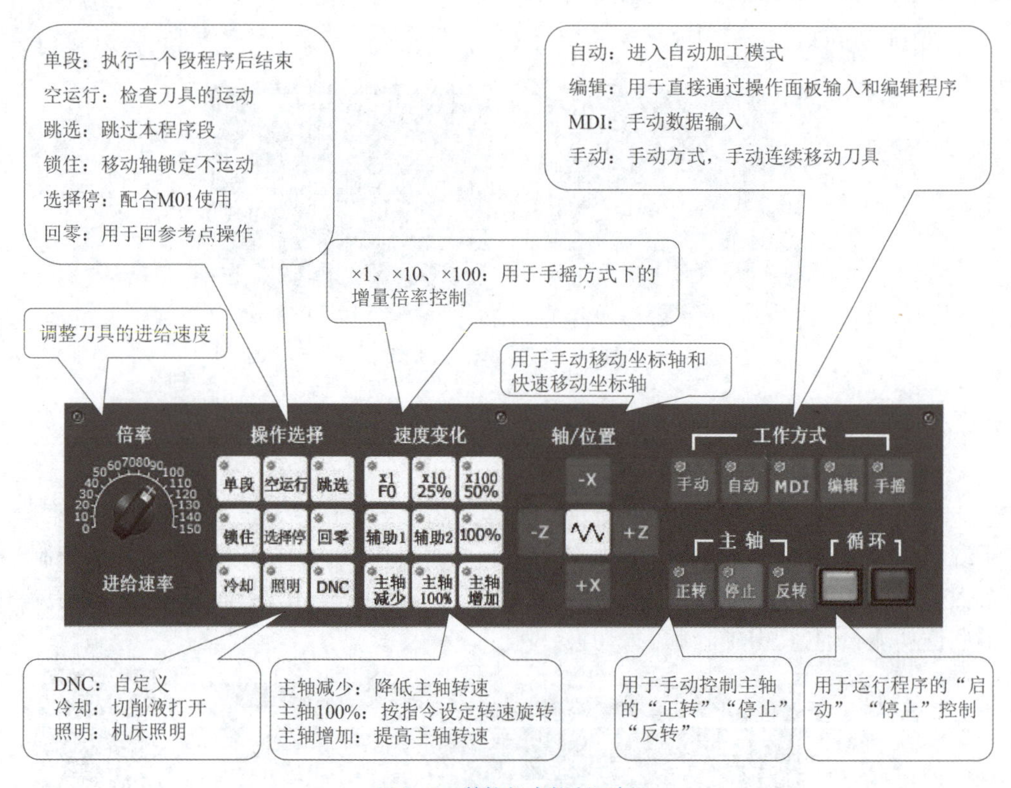

图 1-7　数控机床控制面板

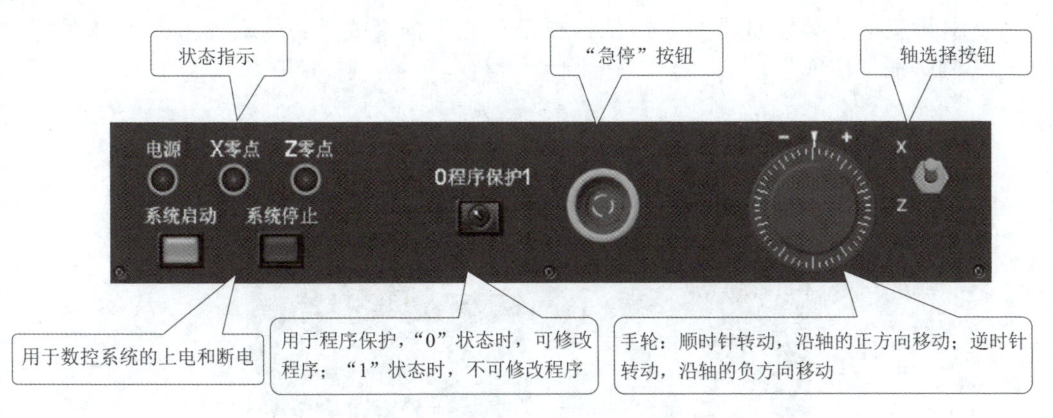

图 1-7　数控机床控制面板（续）

三、任务实施

1. 探究学习

（1）采用数控仿真软件完成下列任务。

①完成机床的开机、关机。

②在手动方式下，使主轴正转、反转、停止。

③在 MDI 方式下，使主轴正转，转速为 800 r/min；使主轴反转，转速为 1 000 r/min。

④在 MDI 方式下，使切削液打开、关闭。

⑤1 号刀位装外圆刀，2 号刀位装切断刀，3 号刀位装螺纹刀，4 号刀位装镗孔刀，并在 MDI 模式下分别调用到加工状态下，如图 1-8 所示。

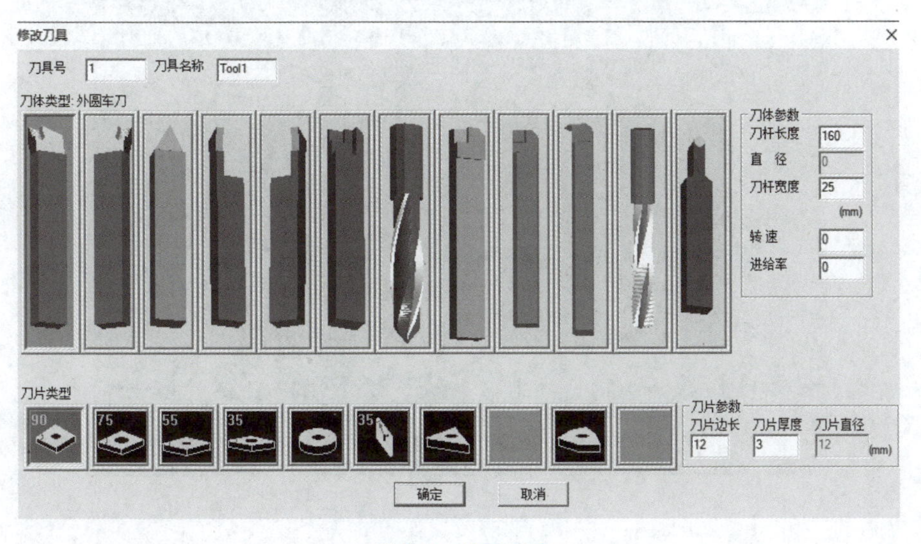

图 1-8　设置刀具

⑥在 JOG 模式下，实现外圆刀分别沿 X、Z 轴的正负方向移动。

⑦在手摇模式下，实现外圆刀分别沿 X、Z 轴的正负方向移动。

学习笔记

⑧设置毛坯参数如图 1-9 所示，在手动或手摇模式下，仿真加工图 1-1 的零件，测量加工精度。

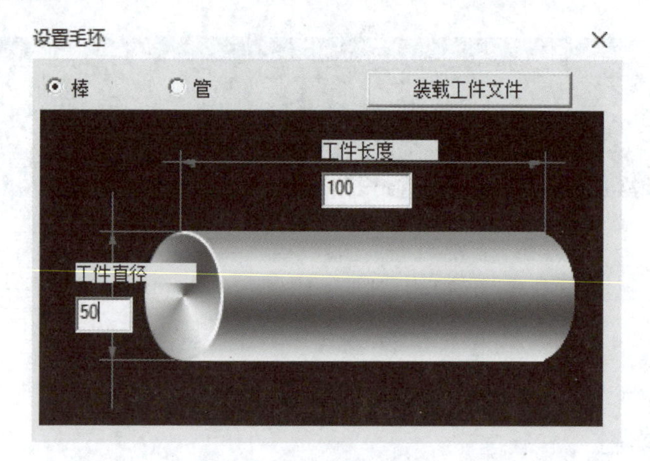

图 1-9　设置毛坯参数

2. 实践操作

（1）采用三爪自定心卡盘夹持 ϕ50 mm 毛坯外圆并校正，露出加工位置的长度约 50 mm，确保工件夹紧。

（2）根据加工要求，在 1 号刀位正确安装一把 90°外圆车刀，确保刀尖对中、伸出长度合适，刀具要夹紧。

（3）确认工卡量具摆放标准如图 1-10 所示。开机，进入 MDI 方式，输入 M03 1000，使主轴正转。

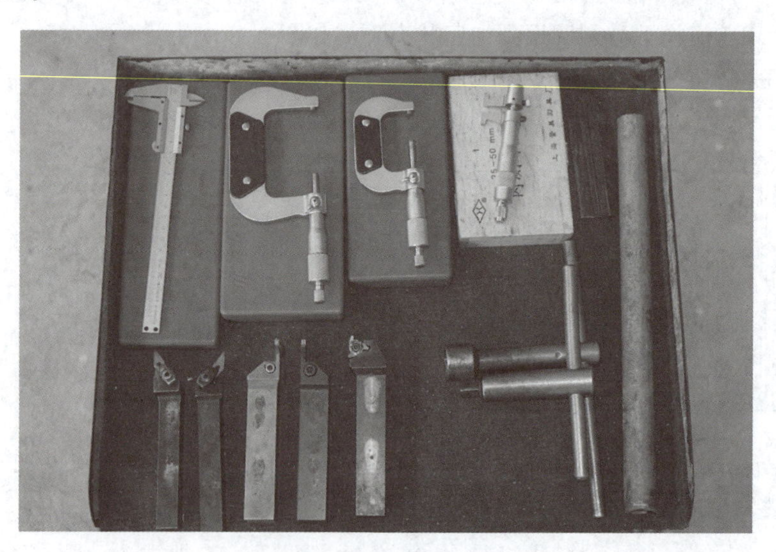

图 1-10　工卡量具摆放标准

（4）按照要求，在手动方式下完成图 1-1 零件的加工。

（5）加工完毕，清理卫生，关闭各电源开关，填写完成附录表 1 实践过程记录表。

四、任务测评

见附录表 2 任务评测表。先自己检测完成任务的情况，再与同学互检，合格后交指导教师评分，教师签字后方可进行下一任务的实训。

五、拓展练习

（1）数控车床和普通车床在组成部分、操作方式上有哪些区别？
（2）操作数控车床应该注意哪些事项？

数控机床对刀

程序暂停与停止

程序校验

前后置刀架

车削单一外圆零件

任务 2 车削单一外圆零件

一、工作任务

1. 任务描述

承接某企业的外协加工产品，加工数量为 180，备品率为 5%，废品率不超过 2%，见图 2-1。

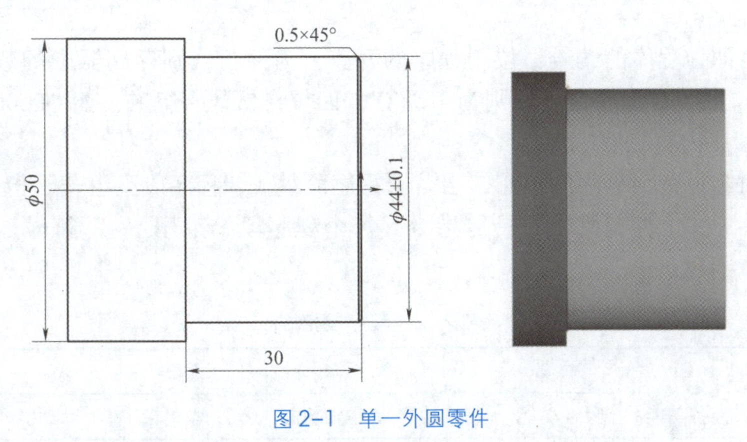

图 2-1　单一外圆零件

2. 学习目标

（1）了解完整程序的构成，熟悉数控编程坐标值的确立方法，掌握编程的基本要求。

（2）掌握 G00、G01 指令格式中参数的含义，能使用 G00、G01 指令完成正确

程序的编写。

（3）掌握对刀含义，能正确完成试切对刀的操作流程，安全规范完成单一外圆零件的加工。

二、任务准备

1. 程序的结构

一个完整的程序由程序名、程序内容和程序结束三部分组成，完整的程序结构见表 2-1。

表 2-1 完整的程序结构

<table>
<tr><th>数控程序</th><th colspan="3">注释</th></tr>
<tr><td>O0001；</td><td colspan="3">程序名</td></tr>
<tr><td>N10 M3 S1000；</td><td>主轴正转，转速 1 000 r/min</td><td>程序段</td><td rowspan="8">程序内容</td></tr>
<tr><td>N20 T0101；</td><td>1 号刀，刀补地址为 01</td><td>程序段</td></tr>
<tr><td>N30 G00 X52 Z2；</td><td>刀具快速定位到安全点</td><td>程序段</td></tr>
<tr><td>N40 X46；</td><td>刀具定位到切削点</td><td>程序段</td></tr>
<tr><td>N50 G01 Z-30 F0.1；</td><td>刀具切削加工</td><td>程序段</td></tr>
<tr><td>N60 G0 X52；</td><td>刀具 X 方向退刀</td><td>程序段</td></tr>
<tr><td>N70 Z2；</td><td>刀具 Z 方向退刀</td><td>程序段</td></tr>
<tr><td>N80 M5；</td><td>主轴停止</td><td>程序段</td></tr>
<tr><td>N90 M30；</td><td>程序结束并返回至程序开始</td><td colspan="2">程序结束</td></tr>
</table>

（1）程序名。

程序名即为程序的编号，位于程序的开头，为便于区别存储器中的数控加工程序，FANUC 系统对程序命名规则为字母 O 加四位自然数字组成，如 O0000～O9999。

（2）程序内容。

程序内容是整个程序的核心，由若干程序段组成，程序段又由若干指令字组成，每个指令字为一个控制机床的具体指令，每个程序段结束用“；”符号，程序段格式如表 2-2 所示。

表 2-2 程序段格式

N	G	X、Z	F	S	T	M	EOB
程序段号	准备功能	尺寸功能	进给功能	主轴功能	刀具功能	辅助功能	结束符

（3）程序结束。

采用程序结束 M30 或 M02 指令作为整个程序结束的符号。

2. 数控车床坐标系统

（1）车床坐标轴。

数控车床坐标系采用右手笛卡尔坐标系，大拇指为 X 轴，食指为 Y 轴，中指为 Z

轴，手指的指向为各个坐标轴的正方向，见图 2-2。数控车床坐标轴只有 X 轴、Z 轴，其中 Z 轴为工件旋转轴线方向，X 轴在平面内垂直于 Z 轴的方向，刀具远离工件的方向为坐标轴的正方向。图 2-2 所形成的机床件坐标系是以机床原点 O 为坐标系原点，并遵循右手笛卡尔直角坐标系。

数控车床对刀

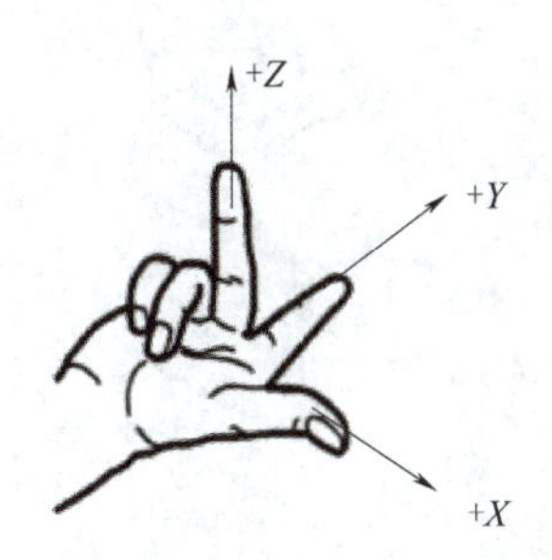

图 2-2　数控车床坐标系

（2）坐标原点。

坐标原点又称为编程原点，是方便编程人员编程而人为设定的点，一般选在工件的右端面、左端面或卡爪的前端面。图 2-3 所形成的工件坐标系是以工件右端面为编程原点 01。另外，图 2-3 中的 02 称为加工原点，也称为起刀点，当工件加工完毕，刀具返回至该点位置，等待执行下一个零件的加工命令。

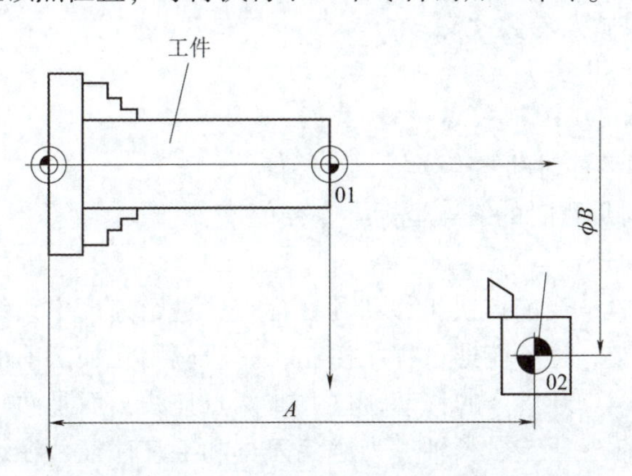

图 2-3　数控车床坐标系的编程原点与加工原点

（3）数控对刀。

对刀的目的是确定编程原点在机床坐标系中的位置，实质是通过工件坐标系和刀具补偿值的设置操作，在机床坐标系的基础上确定毛坯、刀具和编程原点之间的关系。试切法对刀是实际中应用的最多的一种对刀方法，对刀步骤见图 2-4。

1）用外圆车刀先试车一外圆，记住当前 X 坐标，测量外圆直径后，用 X 坐标减外圆直径，所得值输入 offset 界面的几何形状 X 值里，完成 X 轴对刀。

2）用外圆车刀先试车一外圆，记住当前 Z 坐标，输入 offset 界面的几何形状 Z 值里，完成 Z 轴对刀。

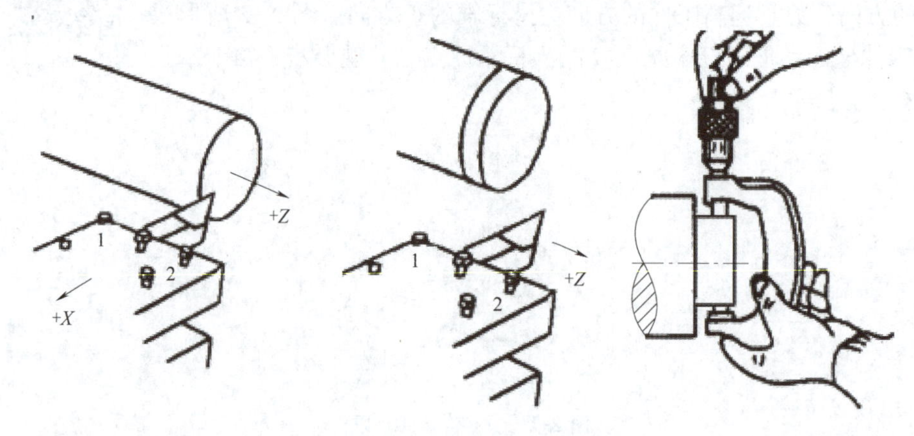

图 2-4　试切法对刀步骤

3. 基本 G 代码

G 代码也称为准备功能，它是用来控制数控车床工作方式或控制系统工作方式的一种命令，由 G 和其后 2 位数字组成，从 G00～G99，共 100 种功能。

（1）G00 指令。

1）G00 指令格式及参数含义。

G00 是快速定位指令。

G00 G01 代码

指令格式：G00 X(U)_ Z(W)_；

X、Z——绝对编程时的终点坐标，直径值；

U、W——相对编程时的终点坐标，直径值。

2）指令运动轨迹。

本指令可使刀具从当前点快速移动到目标点，进给速度由系统指定，通过机床操作面板倍率可调整，但不能通过程序控制，一般应用在加工前的快速定位和加工完毕后的快速退刀。G00 指令的移动轨迹并非两点连线，而是两轴先同步进给做斜线运动，走完较短轴，再走较长轴。为避免刀具和毛坯碰撞，在编程时尽量使两轴单独运动，先走 X 轴，再走 Z 轴。如图 2-5 所示，要求采用 G00 指令编程，刀具完成快速进刀和快速退刀。

快速进刀：$A→B$

绝对值编程：G00 X42 Z2；刀具先从 A 点先移动到 C 点，然后移动到 B 点

快速退刀：$B→A$

相对值编程：G00 U38 Z8；刀具先从 B 点移动到 C 点，然后移动到 A 点

单轴快速进刀：$A→B$

N10 G00 X42；　　　　　　先走 X 轴移动

N20 G00 Z2；　　　　　　　然后 Z 轴移动

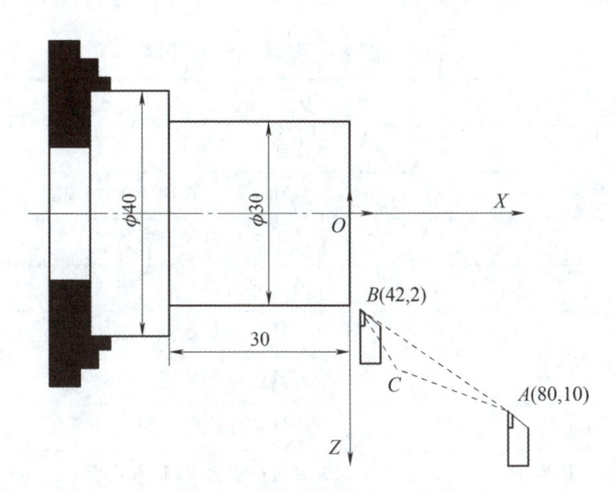

图 2-5　G00 指令的走刀轨迹

（2）G01 指令。

1）G01 指令格式及参数含义。

G01 是直线插补指令，用于加工直线轮廓。

指令格式：G01 X(U)_ Z(W)_ F_；

X、Z——绝对编程时的终点坐标，直径值；

U、W——相对编程时的终点坐标，直径值；

F——进给速度，单位取决于 G98 指令或 G99 指令。

2）指令运动轨迹。

G00 指令主要是进行快速定位，不进行切削，G01 则是按照指定的进给速度做规定斜率的直线运动。刀具的轨迹是起始点到终点的直线，如图 2-6 中锥面（$A \to B$）、端面（$B \to C$）和圆柱面（$B \to C$）的切削所示。

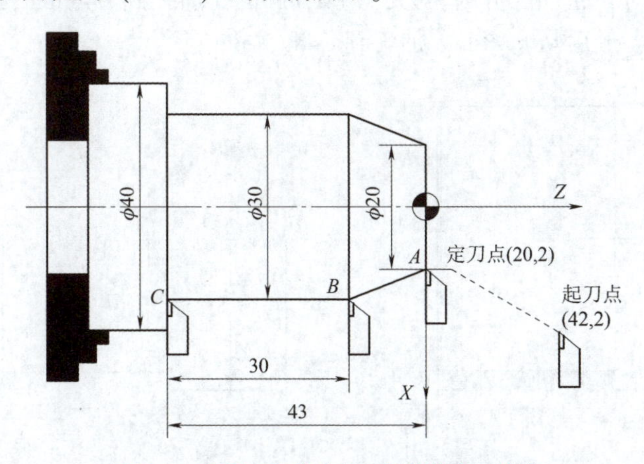

图 2-6　采用 G01 指令加工零件的走刀轨迹

4. 实例讲解

如图 2-6 所示，假设工件的粗加工已完毕，现在需要一刀完成精加工，试完成零件精加工程序的编写（见表 2-3）。

表 2-3 图 2-6 零件的参考程序

程序	注释
O1234;	程序名
N10 M03 S1 000;	主轴正转，转速 1 000 r/min
N20 T0101 G99;	调用 1 号刀，每转进给
N30 G0 X42 Z20;	刀具起刀点
N40 G0 X20 Z2;	刀具快速移动到定刀点
N50 G0 X20 Z0;	刀具定位到 *A* 点
N60 G01 X30 Z-13 F0.1;	刀具从 *A* 点加工到 *B* 点
N70 G01 X30 W-30 F0.1;	刀具从 *B* 点加工到 *C* 点
N80 G0 X42 Z-43;	刀具沿着 *X* 轴方向退刀
N90 G0 X42 Z20;	刀具沿着 *Z* 轴方向退刀
N100 M05;	主轴停止
N110 M30;	程序结束

三、任务实施

1. 工艺分析

（1）分析编程路线。

单一轴的加工分为四步，即 G00 指令进刀 $A\to B$，G01 指令切削 $B\to A$，G00 指令退刀 $C\to D$，G00 指令返回 $D\to A$（见图 2-7（a））。当背吃刀量为 1 mm，精加工余量为 0.5 mm 时，粗加工分为三刀，先从 ϕ50 mm 加工到 ϕ48 mm，然后从 ϕ48 mm 加工到 ϕ46 mm，最后从 ϕ46 mm 加工到 ϕ44.5 mm。

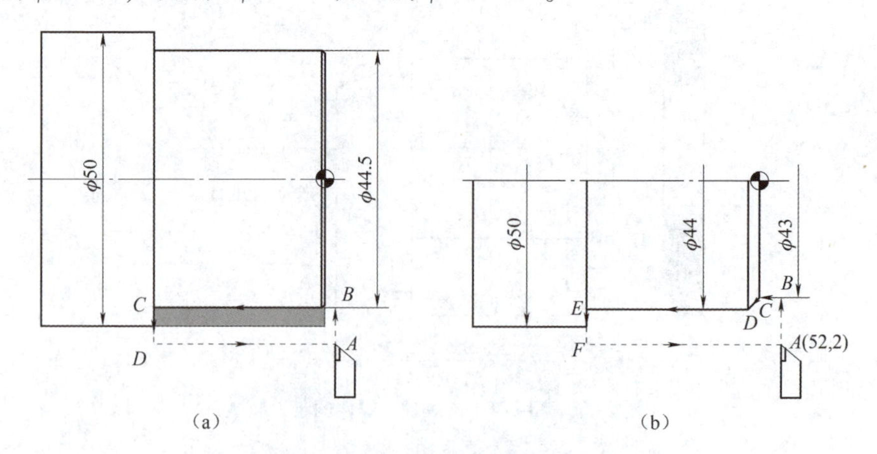

图 2-7 单一轴加工的编程路线

（a）粗加工编程路线；（b）精加工编程路线

完成粗加工后，采用 G01 指令按照 $A\to B\to C\to D\to E\to F\to A$（见图 2-7（b））

学习笔记

走刀轨迹完成零件的精加工。

（2）制定数控加工工序卡片（见表 2-4）。

表 2-4　单一轴的数控加工工序卡片

加工步骤	程序号	加工内容	刀具刀号	切削要素		
				n/（r·min^{-1}）	f/（mm·r^{-1}）	a_p/mm
1	O0001	粗加工 ϕ44 mm 外圆	90°外圆车刀 T0101	1 000	0.1	1
2		精加工 ϕ44 mm 外圆		1 200	0.08	0.5

2. 编制程序与仿真校验

单一外圆零件的参考程序如表 2-5 所示，数控车床走刀轨迹仿真效果如图 2-8 所示。

表 2-5　单一外圆零件的参考程序

程序	注释
O1234;	程序名
N10 M03 S1000;	主轴正转，转速 1 000 r/min
N20 T0101 G99;	调用 1 号刀，每转进给
N30 G0 X52 Z2;	刀具定刀点
N40 G0 X48 Z2;	第 1 刀加工
N50 G01 X48 Z-30 F0.1;	切削外圆
N60 G00 X52 Z-30;	X 方向退刀
N70 G00 X52 Z2;	Z 方向退刀
N80 G0 X46 Z2;	第 2 刀加工
N90 G01 X46 Z-30 F0.1;	
N100 G00 X52 Z-30;	
N110 G00 X52 Z2;	
N120 G00 X44.5 Z2;	第 3 刀加工
N130 G01 X44.5 Z-30 F0.1;	
N140 G00 X52 Z-30;	
N150 G00 X52 Z100;	快速返回到换刀点
N160 M00;	程序暂停
N170 M3 S1200;	主轴正转，转速 1 200 r/min
N180 G00 X52 Z2;	刀具快速定位到 A 点
N190 G00 X43 Z2;	刀具快速定位到 B 点

续表

程序	注释
N200 G01 X43 Z0 F0.08;	刀具移动到 C 点
N210 G01 X44 Z-0.5 F0.08;	刀具进给 D 点，去锐倒角
N220 G01 X44 Z-30 F0.08;	刀具进给 E 点，精加工 ϕ44 mm 外圆
N230 G00 X52 Z-30;	刀具快速移动 F 点
N240 G00 X52 Z100;	返回刀具换刀点
N250 M05;	主轴停止
N260 M30;	程序结束

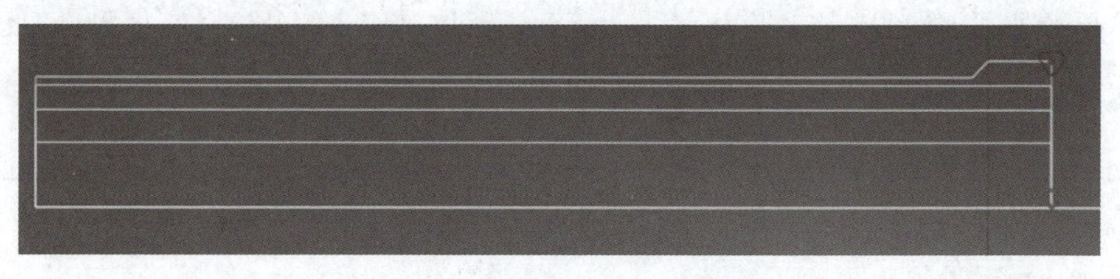

图 2-8　数控车床走刀轨迹仿真效果

3. 实践操作

（1）采用三爪自定心卡盘夹持 ϕ50 mm 毛坯外圆并校正，露出加工位置的长度约 45 mm，确保工件夹紧。

（2）根据加工要求，在 1 号刀位正确安装一把 90°外圆车刀，确保刀尖对中、伸出长度合适，刀具要夹紧。

（3）确认工具放置原处。开机，进入 MDI 方式，输入 M03 1000，使主轴正转。采用试切法对刀确定工件的右端面为编程原点，建立工件坐标系。

（4）在编辑模式下，输入程序并校验程序是否正确。

①刀具几何偏移：由于刀具的几何形状不同和刀具安装位置不同而产生的刀具偏移。

②刀具磨损偏移：由刀具刀尖的磨损产生的刀具偏移。在实际运用中比较广泛，可以用于设置精加工余量，以保证零件加工精度；也可以用于刀路轨迹的校验，在数控机床不锁定情况下，检验程序是否正确。

FANUC 系统若要进行刀具磨损偏移设置，则只需按下“磨耗”软键即可进入相应的设置画面。在手动方式下，输入“150”，单击“输入”按钮，即可将 Z 轴往正方向偏移 150 mm，参数设置如图 2-9 所示。另外，图 2-9 中的代码“T”指刀沿类型，“R”指刀尖圆弧半径，对于圆柱面加工不影响，这里可以不输入。

（5）在自动模式下，完成单一外圆零件的加工。

（6）加工完毕，清理卫生，关闭各电源开关，填写完成附录表 1 实践过程记录表。

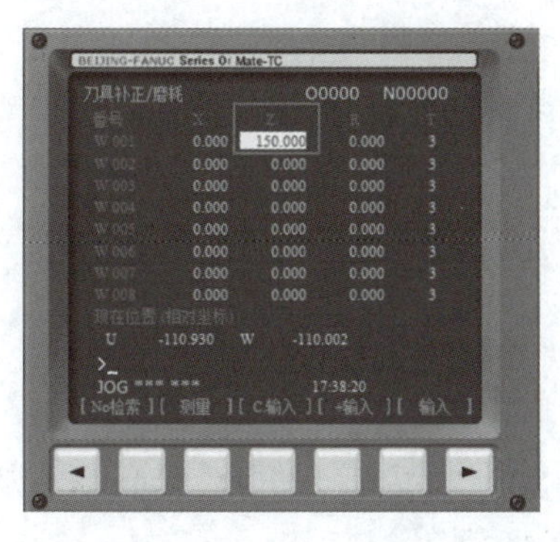

图 2-9　设置刀具磨损偏移，用于检验程序

四、任务测评

见附录表 2 任务评测表。先自己检测完成任务的情况，再与同学互检，合格后交指导教师评分，教师签字后方可进行下一任务的实训。

五、拓展练习

简单轴类零件如图 2-10 所示，结合自身情况，至少完成其中一个零件程序的编写。

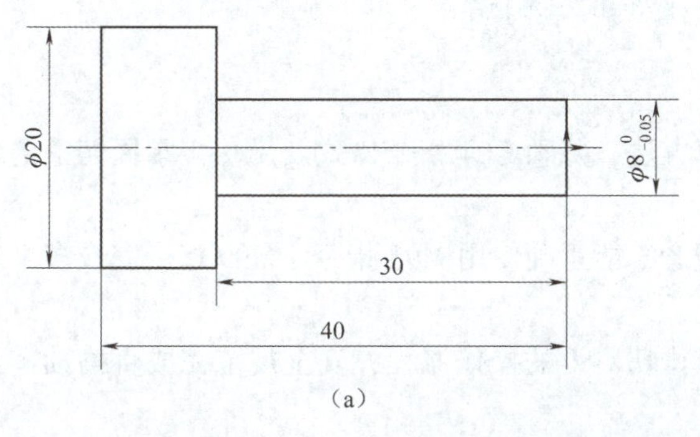

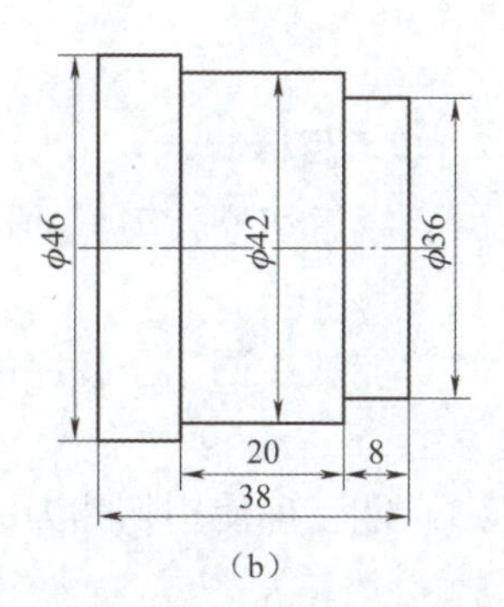

图 2-10　简单轴类零件

(a) 基础题；(b) 提高题

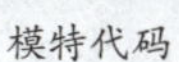

模特代码

混合编程

任务3 车削单一直槽轴零件

一、工作任务

1. 任务描述

承接某企业的外协加工产品，加工数量为180，备品率为5%，废品率不超过2%，见图3-1，毛坯为$\phi 32$ mm×55 mm，材料为45钢。

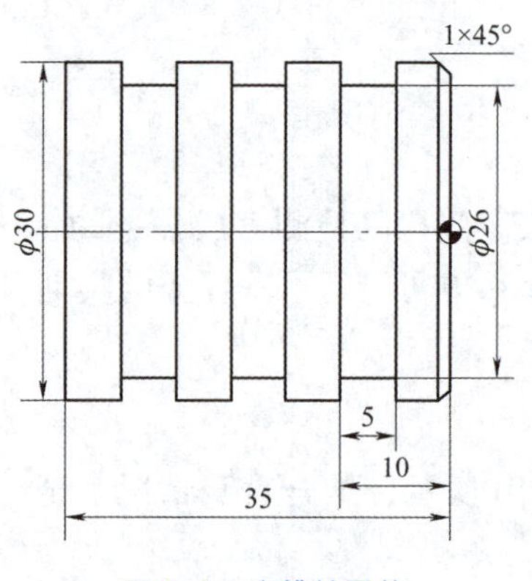

图3-1 直槽轴零件

车削单一直槽轴零件

2. 学习目标

（1）了解切槽刀刀宽的计算方法，熟悉G04指令格式及用法，掌握切槽的编程方法。

（2）能叙述调用子程序的概念，能正确使用M98指令、M99指令完成多个槽的编程方法。

（3）能正确使用切槽刀完成试切对刀的操作流程，安全规范完成直槽轴零件的加工。

二、任务准备

1. 车槽的基础知识

（1）切槽刀刀宽。

在切槽加工中，因为切槽刀有左右两个刀位点，编制程序前必须明确切槽刀刀宽。从图3-2可知，在满足加工条件下切槽刀的刀宽尽可能选择小，以便降低振动、节省材料。但较小刀宽易导致刀头强度降低，同时会影响加工效率。因此，切槽刀刀宽的经验计算方法如下所示。

$$W \approx (0.5\sim0.6)\sqrt{d} \tag{3-1}$$

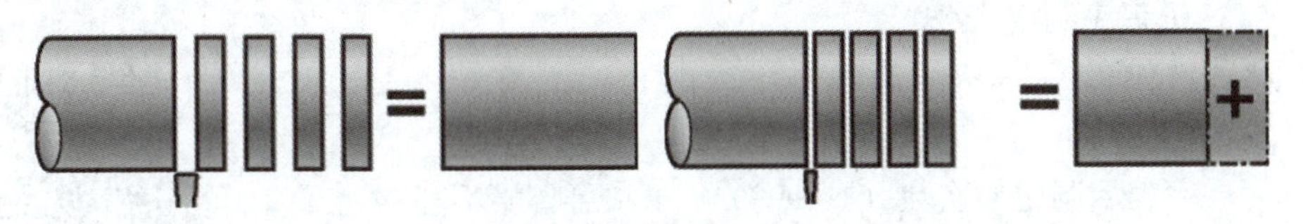

图 3-2　切槽加工

（2）暂停指令（G04）。

如图 3-3 所示，对于宽度和深度都不大的简单直槽加工，选择合适的刀宽后，采用 G01 指令直接切入加工。当刀具切入槽底后可使刀具短暂停留，以便修整槽底圆度，得到较光滑的表面。

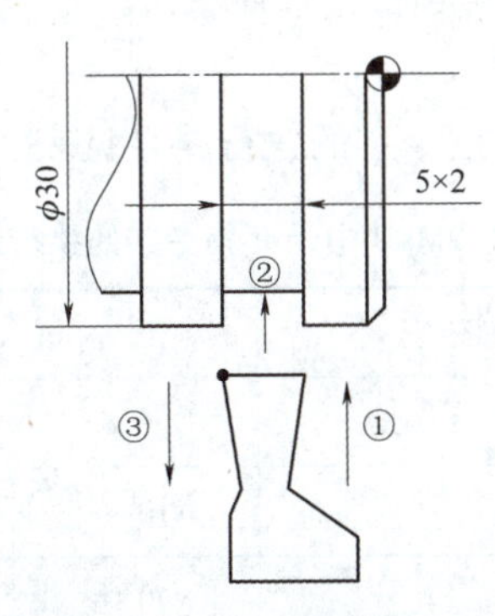

切槽加工

图 3-3　简单直槽的加工方式

1）格式：G04 X_;或 G04 P_;

X——指定暂停时间，单位为 s；

P——指定暂停时间，单位为 ms。

2）应用案例。

为简化编程，假设刀具宽度为 5 mm，左刀尖为刀位点，参考程序如下：

```
G00 X32 Z-10;            定位
G01 X26 Z-10 F0.1;       切槽
G04 P2000;               暂停 2 s
G00 X32 Z-10;            X 轴方向退刀
```

3）G04 和 M00、M01 指令的区别。

①G04 指令是非模态代码，只能在被指定程序段中有效。刀具进给速度暂停规定的时间后，即可自行运行后面程序，一般用于槽底或台阶尖角需要保留的部位。

②程序执行 M00、M01 指令后，主轴停止，进给停止。只有手动按下循环启动按钮才可继续运行后面程序，主要用于工件检验、排屑等场合。

2. 子程序

数控车床加工程序的编写可分为主程序和子程序两种。一般主程序是一个完整的零件加工程序，它与被加工的工件或加工要求一一对应。而对于程序中有一些顺序固定或反复出现的加工图形，可将其写为子程序，然后由主程序来调用，这样可以简化程序的编写。

（1）子程序调用指令。

格式：M98 P＊＊＊＊####

参数含义：

＊——表示调用的次数（1~9999），1 次可省略不写；

#——表示调用的子程序名（O0000~O9999）。

V 形槽加工

（2）子程序返回指令。

格式：M99 P####

参数含义：

#——可指定返回段，如果未输入 P，则返回主程序调用子程序的 M98 指令后面一段程序继续执行，否则跳转到指定程序行。

（3）实例讲解。

M99 中无 P 指令字和有 P 指令字的执行路径见表 3-1、表 3-2。

表 3-1　M99 中无 P 指令字的执行路径

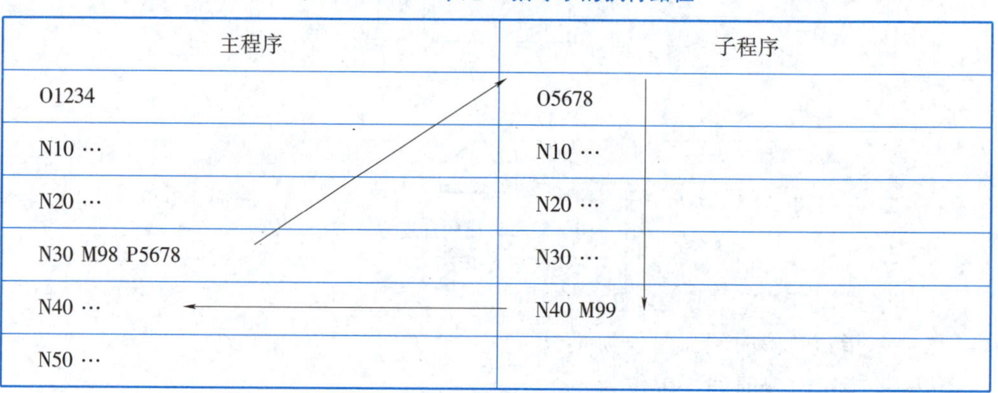

主程序	子程序
O1234	O5678
N10 …	N10 …
N20 …	N20 …
N30 M98 P5678	N30 …
N40 …	N40 M99
N50 …	

表 3-2　M99 中有 P 指令字的执行路径

主程序	子程序
O1234	O5678
N10 …	N10 …
N20 …	N20 …
N30 M98 P25678	N30 …
N40 …	M99 P50
N50 …	

表 3-1 中的 O1234 主程序运行到 N30 M98 P5678 时，就会执行 O5678 子程序一次，当执行到 N40 M99 时，就会返回到主程序继续执行 N40 程序段。

表 3-2 中的 O1234 主程序运行到 N30 M98 P25678 时，就会执行 O5678 子程序两次，当执行到 M99 P50 时，就会返回到主程序继续执行 N50 程序段。

另外，在调用子程序时，一般采用相对值进行混合编程，以确保程序的正确性。

三、任务实施

1. 工艺分析

（1）分析编程路线。

见图 3-4，采用 G01 指令粗加工 ϕ30 mm 外圆→精加工 ϕ30 mm 外圆以及倒角→依次粗加工 3 个 5 mm×2 mm 的槽→切断。

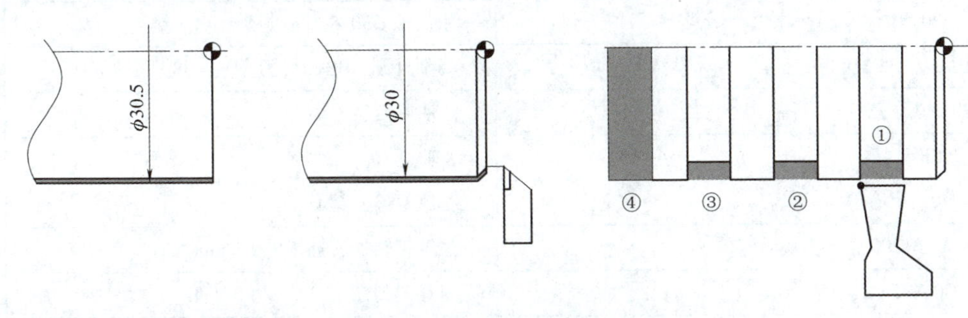

图 3-4　直槽轴加工的编程路线

（2）制定数控加工工序卡片（见表 3-3）。

表 3-3　数控加工工序卡片

加工步骤	程序号	加工内容	刀具刀号	切削要素		
				n/(r·min^{-1})	f/(mm·r^{-1})	a_p/mm
1	O0001	粗加工 ϕ30 mm 外圆	90°外圆车刀 T0101	1 000	0.1	1
2		精加工 ϕ44 mm 外圆		1 200	0.08	0.5
3	O0002 O0003	粗加工宽 5 mm 深 2 mm 槽	刀宽为 3 mm 切槽刀 T0202	500	50	2
4	—	切断		400	手动完成	

注：O0002 为主程序，O0003 为子程序。

2. 编制程序与仿真校验

G 功能指令有模态功能和非模态功能之分，非模态 G 功能指令只在所规定的程序段有效，如 G04；模态功能指令被执行时一直有效，直到被同一组 G 功能注销为止。

在数控编程中前一个点的终点是后一个点的起点，如果起点与终点最终没有相对位移，则对应的尺寸终点坐标可不写。

另外，程序段号对零件加工的走刀轨迹没有影响，可略。在相关代码指令或程序名中前导 0，也可略，例如 G01→G1，M03→M3，O0123→O123（系统会自动补齐四位）等。

基于上述描述，零件简化后的参考程序如表 3-4、表 3-5 所示，走刀轨迹如图 3-5、图 3-6 所示。

表 3-4 外圆零件参考程序

程序	注释
O0001;	程序名
M03 S1000;	主轴正转，转速 1 000 r/min
T0101 G99;	调用 1 号刀，每转进给
G0 X34 Z2 M08;	刀具定刀点（左刀尖），切削液打开
X30.5;	粗加工 $\phi30.5$ mm 外圆
G1 Z-38 F0.1;	切削外圆，35+3（刀宽）= 38 切断用
G0 X34;	X 轴退刀
Z100;	Z 轴退刀
M00;	程序暂停，检测工件
M3 S1200;	主轴正转，转速 1 200 r/min
G0 X32 Z2;	刀具定刀点
G1 X28 F0.1;	刀具移动到第一个点
Z0;	
X30 Z-1;	倒角 $C1$
Z-38;	精加工 $\phi30$ 外圆
G0 X32;	X 轴退刀
Z100;	Z 轴退刀
M5;	主轴停止
M9;	切削液关闭
M30;	程序结束

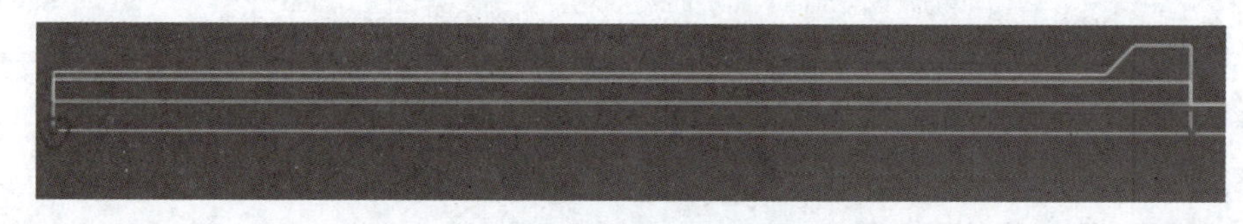

图 3-5 零件走刀轨迹仿真效果图（1）

表 3-5 切槽参考程序

程序	注释
O0002;	程序名（主程序）
M03 S600;	主轴正转，转速 600 r/min
T0202 G99;	调用 2 号刀，进给速度为 0.1 mm/r
G0 X32 Z2 M08;	刀具定刀点，切削液打开
M98 P30003;	调用子程序 O0003 三次
N1 Z100;	返回安全点

续表

程序	注释
M5;	主轴停止
M30;	程序结束
O0003;	程序名（子程序）
W-12;	刀具定位到Z10
G01 X26 F0.1;	切槽到槽底
G04 X2;	暂停2s（或G04 P2000）
G0 X32;	*X*轴退刀
W2;	刀具定位到Z10
G01 X26 F0.1;	切槽到槽底
G04 X2;	暂停2s
G0 X32;	*X*轴退刀
M99;	子程序返回指令，执行主程序N1段

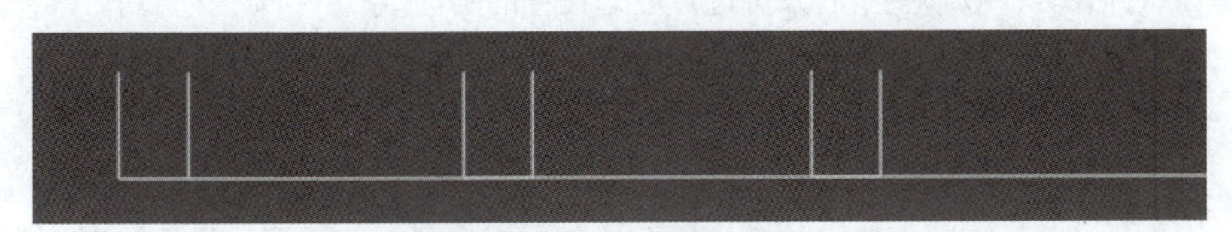

图3-6　零件走刀轨迹仿真效果图（2）

3. 实践操作

（1）采用三爪自定心卡盘夹持ϕ50 mm毛坯外圆并校正，露出加工位置的长度约50 mm，确保工件夹紧。为节约环保，可选用上一任务的零件作为毛坯。

（2）根据加工要求，在1号刀位正确安装一把90°外圆车刀，确保刀尖对中、伸出长度合适，刀具要夹紧。

（3）在2号刀位正确安装一把切槽刀，安装、使用注意事项如图3-7所示。主要切槽刀的主切削刃必须与工件轴线等高，过低容易破裂、增加飞边，过高导致刀

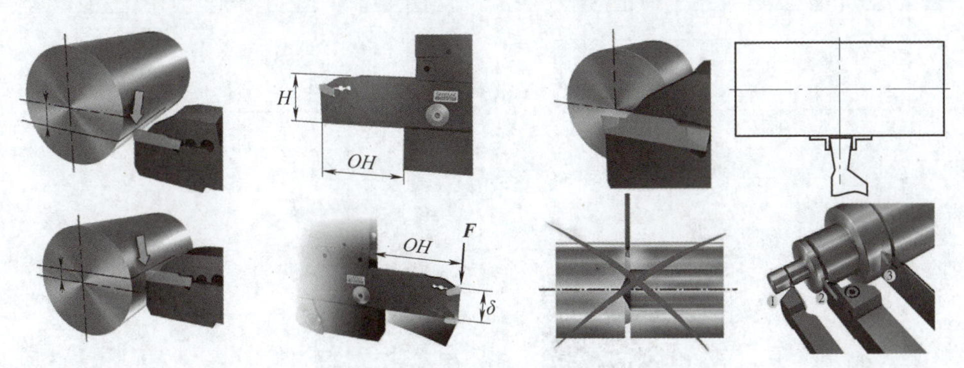

图3-7　切槽刀的安装、使用注意事项

具破裂以及磨损加快。切槽刀的中心线必须与工件轴线垂直，切槽刀的切削刃必须与工件轴线平行，在满足加工条件的情况下，刀具伸出的长度尽可能越短越好。手动切断时，在到达中心之前降低进给速度。

（4）确认工具放置原处。开机，进入 MDI 方式，输入 M03 800，使主轴正转。平端面，采用切槽刀的左刀尖点为编程点，试切对刀确定工件的右端面为编程原点，建立工件坐标系。

（5）在编辑模式下，输入程序并校验程序是否正确。

（6）在自动模式下，完成直槽轴零件的加工。

（7）在手动切断时，刀具进给缓慢匀速。务必在到达中心之前降低进给速度，距离中心还有 2 mm 时，将进给降低 75%；距离 0.5 mm 时，则停止进给，靠自重自行掉落。

（8）加工完毕，清理卫生，关闭各电源开关，填写完成附录表 1 实践过程记录表。

四、任务测评

见附录表 2 任务评测表。先自己检测完成任务的情况，再与同学互检，合格后交指导教师评分，教师签字后方可进行下一任务的实训。

五、拓展练习

零件如图 3-8 所示，结合自身情况，至少完成其中一个零件程序的编写。

小提示：对于有精度要求的槽必须两边都留有余量，防止形成锥面。对于深槽加工，为方便排屑避免刀具伸出过长导致刀具损坏，应采用分层进刀方式。

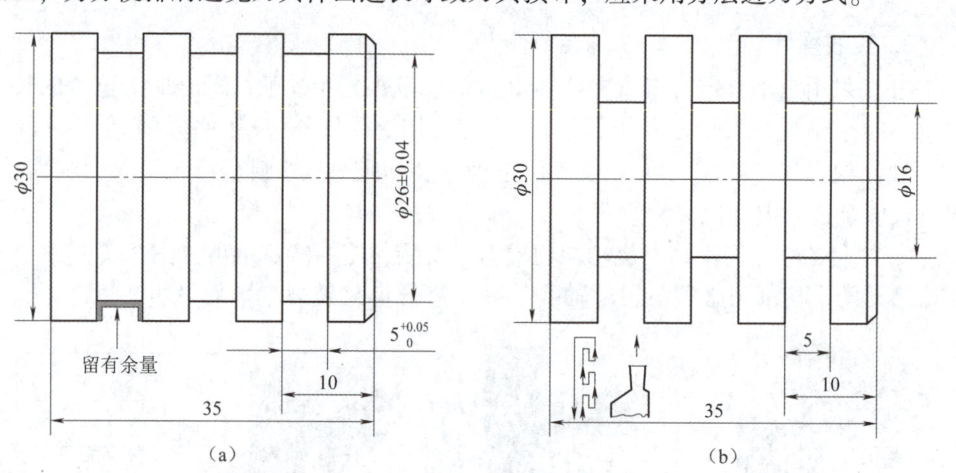

图 3-8 零件图

（a）基础题；（b）提高题

练习题（a）

练习题（b）

学习笔记

任务 4 车削单一螺纹零件

一、工作任务

1. 任务描述

承接某企业的外协加工产品，加工数量为 180，备品率为 5%，废品率不超过 2%，见图 4-1，零件的加工毛坯为 ϕ40 mm×80 mm，材料为 45 钢。

2. 学习目标

（1）掌握螺纹基本切削 G32 指令的格式和功能。

（2）能制定普通三角螺纹的加工工艺，掌握三角螺纹车削的编程方法。

（3）能正确完成试切对刀的操作流程，安全规范完成普通三角螺纹的加工。

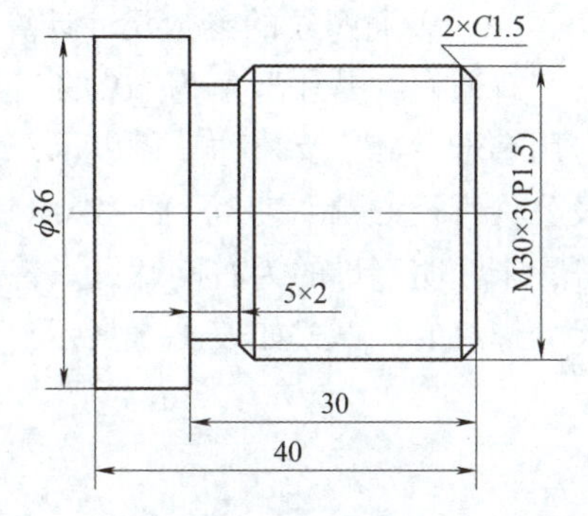

图 4-1 普通螺纹零件

二、任务准备

1. 普通螺纹参数尺寸计算

（1）数控车床车削螺纹的原理。

工件旋转，车刀沿工件轴线方向做等速移动，保持工件转一周，刀具移动一个导程的距离，如图 4-2 所示。

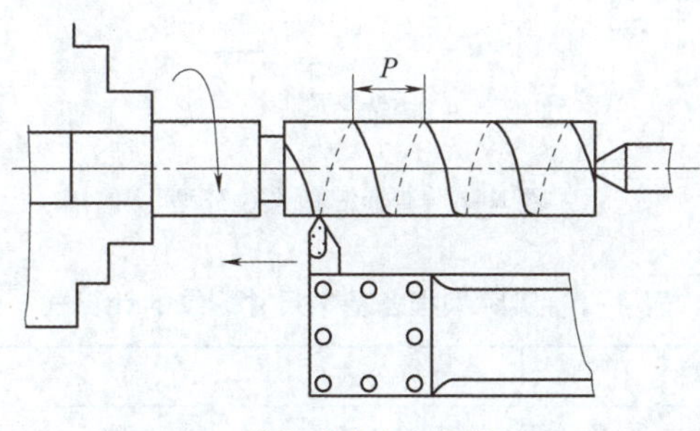

图 4-2 数控车床车削螺纹的原理

车削单一螺纹零件

螺纹加工属于成形加工，其切削面积大，切削过程切削力大，不可能一次加工成形，按照进给方式可分为以下三种加工方式（见图 4-3）。

1）径向进刀法，也称直进法，是最常用的进刀方法，易扎刀，适用于小螺距，导程小于 3 mm，常采用 G32 或 G92 指令。

2）侧向进刀法，大多数的数控机床进行预编程，采用 G76 指令不带退刀槽，加工过程中振动轻，排屑好，适用于导程大于 3 mm 螺纹的粗加工。

3）交替式进刀法，加工较大螺纹牙型的首选，可以显著减少切削过程中的振

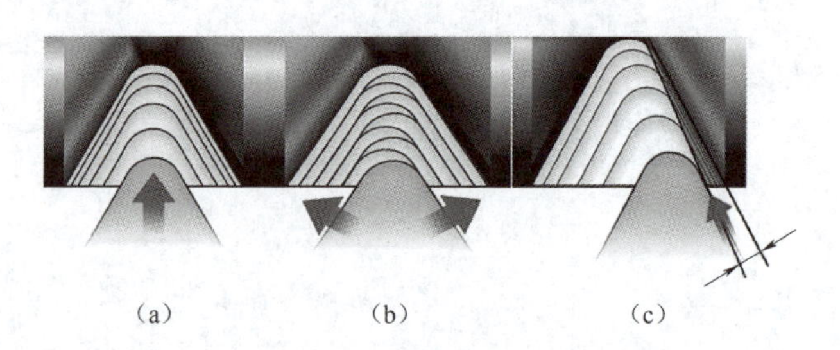

图 4-3　螺纹的车削方法

(a) 径向进刀法；(b) 变替式进刀法；(c) 侧向进刀法

动，适用于导程大于 5 mm 螺纹的粗精加工。

(2) 普通螺纹的参数尺寸计算。

普通螺纹是牙型角为 60°的三角形螺纹，有粗牙和细牙之分。粗牙普通螺纹代号用字母“M”及公称直径表示，如 M16、M20 等。细牙普通螺纹代号用字母“M”及公称直径×螺距表示，如 M20×1.5，M10×1 等。左旋螺纹的表示如 M20×1.5LH 等，未注明字母的为右旋螺纹。普通三角螺纹牙型如图 4-4 所示，实际编程各基本尺寸螺纹的计算式如表 4-1 所示。

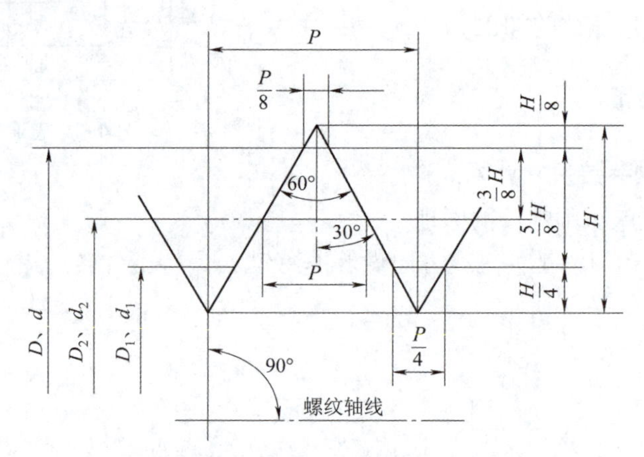

图 4-4　普通三角螺纹牙型

表 4-1　实际编程各基本尺寸螺纹的计算式

序号	名称	代号	计算公式	备注
1	螺纹牙深	H	$H=0.65P$	理论计算公式为 $H=0.54P$
2	外螺纹大径	d_s	$d_s=d-0.13P$	d_s 为实际大径，受刀具挤压产生塑性变形
3	外螺纹小径	d_1	$d_1=d-1.3P$	经验计算公式
4	外螺纹中径	d_2	$d_2=d-0.65P$	经验计算公式
5	内螺纹底孔直径	D_k	$D_k=D-P$	塑性材料，受刀具挤压产生塑性变形
			$D_k=D-1.05P$	脆性材料，受刀具挤压产生塑性变形
6	内螺纹小径	D_1	$D_1=D-1.3P$	经验计算公式
7	螺纹升角	ϕ	$\tan\dfrac{nP}{\pi d_2}$	与螺距和工件直径有关

例 4-1：计算 M24×1.5 螺纹的基本尺寸。

螺纹尺寸计算

$d=24$（mm）

大径：$d_s=d-0.13P=24-0.13\times1.5=23.805$（mm）

牙深：$H=0.65P=0.65\times1.5=0.975$（mm）

中径：$d_2=d-H=d-0.65P=24-0.975=23.025$（mm）

小径：$d_1=d-2H=d-2\times0.65P=24-1.95=22.05$（mm）

2. 螺纹加工切削用量的选择

（1）主轴转速。

螺纹转速较低易产生鳞刺，转速较高易挤压变形严重，且螺纹的进给速度受主轴转速影响较大。因此，在通常情况下，主轴转速可用下式计算。

$$n\leqslant\frac{1\,200}{P}-k \tag{4-1}$$

式中　k——保险系数，可取 80；

P——螺纹螺距（导程）。

例 4-2：计算 M24×1.5 螺纹的主轴转速。

$$n\leqslant\frac{1\,200}{P}-k$$

$$n\leqslant\frac{1\,200}{1.5}-80$$

$$n\leqslant720\ (\text{r/min})$$

（2）螺距与切削深度对照。

采用直进法时，随着进给深度不断递增，每次的背吃刀量应越来越小，这样才可避免因切削力较大从而损坏刀具。因此，切削深度分配原则是切削深度由大到小，可以根据表 4-2 选择确定。

表 4-2　螺纹进给次数与切削深度

序号	螺距 P	螺纹牙深 $H=0.65P$	切削深度（直径值）a_p/mm								
			1 次	2 次	3 次	4 次	5 次	6 次	7 次	8 次	9 次
1	1.0	0.649	0.7	0.4	0.2	—	—	—	—	—	—
2	1.5	0.974	0.8	0.6	0.4	0.16	—	—	—	—	—
3	2.0	1.299	0.9	0.6	0.6	0.4	0.1	—	—	—	—
4	2.5	1.624	1	0.7	0.6	0.4	0.4	0.15	—	—	—
5	3.0	1.949	1.2	0.7	0.6	0.4	0.4	0.4	0.2	—	—
6	3.5	2.273	1.5	0.7	0.6	0.6	0.4	0.4	0.2	0.15	—
7	4.0	2.598	1.5	0.8	0.6	0.6	0.4	0.4	0.4	0.3	0.2

（3）进给量。

螺纹加工时，必须保证工件转一周，刀具移动一个导程的关系，因此，螺纹每分钟的切削速度就是螺纹的导程与主轴转速的乘积。

例 4-3：计算 M24×1.5 螺纹的导程。

$$f=n\times P=720\times 1.5=1\ 080\ (\text{mm/min}) \tag{4-2}$$

3. 等螺距螺纹切削基本指令 G32

通过 G32 指令，可以切削等螺距直线螺纹、锥度螺纹以及漩涡行螺纹，也可以切削在中途改变切削导程、形状等的特殊螺纹，以进行连续螺纹的切削。

（1）G32 指令格式及参数含义。

G32 指令

指令格式：G32 X(U)_ Z(W)_ F_ Q_;

X、Z——绝对编程时的终点坐标，直径值；

U、W——相对编程时的终点坐标，直径值；

F——螺纹的导程；

Q——螺纹切削开始角度，单位为 0.001°，但在 FANUC 系统中 Q 不能为小数，故位差角为 180°时，将其制定为 Q180000。另外，单线螺纹可略。

（2）指令运动轨迹。

采用 G32 指令完成螺纹的加工轨迹和 G01 指令外圆加工一样，可以分为 G00 进刀、G32 螺纹加工、G00 退刀、G00 返回四个步骤，并依次从螺纹的牙顶递减到螺纹的牙底即可完成螺纹的加工，如图 4-5 所示。

能否采用 G01 指令代替 G32 指令进行螺纹加工？螺纹切削是在从安装在主轴上的位置编码器检测出转信号后开始。因此，进行多次螺纹切削，主轴转速从粗车到精车不变，工件在圆周上的切削开始点以及刀具路径不变。另外，螺纹切削时要指定 G97 指令，不能使用 G96 指令，防止螺纹偏斜。以上这些，直线插补 G01 指令无法实现。

在螺纹实际加工开始和结束时，伺服系统会有一个加速和减速过程，为保证螺纹的正确性，在进刀点和退刀点必须设置合理的导入距离和导出距离，一般 $\delta 1$ 为 2~5 mm，$\delta 2$ 为（1/4~1/2）mm。

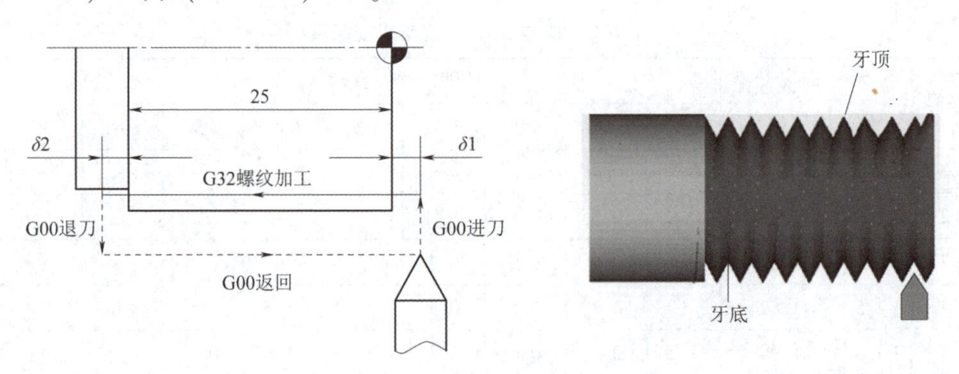

图 4-5　G32 指令的螺纹加工轨迹

（3）实例讲解。

以 M24×1.5 为例，完成图 4-4 零件螺纹精加工程序的编写，如表 4-3 所示。

表 4-3　普通三角螺纹车型精加工的参考程序

程序	注释
O1234;	程序名
M03 S720;	主轴正转，转速 720 r/min
T0303 G99;	调用 3 号刀具
G0 X26 Z3;	刀具起刀点
X22.05;	*X* 轴定位（螺纹小径）
G32 Z-26 F1.5;	螺纹精加工（$26=25+\delta 2$）
G0 X26;	*X* 轴退刀
Z100;	*Z* 轴返回
M05;	主轴停止
M30;	程序结束

三、任务实施

1. 工艺分析

（1）分析编程路线。

采用 G01 指令，粗加工普通螺纹轴零件的外轮廓（见图 4-1）→精加工外轮廓→加工 5 mm×2 mm 螺纹退刀槽→采用 G32 指令加工 M30×3（P1.5）螺纹。

其中，M30×3（P1.5）为双线螺纹，如何进行编程与加工？一般有以下两种方法。

1）采用 Q 赋值的方法。

通过用 Q 指定从主轴的转信号到螺纹切削开始之间的角度，即可使螺纹切削开始角度移位，从而实现多条螺纹的切削。

例 4-4：双线螺纹（开始角度 Q0、Q180000）的情形，参考程序见表 4-4。

小提示：开始角度 Q 不是模态值，每次使用要指定，否则默认为 0°。

开始角度的计算公式为 360°/线数。

表 4-4　双线螺纹编程案例

程序	注释
G0 X29;	第一条螺旋线加工 Q0 可略 双线螺纹加工
G32 Z-26 F3 Q0;	
G0 X32;	
Z3;	

续表

程序	注释
G0 X29;	第二条螺旋线加工 Q180000＝360 000/2
G32 Z-26 F3 Q180000;	
G0 X32;	
Z3;	

2）通过将定刀点 *Z* 值移动一个螺距。

在加工完成第一条螺旋线后，刀具沿定刀点 *Z* 值往左或往右移动一个螺距（见图 4-6 中 *A*′），再次运行程序即可加工出第二条螺旋线，编程路线见图 4-7。

```
…
G00 X Z;        快速定位至 A 点
G32 X Z;        车削第一条螺纹
G0 X;
G00 Z;          快速定位至 A′点
G32 X Z;        车削第二条螺纹
…
```

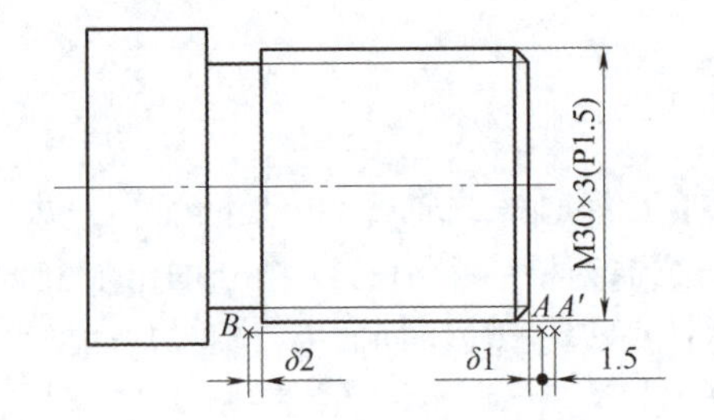

图 4-6　双线螺纹的加工原理

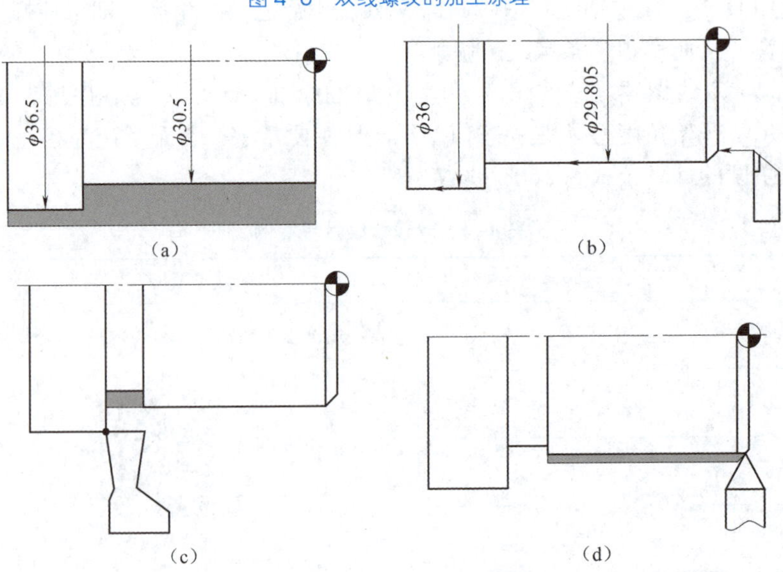

图 4-7　螺纹轴零件加工的编程路线

（a）粗加工外轮廓；（b）精加工外轮廓；（c）切退刀槽；（d）螺纹加工

学习笔记

（2）制定加工工序卡片。

单一螺纹轴的数控加工工序卡片如表 4-5 所示。

表 4-5 单一螺纹轴的数控加工工序卡片

加工步骤	程序号	加工内容	刀具刀号	切削要素		
				n/(r/min^{-1})	f/(mm/r^{-1})	a_p/mm
1	O0001	粗加工 ϕ30 mm 外圆	90°外圆车刀 T0101	1 000	0. 1	1
2		精加工 ϕ44 mm 外圆		1 200	0. 08	0. 5
3	O0002	粗加工宽 5 mm 深 2 mm 槽	刀宽为 3 mm 切槽刀 T0202	500	50	2
4	O0003 O0004	M30×3（P1. 5）	60°螺纹刀 T0303	720	3	见表 4-2

2. 编制程序与仿真校验

单一螺纹轴零件的参考程序如表 4-6 所示，走刀轨迹仿真效果如图 4-8 所示。

表 4-6 单一螺纹轴零件的参考程序

程序	注释	程序	注释
O0001;	粗加工外轮廓	M3 S1200;	精加工外轮廓
M3 S1000 T0101;	正转，1 号刀	G0 X38 Z2;	定刀位
G0 X42 Z2;	定位	X27;	精加工轮廓起点
X38 M8;	进刀，切削液开	Z0;	
G1 Z-43 F0. 1;	切削 ϕ36 外圆	G1 X30 Z-1. 5 F0. 1;	倒角
G0 X42;	*X* 轴退刀	Z-30;	
Z2;	*Z* 轴退刀	X36;	
X36. 5;	进刀	Z-43;	精加工轮廓终点
G1 Z-43 F0. 1;	切削 ϕ36 外圆	G0 X38;	*X* 轴退刀
G0 X42;	*X* 轴退刀	Z100;	*Z* 轴退刀
Z2;	*Z* 轴退刀	M5;	主轴停止
X33;	进刀	M30;	程序结束
G1 Z-30 F0. 1;	切削 ϕ30 外圆		
G0 X38;	*X* 轴退刀	O0002;	切槽加工
Z2;	*Z* 轴退刀	M3 S500;	主轴正转，转速 500 r/min
X30. 5;	进刀	T0202;	2 号刀
G1 Z-30 F0. 1;	切削 ϕ30 外圆	G0 X32 Z2;	定刀位

学习笔记

续表

程序	注释	程序	注释
G0 X38；	*X* 轴退刀	Z-30；	*Z* 轴进给
Z100；	Z 轴退刀	G1 X26 F0.1；	切槽
M00；	暂停，检测工件	G04 P2000；	暂停 2 s
G0 X32；	*X* 轴退刀	G0 X32；	
W2；	绝对值 Z-28	Z3；	
G1 X26 F0.1；	切槽	G0 X28.05；	
G04 P2000；	暂停 2 s	G32 Z-26 F3 Q180000；	
G0 X32；	*X* 轴退刀	G0 X32；	
Z100；	*Z* 轴退刀	Z100；	
M5；	主轴停止	M5；	
M30；	程序结束	M30；	
O0003；	双线螺纹程序（1）		
M3 S400；		O0004；	双线螺纹程序（2）
T0303；	3 号刀	M03 S400 T0101；	
G0 X32；		定位；	G0 X32
Z3	Z3	Z3 改为 Z4.5；	
G0 X29；	*X* 轴进给	X29；	
G32 Z-26 F3；	第一条螺旋线	G32 Z-26 F3；	
G0 X32；	*X* 轴退刀	G0 X32；	
Z3；	Z 轴退刀	Z4.5；	
G0 X29；	*X* 轴进给	X28.5；	
G32 Z-26 F3 Q180000；	第二条螺旋线	G32 Z-26 F3；	
G0 X32；	*X* 轴退刀	G0 X32；	
Z3；	*Z* 轴退刀	Z4.5；	
G0 X28.5；		X28.25；	
G32 Z-26 F3；		G32 Z-26 F3；	
G0 X32；		G0 X32；	
Z3；		Z4.5；	
G0 X28.5；		X28.05；	
G32 Z-26 F3 Q180000；		G32 Z-26 F3；	
G0 X32；		G0 X32；	

续表

程序	注释	程序	注释
Z3;		Z100;	
G0 X28. 25;		M5;	
G32 Z-26 F3;		M30;	
G0 X32;			
Z3;			
G0 X28. 25;			
G32 Z-26 F3 Q180000;			
G0 X32;			
Z3;			
G0 X28. 05;			
G32 Z-26 F3;			

图 4-8　走刀轨迹仿真效果图

3. 实践操作

（1）采用三爪自定心卡盘夹持 ϕ50 mm 毛坯外圆并校正，露出加工位置的长度约 55 mm，确保工件夹紧。

（2）根据加工要求，在 1 号刀位正确安装一把 90°外圆车刀，确保刀尖对中、伸出长度合适，刀具要夹紧。

（3）确认工具放置原处。开机，进入 MDI 方式，输入 M03 800，使主轴正转。平端面，试切对刀确定工件的右端面为编程原点，建立工件坐标系。

（4）在 2 号刀位正确安装一把切槽刀，按照上一个任务直槽轴的要求，进行正确安装对刀。

（5）在 3 号刀位正确安装一把螺纹刀，刀尖要和工件中心等高，并使车刀刀尖

的对称中心线与工件轴线垂直，否则会使牙型歪斜，完成对刀操作。

（6）在编辑模式下，依次输入程序并校验程序是否正确，切记不能使用恒定线速度控制。

（7）在自动模式下，完成单一螺纹轴零件的加工。期间主轴转速保持恒定，在没有停止主轴的情况下，不能停止螺纹加工，若有紧急情况，按下"急停"按钮。

另外，单一螺纹检测项目有螺纹顶径、螺距、螺纹中径、综合测量四项，常用的螺纹检测工具如图 4-9 所示。

（8）加工完毕，清理卫生，关闭各电源开关，填写完成附录表 1 实践过程记录表。

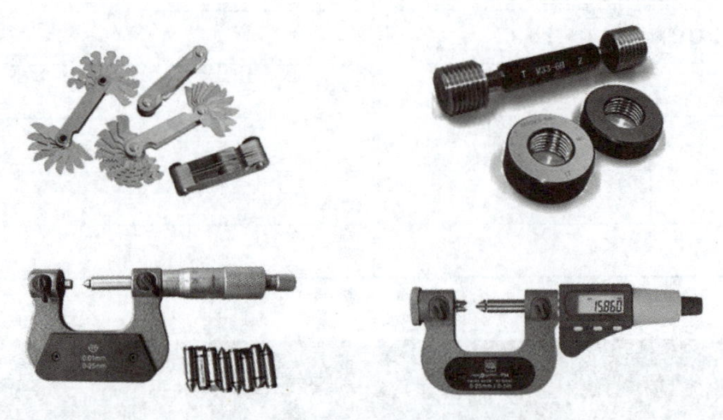

图 4-9　常用的螺纹检测工具

四、任务测评

见附录表 2 任务评测表。先自己检测完成任务的情况，再与同学互检，合格后交指导教师评分，教师签字后方可进行下一任务的实训。

五、拓展练习

（1）左旋螺纹的加工。

螺纹按照旋向可分为左旋螺纹和右旋螺纹。沿轴线方向看，顺时针方向旋转的螺纹成为右旋螺纹，逆时针旋转的螺纹称为左旋螺纹。若将螺纹竖起来看，螺纹可见部分向左上升是左旋螺纹，可见部分向右上升是右旋螺纹，如图 4-10 所示。在螺纹加工时，螺纹的旋向主要受主轴转向、加工方向、刀具安装方式等因素影响。

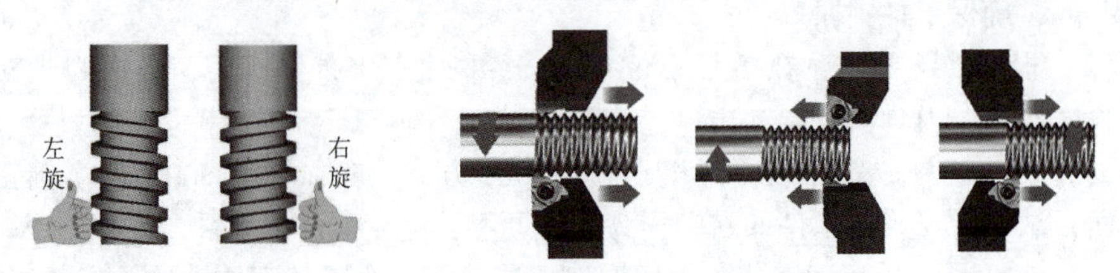

图 4-10　螺纹旋向判别及加工方法

（2）试利用所学完成典型内外螺纹轴零件程序的编写（见图 4-11）。

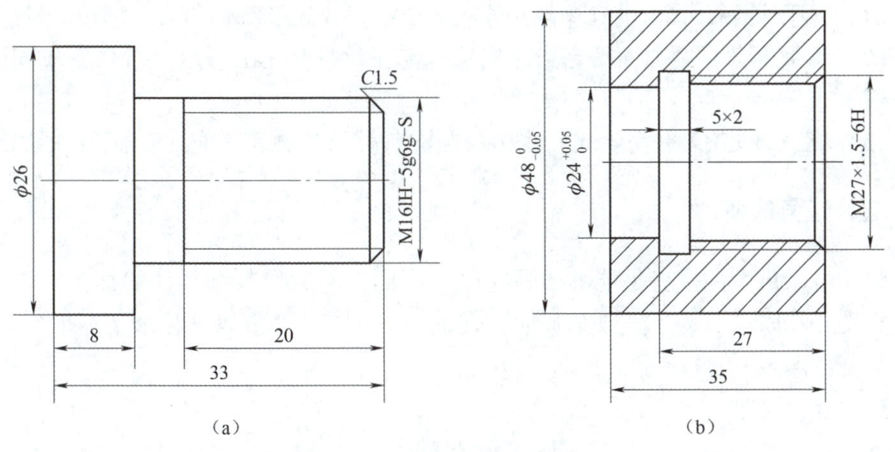

图 4-11　典型内外螺纹轴零件

（a）基础题；（b）提高题

任务 5　车削圆弧轴零件

一、工作任务

1. 任务描述

承接某企业的外协加工产品，加工数量为 180，备品率为 5%，废品率不超过 2%，见图 5-1，毛坯为 φ50 mm×100 mm，材料为 45 钢。

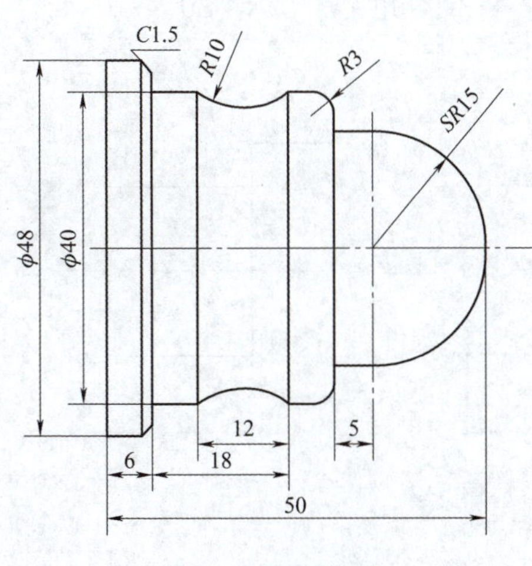

车削圆弧轴零件

图 5-1　圆弧轴零件

2. 学习目标

（1）熟悉外圆弧面车削加工中的几种常见方法，掌握外圆弧面的加工方法以及编程。

（2）掌握倒角、圆弧面编程指令格式，能正确使用 G02、G03 指令完成圆弧面的编程。

（3）能正确使用刀并完成试切对刀的操作流程，安全规范完成圆弧轴零件的加工。

二、任务准备

数控机床最大的优势是能够容易完成含有圆弧轮廓等复杂零件的加工，因为它可以实现多轴联动。为了完成圆弧面零件的加工，需要掌握以下几个基本指令。

1. 倒角指令

（1）指令格式。

G01 X_ Z_ C_ F_;　　　　倒直角

G01 X_ Z_ R_ F_;　　　　倒圆角

（2）指令说明。

X、Z——倒角前相邻两直线之间的交点，如图 5-2 中 *A* 点和 *B* 点坐标值；

C——倒直角，如图 5-2 中 *C*2；

R——倒圆角，如图 5-2 中 *R*3。

圆弧指令

（3）应用案例。

图 5-2 所示零件的精加工参考程序如下：

G01 X14 F0.1;

Z0;

X20 R3;　　　　倒圆角，*A* 坐标（20，0）

Z-20;

X30 C2;　　　　倒直角，*B* 坐标（30，-20）

Z-30;

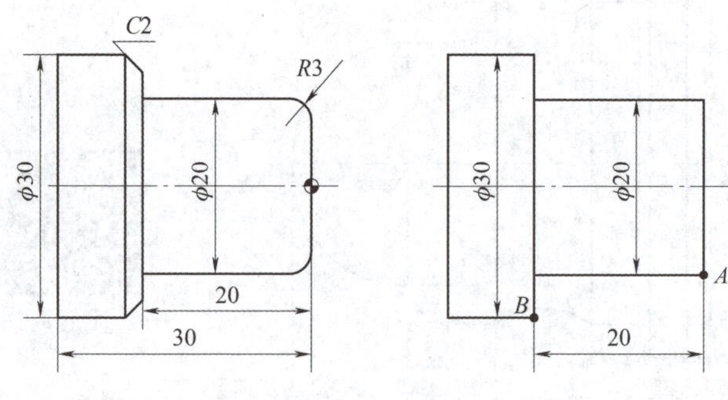

图 5-2　倒角

2. 圆弧插补指令 G02、G03

（1）圆弧插补指令格式及参数含义。

模态指令。在圆弧加工时，除了指定圆弧的终点坐标外，还要指定圆弧中心位置，一般指定圆心位置的方法有以下两种编程格式（见表 5-1）。

表 5-1　G02、G03 圆弧插补指令说明

<table>
<tr><td>两种方法</td><td>用圆弧半径 R 指定圆心</td><td>用圆心坐标（I，K）指定圆心</td></tr>
<tr><td>指令格式</td><td>G02/G03 X_ Z_ R_ F；</td><td>G02/G03 X_ Z_ I_ K_ F；</td></tr>
<tr><td rowspan="3">指令说明</td><td>统一按照后置刀架判别，在圆弧轨迹上以顺时针方向运行，选用 G02</td><td>统一按照后置刀架判别，在圆弧轨迹上以逆时针方向运行，选用 G03</td></tr>
<tr><td>X_ Z_：圆弧终点坐标</td><td>X_ Z_：圆弧终点坐标</td></tr>
<tr><td>R：圆弧半径，当圆弧所对应的圆心角大于 180°时，R 取负值</td><td>I_K_：圆弧圆心相对圆弧起点在 X、Z 轴上的增量，半径值</td></tr>
<tr><td>案例说明
图 5-2 倒圆角 R3</td><td>G00 X14；
Z0；
G03 X20 Z-3 R3 F0.1；
G01 Z-20；</td><td>G00 X14；
Z0；
G03 X20 Z-3 I0 K-3 F0.1；
G01 Z-20；</td></tr>
<tr><td colspan="3">说明：I、K 为圆弧圆心坐标减去起点坐标，R 与 I、K 同时出现 R 有效，整圆只能用 I、K。</td></tr>
</table>

（2）实例讲解。

图 5-3 所示为编程案例，假设零件已完成粗加工，留有 0.5 mm 余量，根据要求编制零件的精加工程序，圆弧轴零件的参考程序如表 5-2 所示。

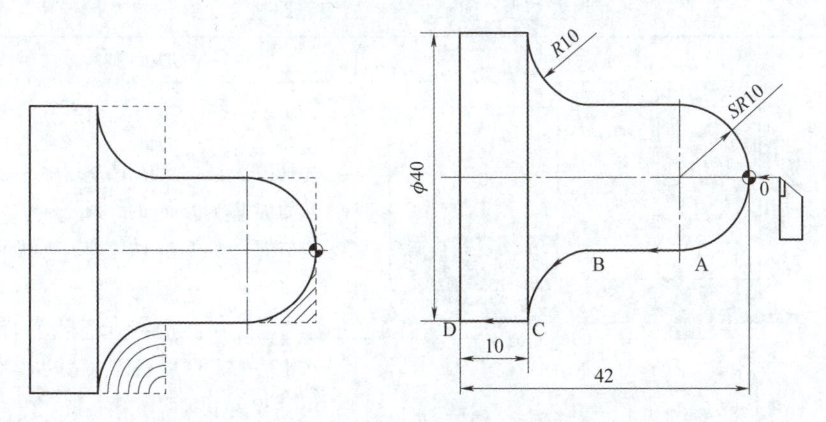

图 5-3　编程案例

表 5-2　圆弧轴零件的参考程序

程序	注释
O1234；	程序名
M03 S100；	主轴正转，转速 1 000 r/min
T0101 G99；	调用 1 号刀
G0 X42 Z3；	刀具起刀点
X0；	
G1 Z0 F0.1；	O 点
G3 X20 Z-10 R10；	A 点，或 G3 X20 Z-10 I0 K-10；
G1 Z-22；	B 点

续表

程序	注释
G2 X40 Z-32 R10;	C 点
G1 Z-42;	D 点
G0 X42;	X 轴退刀
Z100;	Z 轴退刀
M05;	主轴停止
M30;	程序结束

三、任务实施

1. 工艺分析

（1）分析编程路线。

见表 5-3，采用 G01 指令依次完成 ϕ30 mm、ϕ40 mm 、ϕ48 mm 外圆的粗加工，留 0.5 mm 加工余量→采用车锥法去除凸圆弧 *SR*30 余料→采用移圆法去除凹圆弧 *R*10 余料→精加工零件轮廓。

表 5-3 圆弧轴零件的编程路线

序号	加工简图	加工内容
1	ϕ48.5 ϕ40.5 ϕ30.5	先加工 ϕ48 mm 的外圆至 ϕ48.5 mm 然后加工 ϕ40 mm 的外圆至 ϕ40.5 mm 最后加工 ϕ30 mm 的外圆至 ϕ30.5 mm
2	ϕ48.5 ϕ40.5 SR15 A B C	车锥法去除 *SR*30 余料，*AC*=*BC*=0.586*R* G0 X32 Z2；最后一刀 Z0; X12.4; G1 X30 Z-8.8 F0.1；*A* 点加工至 *B* 点 G0 X32 Z2
3	B D F A C E	采用 35°偏刀用移圆法去除内圆弧 *R*10 余料，圆心每次偏移一个背吃刀量 *A* 点坐标（40，-26），*B* 点坐标（40，-38） *C* 点坐标（42，-26），*D* 点坐标（42，-38） *E* 点坐标（44，-26），*F* 点坐标（44，-38）

学习笔记

续表

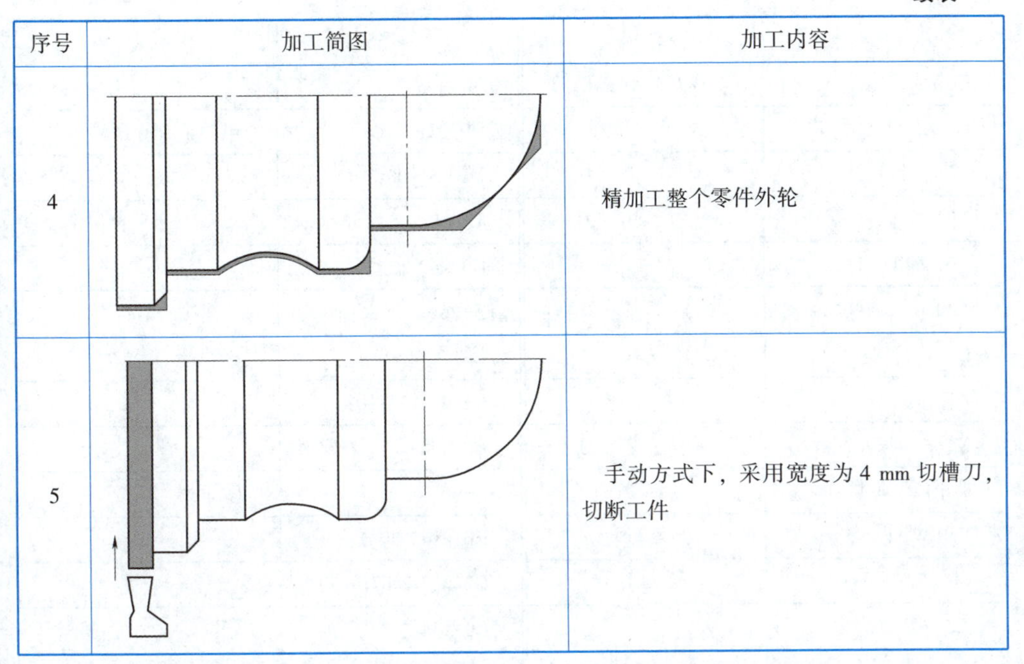

序号	加工简图	加工内容
4		精加工整个零件外轮
5		手动方式下，采用宽度为 4 mm 切槽刀，切断工件

（2）制定数控加工工序卡片（见表 5-4）。

表 5-4　数控加工工序卡片

加工步骤	程序号	加工内容	刀具刀号	切削要素		
				n/(r/min^{-1})	f/(mm/r^{-1})	a_p/mm
1	O0001	粗加工 ϕ48 mm、ϕ40 mm、ϕ30 mm 外圆	90°外圆车刀 T0101	1 000	0. 1	2
2	O0002	粗加工 *SR*30 余料	T0101	100	0. 1	1. 5
3	O0003	粗加工 *R*10 余料	35°外圆偏刀 T0303	1 000	0. 1	1
4	O0004	精加工零件轮廓	T0303	1 200	0. 08	0. 5
5	—	切断工件	T0202	500	0. 1	—

2. 编制程序与仿真校验

圆弧轴零件的参考程序如表 5-5 所示，零件仿真加工效果如图 5-4 所示。

表 5-5　圆弧轴零件的参考程序

程序	注释	程序	注释
O0002;	粗加工 *SR*30 余料	M5;	主轴停止
M03 S1000;		M30;	程序结束

续表

程序	注释	程序	注释
T0101;	1号刀，90°外圆刀		
G0 X32;		O0003;	粗加工 *R*10 余料
Z2;		M03 S1000;	
X26;	车锥法，第一刀	T0101;	
G01 Z0 F0.1;		G0 X42 Z2;	
X30 W-2;		Z-26;	移圆法，第一刀
G0 X32;		G01 X44 F0.1;	
Z2;		G2 W-12 R10;	
X22;	车锥法，第二刀	G0 X44;	
G01 Z0 F0.1;		Z-26;	移圆法，第二刀
X30 W-4;		G01 X42 F0.1;	
G0 X32;		G2 W-12 R10;	
Z2;		G0 X44;	
X18;	车锥法，第三刀	Z-26;	移圆法，第三刀
G01 Z0 F0.1;		G01 X40 F0.1;	
X30 W-6;		G2 W-12 R10;	
G0 X32;		G0 X44;	退刀
Z2;		Z100;	返回
X12.4;	车锥法，第一刀	M5;	主轴停止
G01 Z0 F0.1;		M30;	程序结束
X30 Z-8.8;			
G0 X32;	退刀		
Z100;	返回		
O0004;	精加工圆弧轴轮廓	G2 W-12 R10;	加工 *R*10 内圆弧
M3 S1000;	正转，转速1 000 r/min	G1 W-12;	加工 ϕ40 mm 外圆
T0303;	调用1号刀具	X48 C1.5;	倒直角 *C*1.5
G0 X52;	定位	Z-54	加工 ϕ48 mm 外圆
Z2;		G0 X52;	退刀
X0;	第一点	Z150;	返回
G01 Z0 F0.1;		M09;	切削液关闭
G3 X30 Z-15 R15;	加工 *SR*15 球面	M5;	主轴停止
G1 W-5;	加工 ϕ30 mm 外圆	M30;	程序
X40 R3;	倒圆角 *R*3		
Z-26;	加工 ϕ40 mm 外圆		

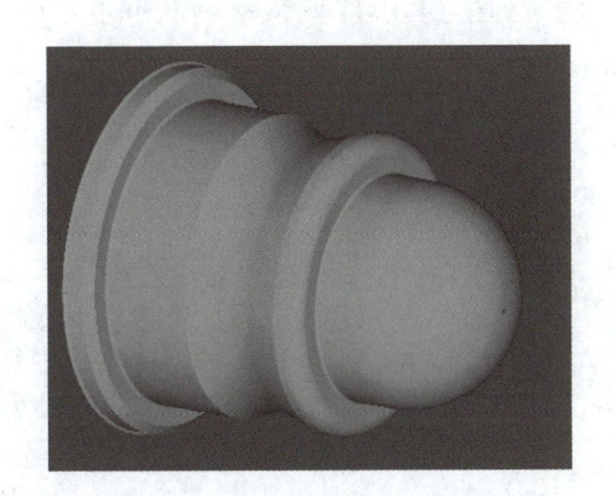

图 5-4 零件仿真加工效果图

3. 实践操作

（1）采用三爪自定心卡盘夹持 ϕ50 mm 毛坯外圆并校正，露出加工位置的长度约 60 mm，确保工件夹紧。

（2）根据加工要求，在 1 号刀位正确安装一把 90°外圆车刀，确保刀尖对中、伸出长度合适，刀具要夹紧。

（3）在 2 号刀位正确安装一把切槽刀，要求切槽刀的主切削刃必须与工件轴线等高，过低容易破裂，增加飞边，过高，导致刀具破裂以及磨损加快。切槽刀的中心线必须与工件轴线垂直，切槽刀的切削刃必须与工件轴线平行，在满足加工条件的情况下，刀具伸出的长度尽可能越短越好。

（4）为防止刀具副切削刃在 R10 圆弧处产生干涉，3 号刀位上安装一把 35°外圆偏刀。

（5）确认工具放置原处。开机，进入 MDI 方式，输入 M03 1000，使主轴正转。平端面，试切对刀确定工件的右端面为编程原点，建立工件坐标系。

（6）在编辑模式下，输入程序并校验程序是否正确。

（7）在自动模式下，完成圆弧轴零件的加工。

（8）在手动切断时，刀具进给缓慢匀速。务必在到达中心之前降低进给，距离中心 2 mm 时，将进给降低 75%；距离 0.5 mm 时，则停止进给，靠自重自行掉落。

（9）加工完毕，清理卫生，关闭各电源开关，填写完成附录表 1 实践过程记录表。

四、任务测评

见附录表 2 任务评测表。先自己检测完成任务的情况，再与同学互检，合格后交指导教师评分，教师签字后方可进行下一任务的实训。

五、拓展练习

如图 5-5 所示，依据自身情况，试完成其中一个零件程序的编写。

小提示：图 5-5（a）通过构建直角三角形，采用勾股定理手工计算 B 点坐标，

车锥法完成粗加工；图 5-5（b）采用计算机绘图获取 *A*、*B*、*C* 三点坐标，利用子程序编写零件的粗精加工程序。

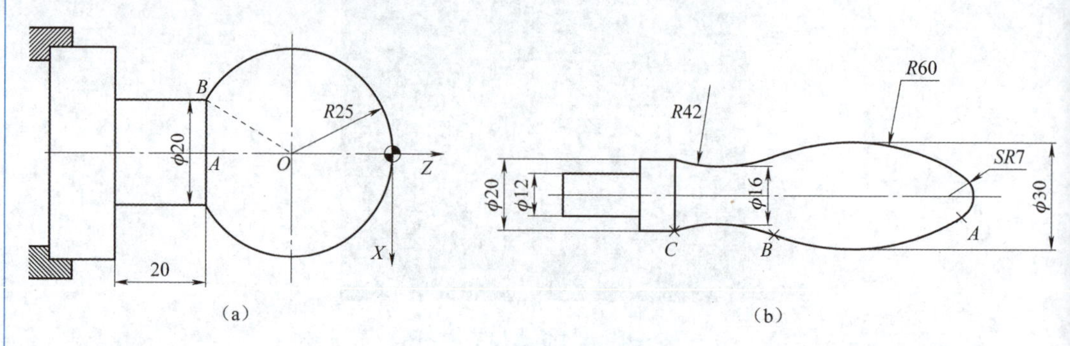

图 5-5　典型圆弧轴零件

（a）基础题；（b）提高题

练习题

学习笔记

项目二　复杂轴类零件的加工

项目描述

本项目对含有圆锥面、锥螺纹、V形槽等特征零件进行加工，通过学习掌握加工这类零件的刀具选择方法、加工工艺方式、尺寸控制方法等，熟练使用FANUC数控车床系统提供的单一循环指令（G90、G92、G94），能独立完成复杂轴类零件的加工达到一定精度要求。

任务6　车削锥面轴零件

一、工作任务

1. 任务描述

承接某企业的外协加工产品，加工数量为180，备品率为5%，废品率不超过2%，见图6-1。毛坯为ϕ50 mm×70 mm，材料为45钢。

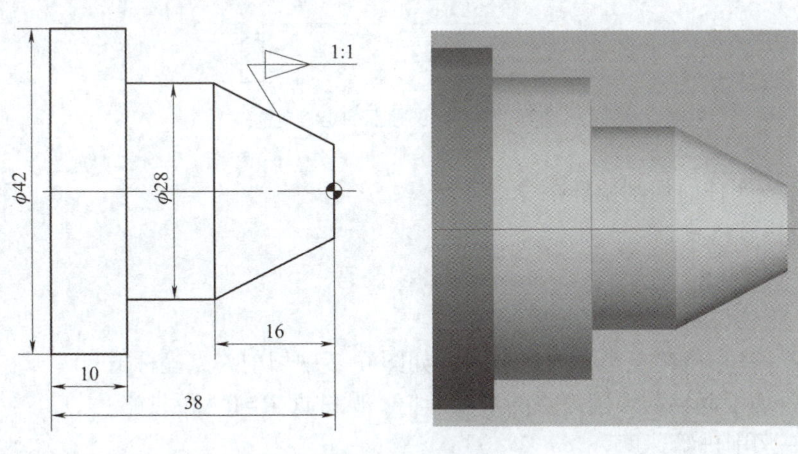

图6-1　锥面轴零件

2. 学习目标

（1）能认识单一循环指令G90的指令格式和功能，能计算圆锥面的各个部分的尺寸。

（2）掌握G90编程指令格式，尤其是R值计算，能制定圆锥面加工工艺。

（3）能熟练编写外锥面加工的程序，掌握外圆锥加工的基本方法。

学习笔记

二、任务准备

当毛坯的加工余量较大时，刀具反复执行相同的动作，需要编写很多相同或相似的程序段。为了简化程序、缩短编程时间，用一个或几个程序段指定刀具做反复切削动作，这就是循环指令的功能。

如图 6-2 所示，利用 G00 指令与 G01 指令加工一个轮廓需要四个动作：

①快速进刀（G00 指令）$A \to B$。

②切削进给（G01 指令）$B \to C$。

③退刀（G01 指令）$C \to D$。

④快速返回（G00 指令）$D \to A$。

从 ϕ46 mm 加工到 ϕ30 mm，当背吃刀量为 1.5 mm 时，起码需要 24 个动作。这其中只有 $A \to B$ 这个阶段是变化的，其他三个动作没变化，能否将这 4 个指令并成一个指令从而简化程序？

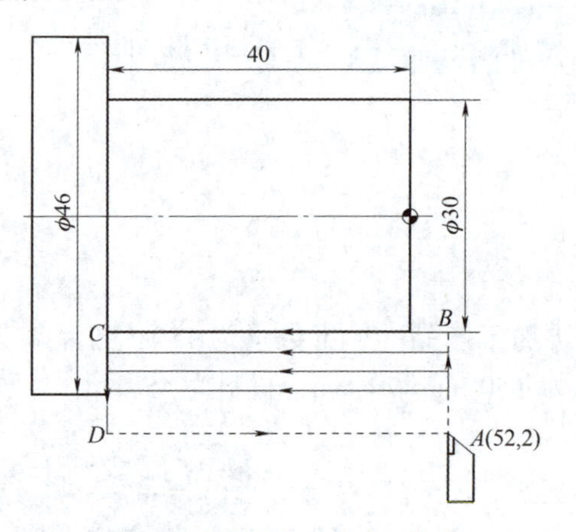

图 6-2　切削圆柱面的走刀轨迹

1. 单一圆柱面切削循环指令

（1）指令格式。

G90 X_ Z_ R_ F_;　　　　　　　　模态 G 代码

（2）指令说明。

X、Z——切削终点坐标的绝对值，如图 6-2 中切削终点坐标值；

R——切削起点与切削终点的半径差值，圆柱面 $R=0$，可省略；

F——切削进给速度。

切削圆柱面的走刀轨迹如图 6-2 所示，每个循环指令需要一个循环起点，A 点坐标既是循环的起点，也是循环的终点。一般在加工外轮廓时，A 点在 X 轴的坐标值比毛坯的直径大 2 mm 左右，加工内轮廓时 X 轴选择底孔直径即可，A 点在 Z 轴的坐标值一般选用 2 mm。

（3）应用案例。

如图 6-2 所示，从 ϕ46 mm 加工到 ϕ30 mm，背吃刀量为 1.5 mm，完成零件程序

的编写。在 G90 指令中 X、Z、R 是通用的模态值，在没有重新指定 X、Z、R 的情况下，以前的数值均有效（见表 6-1）。

表 6-1　圆柱面零件的参考程序

程序	注释
O1234;	程序名
M03 S1000;	主轴正转，转速 1 000 r/min
T0101 G99;	调用 1 号刀，每转进给
G0 X48 Z2;	刀具起刀点 A（46+2，2）
G90 X43 Z-40 R0 F0.1;	切削 ϕ43 mm 外圆，G90 X43 Z-40 R0 F0.1
G90 X40 Z-40 R0 F0.1;	切削 ϕ40 mm 外圆，X40
G90 X37 Z-40 R0 F0.1;	切削 ϕ37 mm 外圆，X37
G90 X34 Z-40 R0 F0.1;	切削 ϕ34 mm 外圆，X34
G90 X31 Z-40 R0 F0.1;	切削 ϕ31 mm 外圆，X31
G90 X30 Z-40 R0 F0.1;	切削 ϕ30 mm 外圆，X30
G0 X100 Z100;	刀具返回安全点
M05;	主轴停止
M30;	程序结束

2. 单一外锥面切削循环指令

（1）指令格式。

G90 X_ Z_ R_ F_;　　　　　　　　模态 G 代码

（2）走刀轨迹。

切削圆锥面的走刀轨迹如图 6-3 所示，同圆柱面切削加工轨迹一样，即 $A \to B \to C \to D$。

（3）R 值计算。

从图 6-3（a）中可知，采用 G90 指令完成圆锥面的分层主要有两种方法：第一种是 R 值和 Z 值不变，采用 X 值分层进行加工；第二种是切削的终点不变，采用 R 值分层加工。3 次走刀轨迹分别为第一刀 $A \to B_1 \to C_1 \to D$；第二刀 $A \to B_2 \to C_2 \to D$；第三刀 $A \to B \to C \to D$。

不论采用哪种方法，R 的正确取值是加工外锥的关键。从图 6-3（b）中可知，刀具的定刀点不可能在 B 点，而应在 C' 点，这时 R 的取值应该是 C' 点的 X 坐标值减去 C 点的 X 坐标值，即 $R=AC+A'C'$

在图 6-3（a）中，由锥度 $C=1:1.5$，得出锥体长度为 30 mm，再利用 $\triangle ABC \backsim \triangle A'BC'$ 关系，得出 $A'C'=AC \times AB/A'B=1$ mm，C' 点的 $X=28$，$R=(28-50)/2=-11$。

另外，在图 6-3（a）中，当锥面采用斜度标注时，因 BC' 和 BC 两条直线在同一条直线上，故斜度相同。采用 $R=(A'B+AB)\times$ 斜度进行计算，$R=(3+30)/3=-11$，可提高计算的效率。

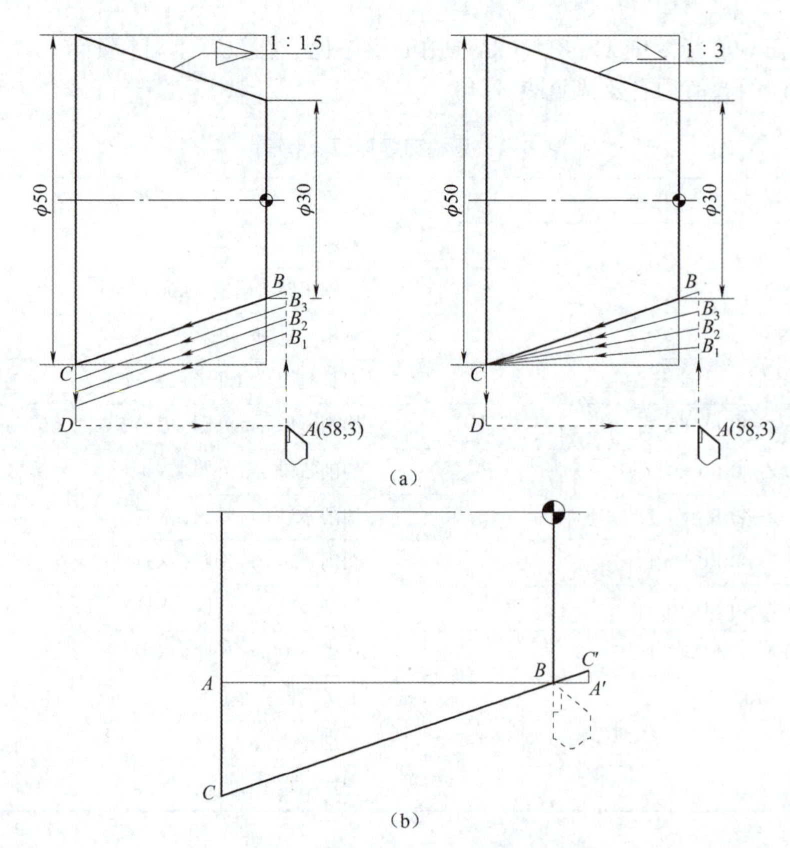

图 6-3　切削圆锥面的走刀轨迹

（a）圆锥面分层切削加工；（b）*R* 值的计算方法

注意：*R* 的正负取决于进刀方向，正锥加工为负值，倒锥加工为正值；定刀点 *Z* 值的选取要结合锥体长度来定，以避免 *R* 值出现约数，进而造成锥体误差。

（4）应用案例。

根据图 6-3（a），采用 G90 指令编写两种加工外锥面方法的程序（见表 6-2、表 6-3）。

表 6-2　圆锥面采用 *X* 值分层加工的参考程序

程序	注释
O1234;	程序名
M03 S1000;	主轴正转，转速 1 000 r/min
T0101 G99;	调用 1 号刀，每转进给
G0 X58 Z3;	刀具起刀点 *A*
G90 X50 Z-30 R-11 F0.1;	切削外锥，第一刀 $A \to B_1 \to C_1 \to D$
X54;	切削外锥，第一刀 $A \to B_2 \to C_2 \to D$
X52;	切削外锥，第一刀 $A \to B_3 \to C_3 \to D$
X50;	切削外锥，第一刀 $A \to B \to C \to D$

续表

程序	注释
G0 X100 Z100;	刀具返回安全点
M05;	主轴停止
M30;	程序结束

表 6-3　圆锥面采用 R 值分层加工的参考程序

程序	注释
O1234;	程序名
M03 S1000;	主轴正转，转速 1 000 r/min
T0101 G99;	调用 1 号刀，每转进给
G0 X58 Z3;	刀具起刀点 A
G90 X50 Z-30 R-3 F0.1;	切削外锥，第一刀 $A \to B_1 \to C_1 \to D$
R-6;	切削外锥，第一刀 $A \to B_2 \to C_2 \to D$
R-9;	切削外锥，第一刀 $A \to B_3 \to C_3 \to D$
R-11;	切削外锥，第一刀 $A \to B \to C \to D$
G0 X100 Z100;	刀具返回安全点
M05;	主轴停止
M30;	程序结束

三、任务实施

1. 工艺分析

(1) 分析编程路线。

见图 6-1，采用 G90 指令依次完成 ϕ42 mm、ϕ28 mm 外圆以及外锥的粗加工，留 0.5 mm 加工余量→精加工零件轮廓，圆弧轴零件的编程路线见表 6-4。

表 6-4　圆弧轴零件的编程路线

序号	加工简图	加工内容
1	ϕ50　ϕ42.5　42	采用 G90 指令加工 ϕ50 mm 外圆至ϕ42.5 mm

续表

序号	加工简图	加工内容
2		采用 G90 指令加工 ϕ42.5 mm 外圆至 ϕ28.5 mm
3		采用 G90 指令完成外锥的粗加工，并留有 0.3 mm 的余量
4		采用 G00、G01 指令精加工整个零件外轮廓

续表

序号	加工简图	加工内容
5	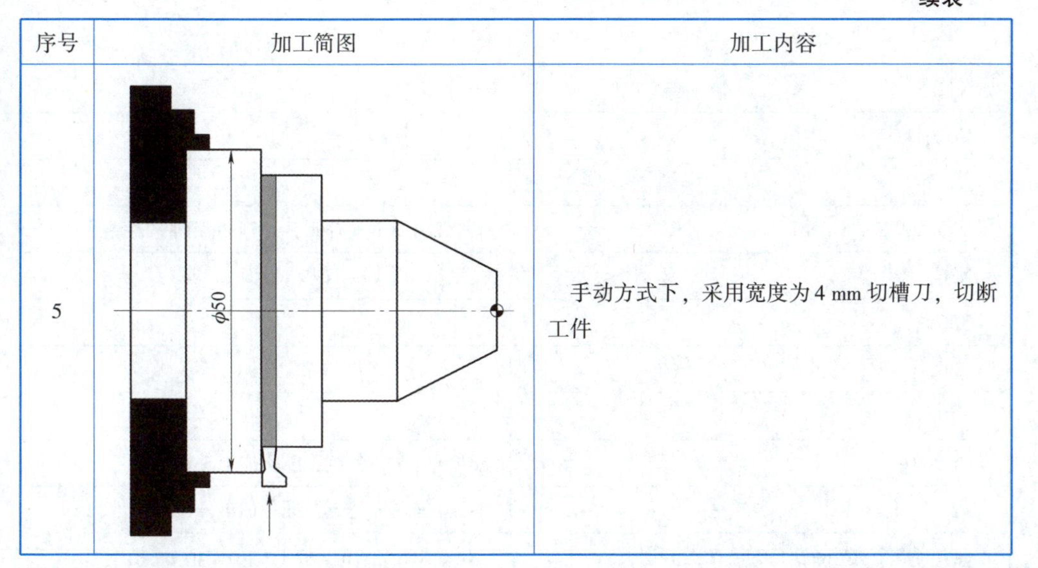	手动方式下，采用宽度为 4 mm 切槽刀，切断工件

（2）制定数控加工工序卡片（见表 6-5）。

表 6-5　数控加工工序卡片

加工步骤	程序号	加工内容	刀具刀号	切削要素		
				n/（r · min^{-1}）	f/（mm · r^{-1}）	a_p/mm
1	O0001	粗加工 ϕ42 mm 和ϕ28 mm 外圆外锥	90°外圆车刀 T0101	1 000	0. 1	2
2		精加工零件完整轮廓	T0101	1 200	0. 08	0. 5
3	—	切断工件	T0202	500	0. 1	—

2. 编制程序与仿真校验

图 6-1 锥面轴零件的参考程序如表 6-6 所示，仿真效果如图 6-4 所示。

表 6-6　锥面轴零件的参考程序

程序	注释
O0001;	程序名
M3 S1000;	主轴正转 转速 1 000 r/min
T0101;	调用 1 号刀
G0 X52;	定位
Z2;	
G90 X47 Z-42 F0. 1;	加工 ϕ42 mm 外圆，0. 5 mm 精加工余量
X44	

续表

程序	注释
X42. 5;	
G0 X44;	
Z2;	
G90 X39 Z-28 F0. 1;	加工 ϕ28 mm 外圆，0. 5 mm 精加工余量
X36;	
X33;	
X30;	
X28. 5;	
G0 X40;	G90 的循环起点，准备加工外锥
Z2;	G90 的循环起点，准备加工外锥
G90 X37 Z-16 R-9 F0. 1; *X* 值分层;	G90 X28 Z-16 R-2 F0. 1; *R* 值分层
X34;	R-4
X31;	R-6
X28. 3;	R-8
G0 X52;	R-8. 7
Z100;	
M00;	暂停，检测工件
M3 S1200;	主轴正转 转速 1 200 r/min
G0 X30;	
Z2;	
X12;	精加工零件轮廓
Z0;	
G1 X28 Z-16 F0. 1;	外锥精加工
Z-28;	精加工 ϕ28 mm 外圆柱面
X42;	
Z-42;	精加工 ϕ42 mm 外圆柱面
G0 X52;	返回安全点
Z100;	
M5;	主轴停止
M30;	程序结束

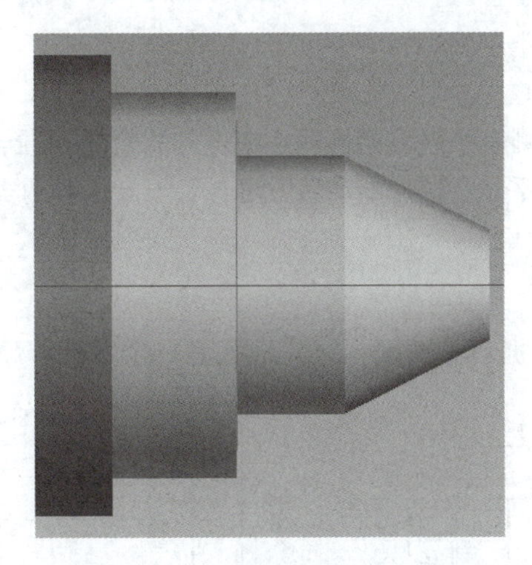

图 6-4　锥面轴零件的仿真效果图

3. 实践操作

（1）采用三爪自定心卡盘夹持 ϕ50 mm 毛坯外圆并校正，露出加工位置的长度约 60 mm，确保工件夹紧。

（2）根据加工要求，在 1 号刀位正确安装一把 90°外圆车刀，确保刀尖对中、伸出长度合适，刀具要夹紧。

（3）在 2 号刀位正确安装一把切槽刀，切槽刀的主切削刃必须与工件轴线等高，刀具伸出的长度尽可能越短越好。

（4）确认工具放置原处。开机，进入 MDI 方式，输入 M03 1000，使主轴正转。平端面，试切对刀确定工件的右端面为编程原点，建立工件坐标系。

（5）在编辑模式下，输入程序并校验程序是否正确。

（6）在自动模式下，完成锥面轴零件的加工。常用角度测量工具有万能角度尺、角度样板、正弦规、锥度量具等，见图 6-5。

图 6-5　常用角度测量工具

（7）在手动切断时，刀具进给缓慢匀速。

（8）加工完毕，清理卫生，关闭各电源开关，填写完成附录表 1 实践过程记录表。

四、任务测评

车削锥螺纹零件

见附录表2任务评测表。先自己检测完成任务的情况，再与同学互检，合格后交指导教师评分，教师签字后方可进行下一任务的实训。

五、拓展练习

如图6-6所示，依据自身情况，试完成任意一个零件程序的编写。

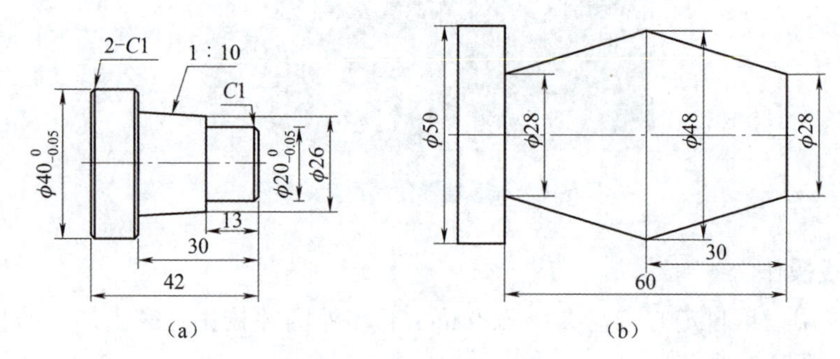

图6-6 典型外锥形面零件

(a) 基础题；(b) 提高题

任务7 车削锥螺纹零件

一、工作任务

1. 任务描述

承接某企业的外协加工产品，加工数量为180，备品率为5%，废品率不超过2%，见图7-1，毛坯为ϕ50 mm×70 mm，材料为45钢。

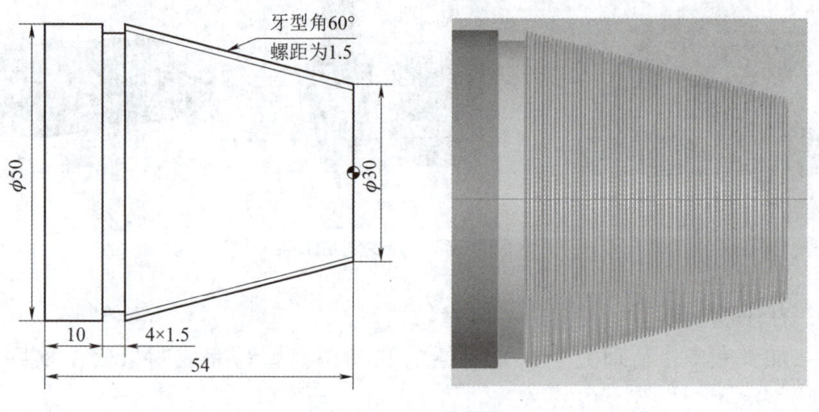

图7-1 锥螺纹轴零件

2. 学习目标

（1）能认识单一循环指令 G92 的指令格式和功能，能计算锥螺纹的参数尺寸。

（2）掌握 G92 编程指令格式，合理确定切削参数，尤其是 R 值的计算方法。

（3）能熟练编写外锥螺纹加工的程序，掌握外锥螺纹加工的基本方法。

二、任务准备

如图 7-2 所示，螺纹零件加工需要四个动作：

①快速进刀（G00 指令）

②切削进给（G32 指令）

③退刀（G01 指令）

④快速返回（G00 指令）

跟圆柱和外锥一样，螺纹加工也有单一循环指令 G92，每指定一次，可以将 4 个动作自动运行一次，适合加工切削圆柱螺纹和圆锥螺纹。

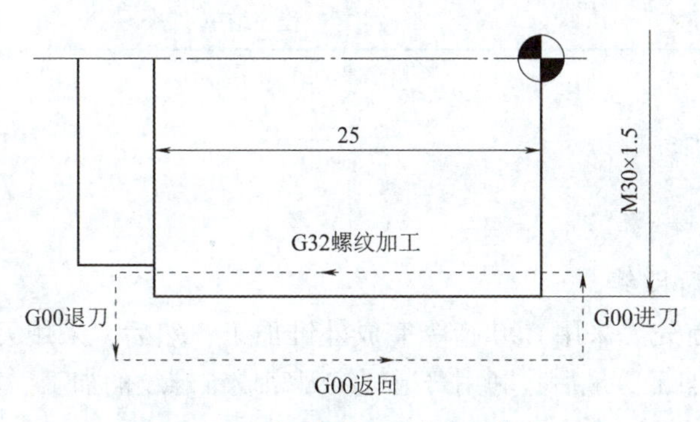

图 7-2　普通螺纹零件的加工轨迹

螺纹切削单一循环指令 G92

G92 指令

（1）指令格式。

G00 X_ Z_ ；　　　　　　循环起始点

G92 X_ Z_ R_ F_ ；　　　　模态 G 代码

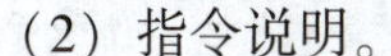

（2）指令说明。

X、Z——螺纹切削终点坐标的绝对值；

R——切削起点与切削终点的半径差值，$R=0$，圆柱螺纹；$R\neq0$，圆锥螺纹；

F——螺纹的导程，刀具实际移动的速度为转速与导程乘积。

（3）应用案例。

采用 G92 指令完成螺纹零件程序的编写，如表 7-1 所示。

表 7-1　螺纹零件的参考程序

程序	注释
O1234；	程序名
M03 S720；	主轴正转，转速 720 r/min

续表

程序	注释
T0303 G99；	调用 3 号刀，进给速度为 1.5 mm/r
G0 X32；	刀具起刀点
Z3；	循环起始点
G92 X29.8 Z-26 R0 F1.5；	螺纹加工第一刀
X29；	螺纹加工第二刀
X28.5；	螺纹加工第三刀
X28.25；	螺纹加工第四刀
X28.05；	螺纹加工第五刀
G0 X100 Z100；	刀具返回安全点
M05；	主轴停止
M30；	程序结束

三、任务实施

1. 工艺分析

（1）分析编程路线。

见表 7-2，首先，采用 G90 指令完成外锥加工，然后，采用刀宽为 4 mm 切槽刀，切削退刀槽加工，最后，利用普通螺纹刀完成锥螺纹的加工。

表 7-2　锥螺纹轴零件的编程路线

序号	加工简图	加工内容
1	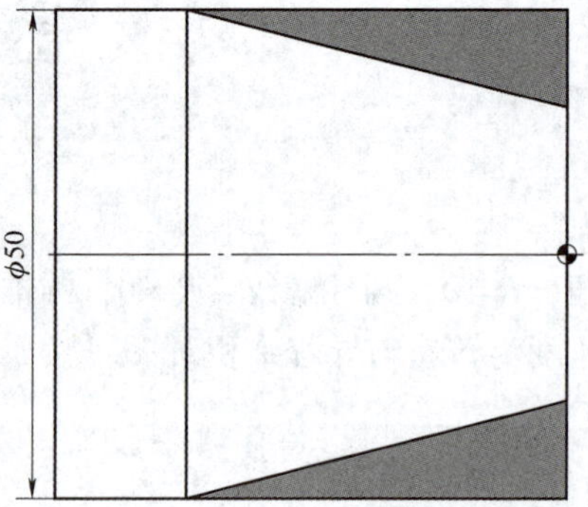 $\phi50$	采用 G90 指令加工外锥 $R=-(2+2+40)/4=-11$ 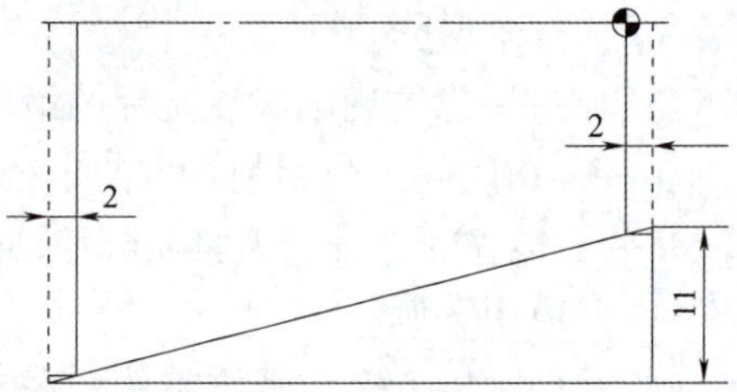 2　2　11

学习笔记

续表

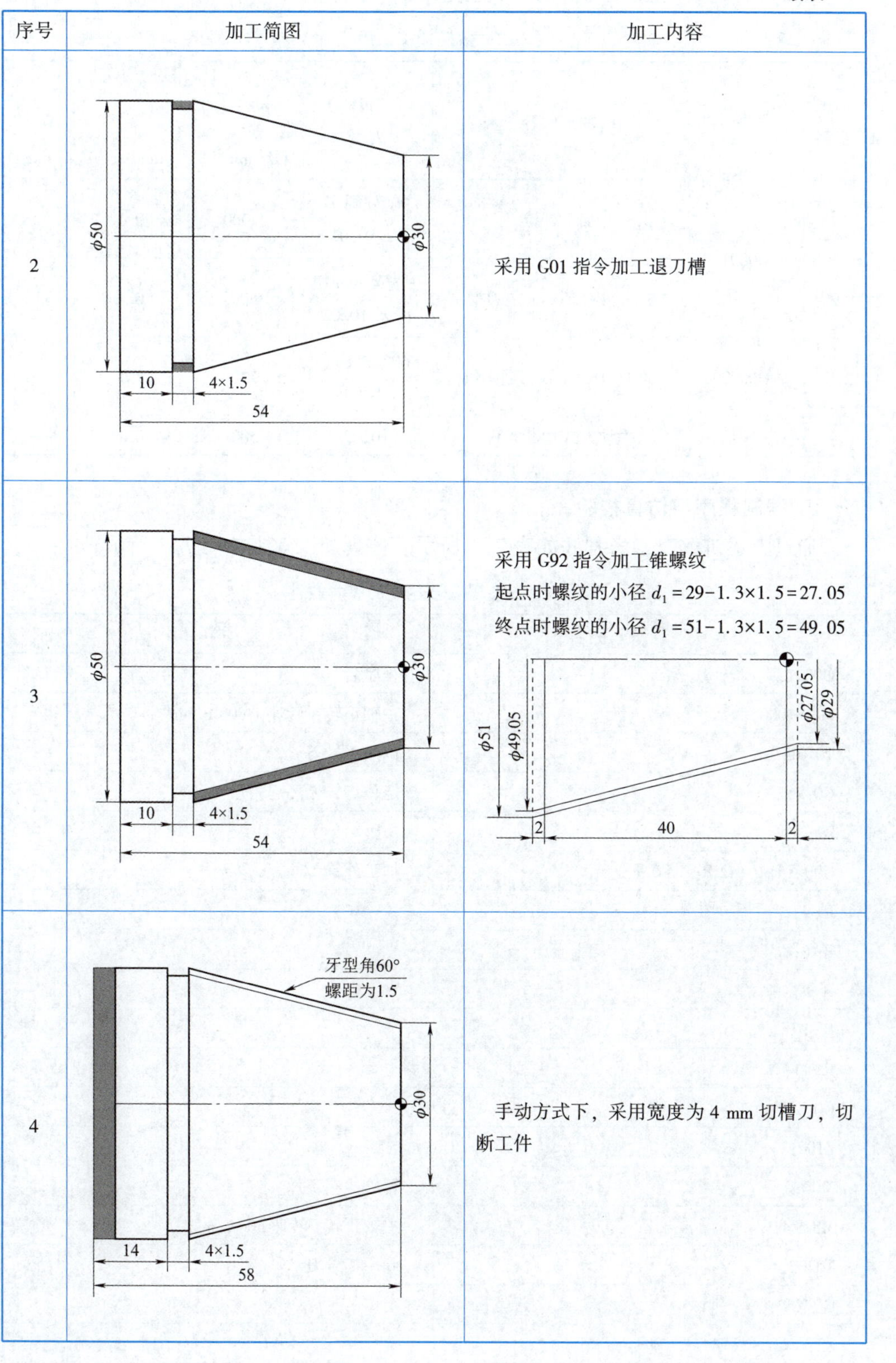

序号	加工简图	加工内容
2		采用 G01 指令加工退刀槽
3		采用 G92 指令加工锥螺纹 起点时螺纹的小径 $d_1=29-1.3\times1.5=27.05$ 终点时螺纹的小径 $d_1=51-1.3\times1.5=49.05$
4		手动方式下，采用宽度为 4 mm 切槽刀，切断工件

（2）制定数控加工工序卡片（见表 7-3）。

表 7-3 数控加工工序卡片

加工步骤	程序号	加工内容	刀具刀号	切削要素		
				n/（r·min^{-1}）	f/（mm·r^{-1}）	a_p/mm
1	O0001	加工外锥	90°外圆车刀 T0101	1 000	0.1	2
2		加工 4×1.5 mm 退刀槽	刀宽 4 mm 切槽刀 T0202	500	0.1	1
3	O0002	加工 M30×1.5 普通螺纹	60°螺纹刀 T0303	720	1.5	—
4	—	手动方式切断工件	T0202	500	0.1	—

2. 编制程序与仿真校验

通过上述讲解，参考程序如表 7-4 所示。仿真加工效果如图 7-3 所示。

表 7-4 锥螺纹轴零件的参考程序

程序	注释
O0001;	程序名
M3 S1000;	主轴正转，转速 1 000 r/min
T0101;	调用 1 号刀
G0 X52;	定位点，循环起始点
Z2;	
G90 X51 Z-42 R-2 F0.1;	加工外锥
R-4;	
R-6;	
R-8;	
R-10;	
R-11;	
G0 X52;	
Z100;	
M00;	暂停检测工件
M3 S500;	主轴正转，转速 500 r/min
T0202;	调用 2 号刀
G0 X52;	定位
Z2;	

续表

程序	注释
Z-44;	
G01 X47 F0.1;	切槽
G04 P2000;	
G0 X52;	
Z100;	
M5;	主轴停止
M30;	程序结束
O0002;	螺纹加工程序
M3 S1000;	主轴正转，转速 1 000 r/min
T0303;	调用 3 号刀
G0 X52;	定位点，循环起始点
Z2;	
G92 X51 Z-42 R-11 F1.5;	加工 M30×1.5 螺纹
X50;	
X49.5;	
X49.25;	
X49.05;	
G0 X52;	退刀
Z100;	
M5;	主轴停止
M30;	程序结束

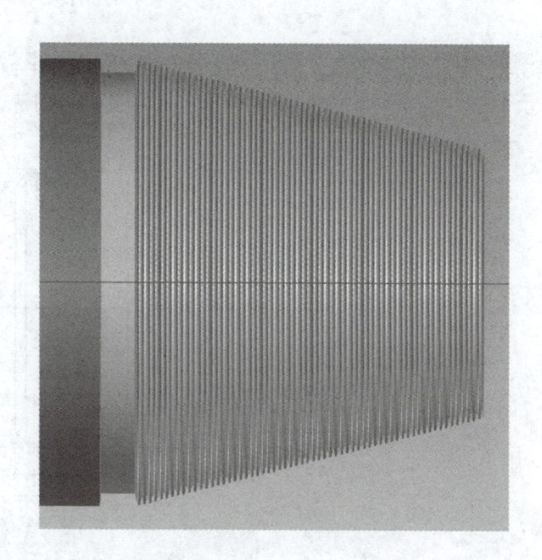

图 7-3　锥螺纹轴零件仿真加工效果

3. 实践操作

（1）采用三爪自定心卡盘夹持 ϕ50 mm 毛坯外圆并校正，露出加工位置的长度约 60 mm，确保工件夹紧。

（2）根据加工要求，在 1 号刀位正确安装一把 90°外圆车刀，确保刀尖对中、伸出长度合适，刀具要夹紧。

（3）在 2 号刀位正确安装一把切槽刀，要求切槽刀的主切削刃必须与工件轴线等高，过低容易破裂，增加飞边，过高导致刀具破裂以及磨损加快。切槽刀的中心线必须与工件轴线垂直，切槽刀的切削刃必须与工件轴线平行，在满足加工条件的情况下，刀具伸出的长度尽可能越短越好。

（4）在 3 号刀位正确安装一把螺纹刀，刀尖要和工件中心等高，并使车刀刀尖的对称中心线与工件轴线垂直，否则会使牙型歪斜，完成对刀操作。

（5）确认工具放置原处。开机，进入 MDI 方式，输入 M03 1000，使主轴正转。平端面，试切对刀确定工件的右端面为编程原点，建立工件坐标系。

（6）在编辑模式下，输入程序并校验程序是否正确。

（7）在自动模式下，完成锥螺纹轴零件的加工。

（8）在手动切断时，刀具进给缓慢匀速。务必在到达中心之前降低进给，距离中心还有 2 mm 时将进给降低 75%；距离 0.5 mm 时，则停止进给，靠自重自行掉落。

（9）加工完毕，清理卫生，关闭各电源开关，填写完成附录表 1 实践过程记录表。

四、任务测评

见附录表 2 任务评测表。先自己检测完成任务的情况，再与同学互检，合格后交指导教师评分，教师签字后方可进行下一任务的实训。

五、拓展练习

利用上述所学，试完成任意一个零件程序的编写，如图 7-4 所示。

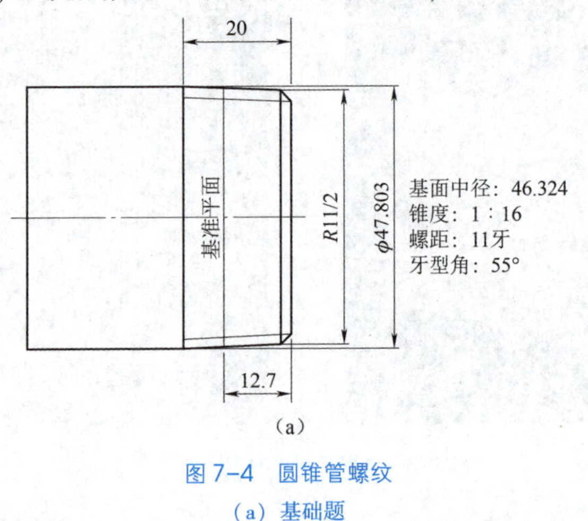

图 7-4　圆锥管螺纹

（a）基础题

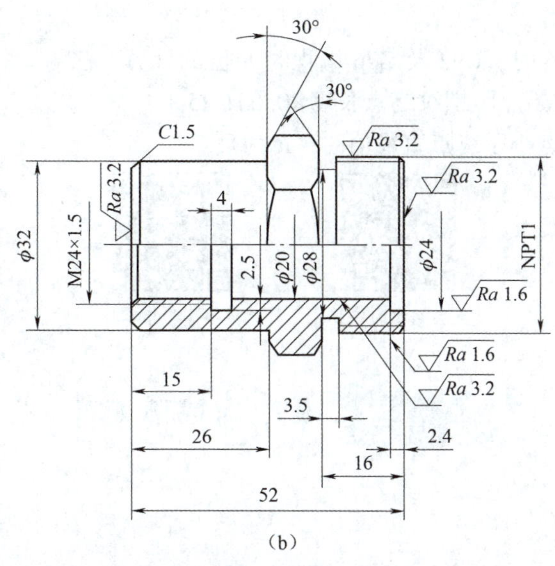

（b）

图 7-4　圆锥管螺纹（续）

（b）提高题

小提示：55°圆锥管螺纹加工时的相关尺寸的计算方法如图 7-5 所示。

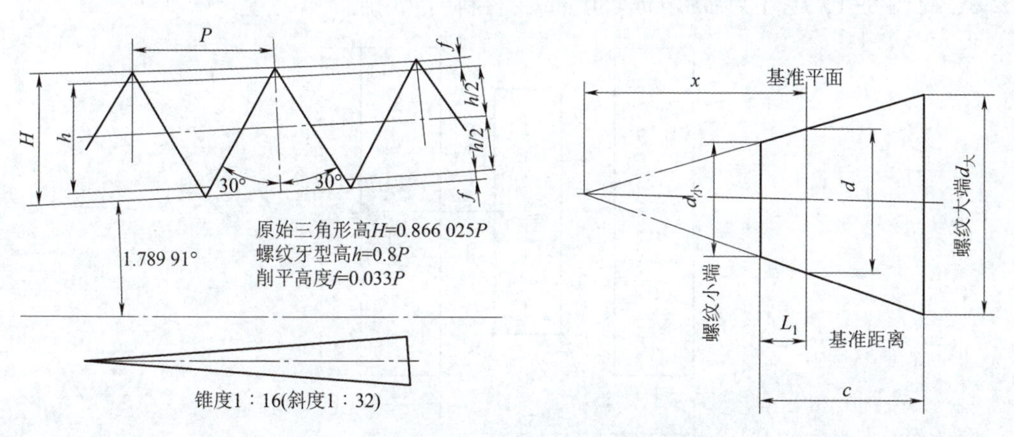

图 7-5　管螺纹加工时的相关尺寸的计算方法

（1）55°圆锥管螺纹在加工外圆及内孔时，需计算内螺纹小端内径及外螺纹端面处及车外圆时终点处外径尺寸。

①内螺纹小端内径=基准平面处小径（工件端面）D_1-内锥长度×0. 062 5。

外螺纹端面处外径=基准平面处大径 d-基准距离×0. 062 5

②车外圆时终点处外径=基准平面处大径 d+外圆时终点距基准平面长度×0. 062 5。

（2）车螺纹时需计算螺纹终点外径及内径作为计算进给深度的依据，同时还要计算螺纹切削起始点与终点的半径差（即 G76 或 G92 中的 R 值）。

①外螺纹终点外径=基准平面处大径 d+螺纹终点距基准平面长度×0. 062 5。

②内螺纹终点内径=端面处小径 D_2-螺纹终点距端面长度尺寸×0. 062 5。

（3）R 值的计算。

当锥度为 1∶16 时，G92 及 G76 编程时 R 值的计算方法为

R=螺纹切削起始点距螺纹终点长度×0. 031 25

注意：当起始点小于终点直径值时，R 为负。

英制螺纹的编程

车削梯形槽零件

任务 8 车削梯形槽零件

一、工作任务

1. 任务描述

承接某企业的外协加工产品，加工数量为 180，备品率为 5%，废品率不超过 2%，见图 8-1，毛坯为 ϕ50 mm×80 mm，材料为 45 钢。

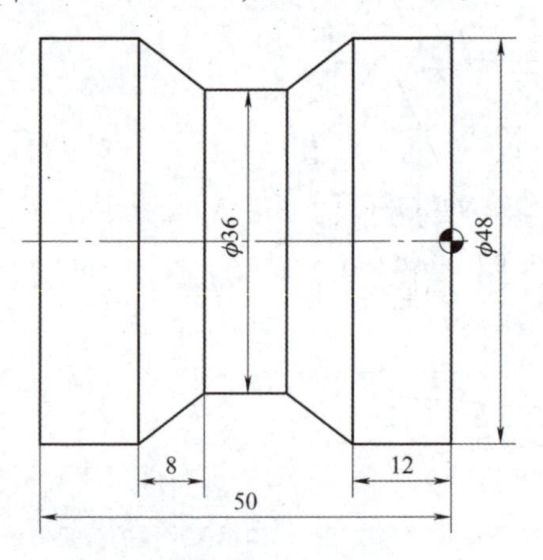

图 8-1 梯形槽零件

2. 学习目标

（1）能认识单一循环指令 G94 的指令格式和功能，知道 G94 指令运用场合。

（2）掌握 G94 编程指令格式，能分析循环加工轨迹，合理确定加工参数，尤其是 R 值。

（3）能熟练编写梯形槽加工程序，掌握梯形槽加工的基本方法并达到一定精度要求。

二、任务准备

1. 圆柱端面单一循环指令 G94

（1）指令格式。

G00 X_ Z_;　　　　　　　循环起始点

G94 X_ Z_ F_;　　　　　　模态 G 代码

（2）指令说明。

X、Z——切削终点坐标的绝对值；

F——进给速度。

G94 指令的走刀轨迹如图 8-2 所示。刀具从定刀循环点 *A* 以 G00 方式，然后以 G01 方式加工到 *C* 点，并退回到 *D* 点，最后以 G00 方式快速返回到循环点 *A*。G94 主要用于加工长度较短或端面零件的粗加工，如果 *Z* 值不变，则可以进行切削加工。

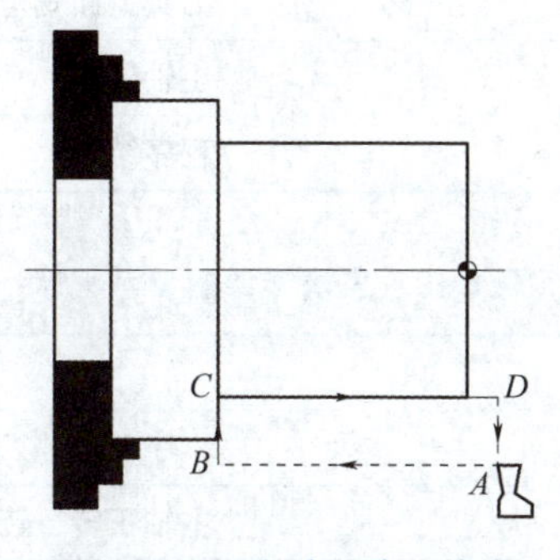

图 8-2　G94 指令的走刀轨迹

（3）应用案例。

如图 8-3 所示，采用 G94 指令完成两个零件程序的编写。参考程序见表 8-1、表 8-2。

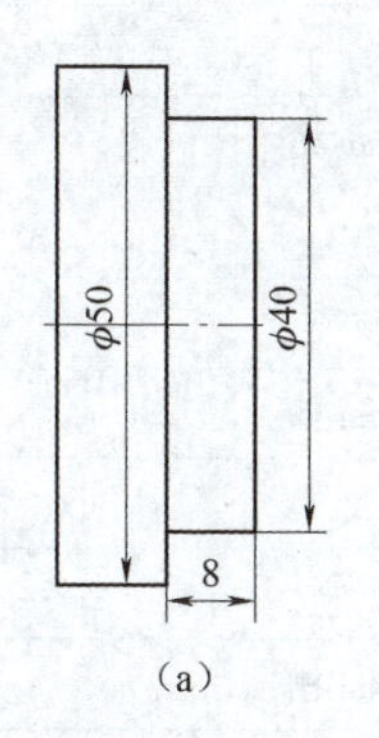

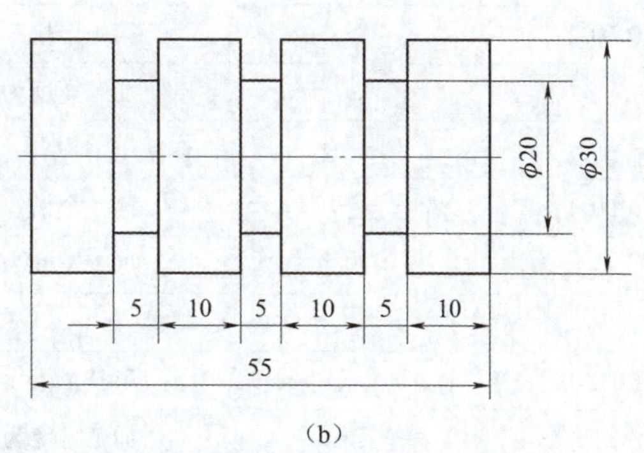

图 8-3　G94 指令编程实例

（a）端面零件图；（b）多槽零件图

表 8-1　端面零件的参考程序

程序	注释
O1234;	程序名
M03 S700;	主轴正转，转速 720 r/min
T0303 G99;	调用 3 号刀，刀具宽度 4 mm
G0 X52;	刀具起刀点
Z2;	循环起始点
G94 X40 Z-2 F0.1;	第一次切槽循环
Z-4;	第二次切槽循环
Z-6;	第三次切槽循环
Z-8;	第四次切槽循环
G0 X100;	
Z100;	刀具返回安全点
M05;	主轴停止
M30;	程序结束

表 8-2　多槽零件的参考程序

程序	注释
O1234;	程序名
M03 S700;	主轴正转，转速 720 r/min
T0303 G99;	调用 3 号刀，刀具宽度为 4 mm
G0 X32;	刀具起刀点
Z2;	循环起始点
Z-14;	切槽定位
G94 X20 W0 F0.1;	第一个槽
W-1;	加工宽度为 5 mm 槽
G0 Z-29;	
G94 X20 W0 F0.1;	第二个槽
W-1;	加工宽度为 5 mm 槽
G0 Z-44;	
G94 X20 W0 F0.1;	第三个槽
W-1;	加工宽度为 5 mm 槽
G0 X52;	退刀
Z100;	返回
M05;	主轴停止
M30;	程序结束

2. 圆锥端面单一循环指令 G94

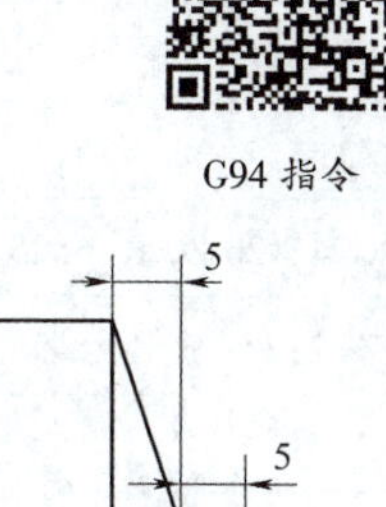

G94 指令

（1）指令格式。

G00 X_ Z_;　　　　　　循环起始点

G94 X_ Z_ R_ F_;　　　　模态 G 代码

（2）指令说明。

X、Z——切削终点坐标的绝对值；

F——进给速度；

R——圆锥切削起点与终点 Z 轴坐标的差值，见图 8-4 中 R。

G94 指令的走刀轨迹如图 8-4 所示。刀具从定刀循环点 A 以 G00 方式定位到 B 点，然后以 G01 方式加工到 C 点，并退回到 D 点，最后以 G00 方式快速返回到循环点 A，主要用于加工长度较短或端面零件的粗加工。

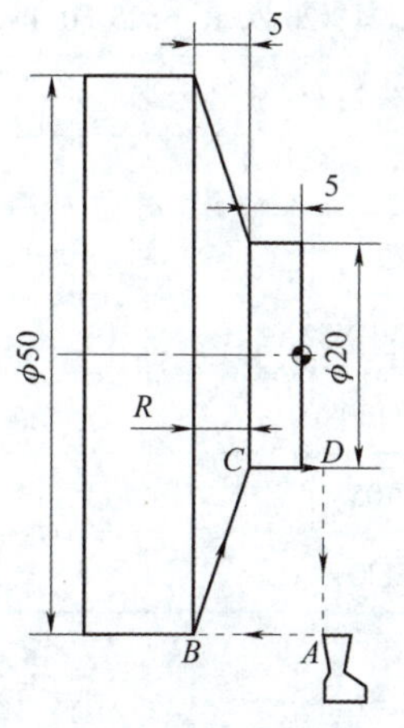

图 8-4　G94 指令的走刀轨迹

（3）R 值计算。

参照 G90 指令加工外锥的两种方法，G94 加工圆锥端面分层的方法如图 8-5 所示。

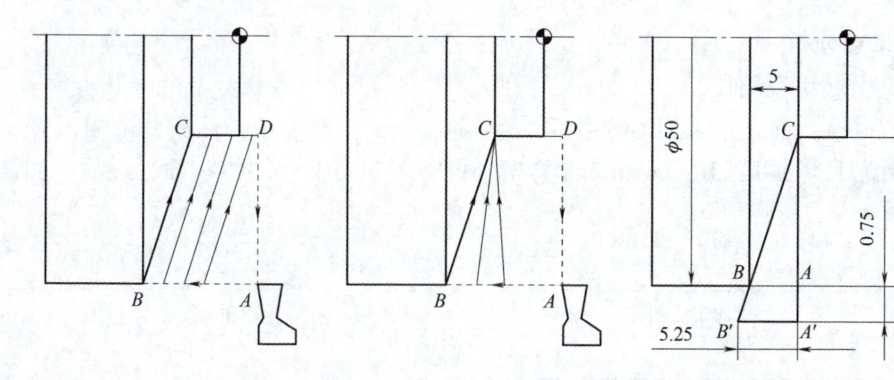

图 8-5　G94 加工圆锥端面分层的方法

利用△$A'B'C$ 和△ABC 相似，得出 $R=A'B'=5.25$，或利用直线 $B'C$ 斜度的定义，设定刀点位 X 值为 51，则 $R=(15+0.75)/(15/3)=5.25$。

（4）应用案例。

如图 8-4 所示，采用 G94 指令中 Z 值分层加工方法完成零件参考程序的编写，如表 8-3 所示。

表 8-3　端面零件的参考程序

程序	注释
O1234;	程序名
M03 S700;	主轴正转，转速 720 r/min
T0303 G99;	调用 3 号刀

续表

程序	注释
G0 X51.5;	刀具 *X* 轴起刀点
Z2;	循环起始点
G94 X20 Z0 R-5.25 F0.1;	第二种方法：G94 X20 Z-5 R-1.5 F0.1
Z-2;	*R*-3
Z-4;	*R*-4.5
Z-5;	*R*-5.25
G0 X52;	*X* 轴方向退刀
Z100;	刀具返回安全点
M05;	主轴停止
M30;	程序结束

三、任务实施

1. 工艺分析

（1）分析编程路线。

见表 8-4，首先，采用 G01 指令完成 $\phi48$ mm 外圆加工，然后，采用刀宽为 4 mm 切槽刀，先切削 10 mm×6 mm 直槽，再加工左右两个圆锥端面，最后，切断工件。

表 8-4　V 形槽零件的编程路线

序号	加工简图	加工内容
1	$\phi48$ 50	采用 G01 指令完成 $\phi48$ 外圆的加工

续表

序号	加工简图	加工内容
2	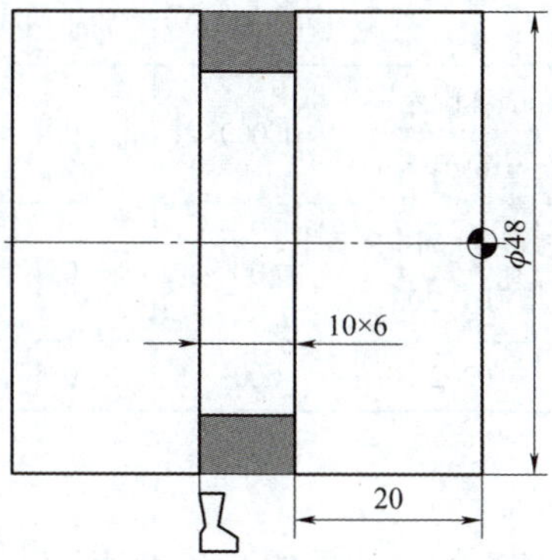 φ48 10×6 20	采用 G94 指令完成直槽的加工
3	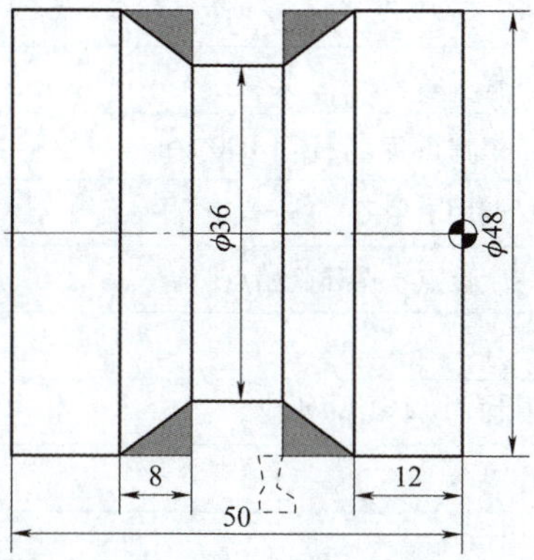 φ36 φ48 8 12 50	采用 G94 指令完成两个圆锥端面的加工 利用斜度定义可得：$R=(6+1)/(6/8)=9.33$ 加工左端的圆锥 $R=-9.33$ 加工右端的圆锥 $R=9.33$
4	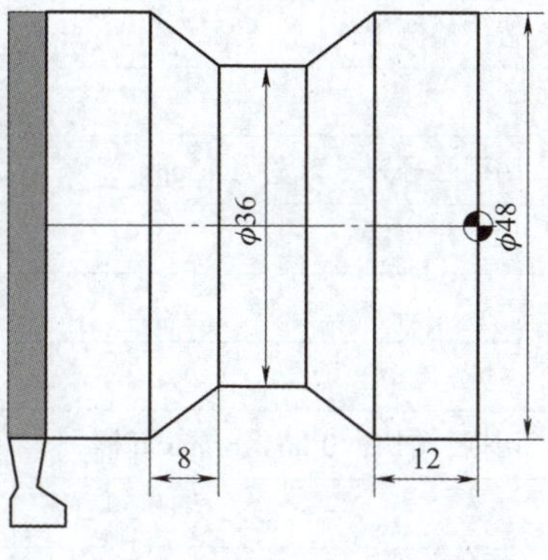 φ36 φ48 8 12	手动方式下，采用宽度为 4 mm 的切槽刀切断工件

（2）制定加工工序卡片。

梯形槽零件的数控加工工序卡片见表 8-5。

表 8-5　梯形槽零件的数控加工工序卡片

加工步骤	程序号	加工内容	刀具刀号	切削要素		
				n/(r·min^{-1})	f/(mm·r^{-1})	a_p/mm
1	O0001	加工外圆	90°外圆车刀 T0101	1 000	0.1	2
2		加工 10 mm×6 mm 直槽	刀宽 4 mm 切槽刀 T0202	600	0.1	1
3		加工左右圆锥面				
4	—	手动方式切断工件	T0202	600	0.1	—

2. 编制程序与仿真校验

梯形槽零件的参考程序如表 8-6 所示，仿真加工效果如图 8-6 所示。

表 8-6　梯形槽零件的参考程序

程序	注释
O0001;	程序名
M3 S1000;	主轴正转，转速 1 000 r/min
T0101;	调用 1 号刀
G0 X52;	定位点，循环起始点
Z2;	
X48;	加工 ϕ48 mm 外圆
G1 Z-54 F0.1;	
G0 X52;	
Z100;	
M05;	
M00;	暂停检测工件
M3 S600;	
T0202;	调用 2 号刀，刀宽为 4 mm
G0 X50;	
Z2;	
Z-30;	
G94 X36 F0.1;	切槽，加工 10 mm×6 mm 直槽
W3;	
G0 Z-24;	
G94 X36 Z-30 R-3 F0.1;	加工左端圆锥，第一刀
R-6;	第二刀

续表

程序	注释
R-9.33；	第三刀
G0 Z-24；	定位点
G94 X36 Z-24 R3 F0.1；	加工右端圆锥，第一刀
R6；	第二刀
R9.33；	第三刀
G0 X100；	退刀
Z100；	返回
M5；	主轴停止
M30；	程序结束

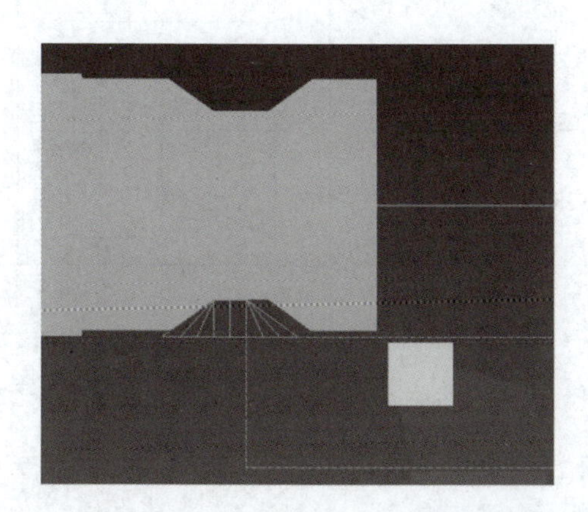
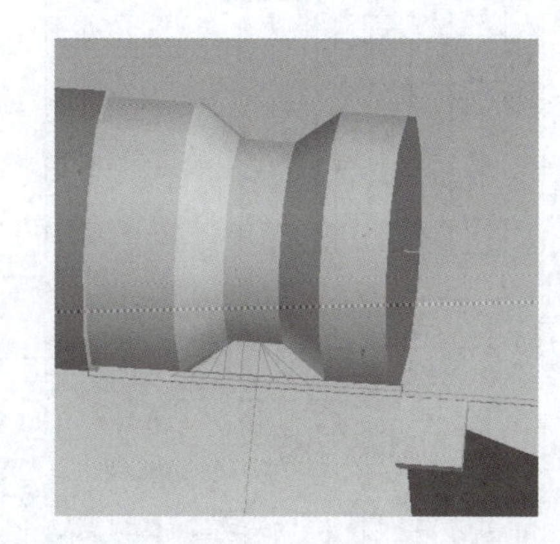

图 8-6　梯形槽仿真加工效果

3. 实践操作

（1）采用三爪自定心卡盘夹持 ϕ50 mm 毛坯外圆并校正，露出加工位置的长度约 60 mm，确保工件夹紧。

（2）根据加工要求，在 1 号刀位正确安装一把 90°外圆车刀，确保刀尖对中、伸出长度合适，刀具要夹紧。

（3）在 2 号刀位正确安装一把切槽刀，要求切槽刀的主切削刃必须与工件轴线等高，过低容易破裂，增加飞边，过高导致刀具破裂以及磨损加快。切槽刀的中心线必须与工件轴线垂直，切槽刀的切削刃必须与工件轴线平行，在满足加工条件的情况下，刀具伸出的长度尽可能越短越好。

（4）确认工具放置原处。开机，进入 MDI 方式，输入 M03 1000，使主轴正转。平端面，试切对刀确定工件的右端面为编程原点，建立工件坐标系。

（5）在编辑模式下，输入程序并校验程序是否正确。

（6）在自动模式下，完成梯形槽零件的加工。

（7）在手动切断时，刀具进给缓慢匀速。务必在到达中心之前降低进给，距离中心还有 2 mm 时，将进给降低 75%；距离 0.5 mm 时，则停止进给，靠自重自行

掉落。

（8）加工完毕，清理卫生，关闭各电源开关，填写完成附录表 1 实践过程记录表。

四、任务测评

见附录表 2 任务评测表。先自己检测完成任务的情况，再与同学互检，合格后交指导教师评分，教师签字后方可进行下一任务的实训。

五、拓展练习

利用上述所学，依据自身情况，试完成图 8-7 所示至少一个零件程序的编写。

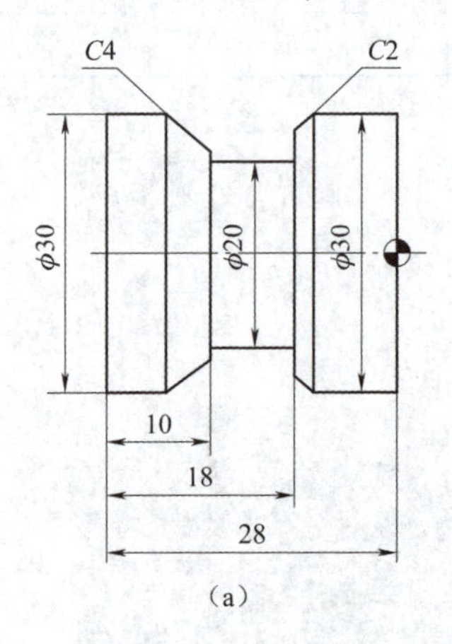

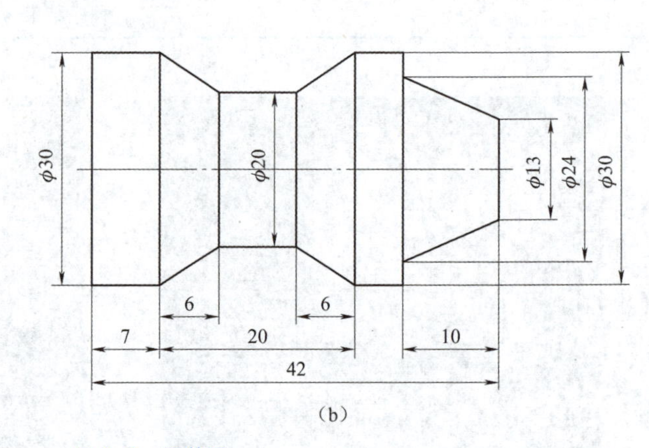

图 8-7　零件图

（a）基础题；（b）提高题

练习题 1

练习题 2

含圆弧槽的加工

学习笔记

项目三　综合类零件的加工

项目描述

本项目对复杂零件、配合件零件、含有特殊轮廓零件等进行加工，巩固数控车床程序的编制方法，熟悉零件加工需要的工具、刀具、量具、辅具的使用，掌握综合零件数控加工工艺分析、工艺卡的制作及各参数的选择，能熟练操作数控车床并加工出合格的工件。

另外，使用 CAXA 数控车软件，能完成技能比赛类零件在数控车床上的刀具轨迹生成、切削仿真，以及数控加工程序的生成。

任务 9　车削圆弧—外锥零件

一、工作任务

1. 任务描述

承接某企业的外协加工产品，加工数量为 180，备品率为 5%，废品率不超过 2%，见图 9-1，毛坯为 ϕ50 mm×100 mm，材料为 45 钢。

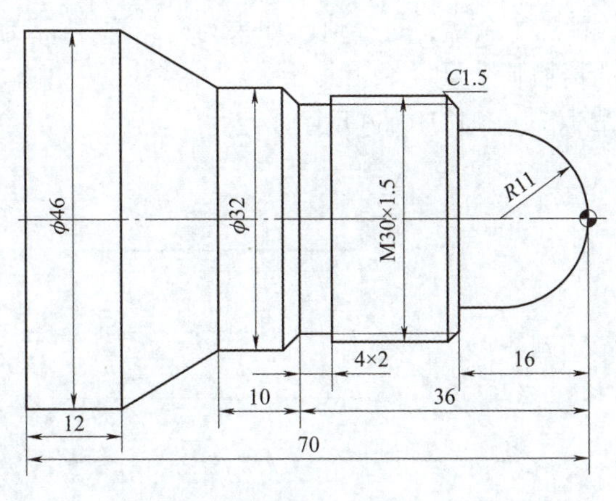

车削圆弧—外锥零件

图 9-1　圆弧—外锥零件

2. 学习目标

（1）能认识内外径粗车复合循环指令 G71 的指令格式和功能 ，熟悉 G71 指令运用场合。

（2）掌握 G71 编程指令格式，能分析固定循环加工轨迹，能合理确定切削参数。

（3）能根据不同的加工轮廓合理选择加工指令提高综合编程的技能和技巧。

二、任务准备

单一循环指令可以使程序得到一些简化，复合循环的指令可使程序进一步得到简化。只要给出零件轮廓、循环次数和每次加工余量，机床能自动决定粗加工时的刀具路径，自动重复切削直到零件加工完成。

1. 内外径粗车复合循环指令 G71

（1）指令格式。

G00 X_ Z_;　　　　　　　　　循环起始点

G71 U(Δd) R(e);

G71 P(ns) Q(nf) U(Δu) W(Δw) F(f);

N(ns)……………………

　　　……………………

　　　……………………

N(nf) ……………………

G70 P(ns) Q(nf) F(f);

（2）指令说明。

Δd——每次切削深度（半径值），无正负号；

e——退刀量（半径值），无正负号；

ns——精加工路线第一个程序段的顺序号；

nf——精加工路线最后一个程序段的顺序号；

Δu——X 方向的精加工余量，直径值，如果为内轮廓，Δu 为负值；

Δw——Z 方向的精加工余量。

G71 为精加工循环指令，走刀轨迹见图 9-2。

G71 指令讲解

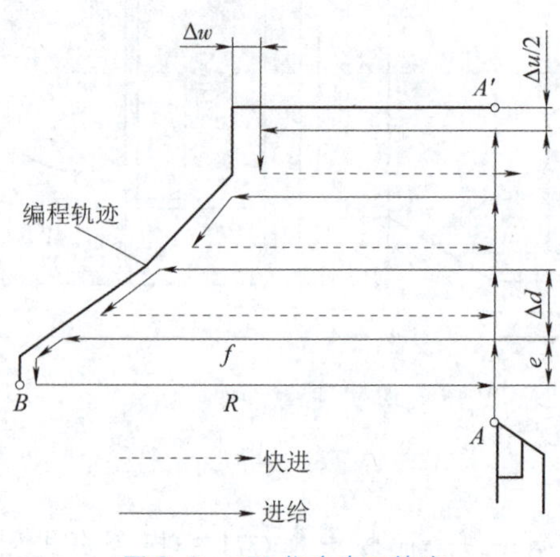

图 9-2　G71 指令走刀轨迹

（3）应用案例。

见图 9-3，采用 G71 指令，完成零件程序的编写参考程序见表 9-1。

G71 指令应用案例

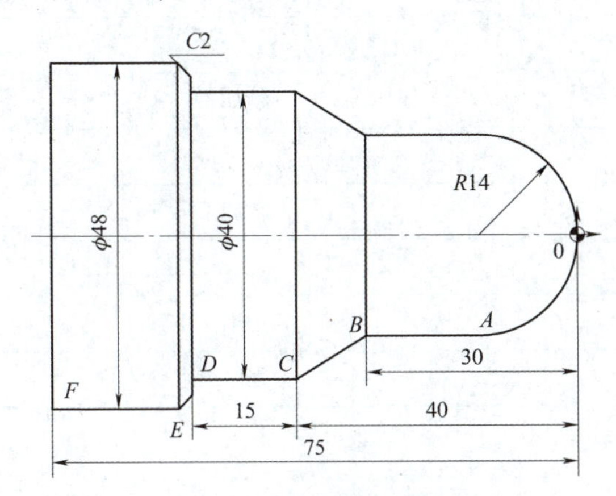

图 9-3　典型成形面零件编程实例

表 9-1　典型成形面零件的参考程序

程序	注释
O1234;	程序名
M03 S100;	主轴正转，转速 100 r/min
T0101 G99;	调用 1 号刀
G0 X52;	刀具起刀点
Z2;	循环起始点
G71 U1.5 R0.5;	背吃刀量为 1.5 mm，退刀量为 0.5 mm
G71 P1 Q2 U0.5 W0.1 F0.1;	精加工余量 *X* 为 0.5 mm，*Z* 为 0.1 mm
N1 G01 X0 F0.1;	G71 指令的精加工程序群
Z0;	编程路线：*O*→*A*→*B*→*C*→*D*→*E*→*F*
G3 X28 Z-14 R14;	加工 *O*→*A* 轮廓
G01 Z -30;	加工 *A*→*B* 轮廓
X40 Z-40;	加工 *B*→*C* 轮廓
W-15;	加工 *C*→*D* 轮廓
X48 C2;	加工 *D*→*E* 轮廓
Z-75;	加工 *E*→*F* 轮廓
N2 G0 X52;	*X* 轴方向退刀
Z100;	
M5;	
M00;	暂停

续表

程序	注释
T0101;	
M3 S1200;	精加工
G0 X52 Z2;	
G70 P1 Q2 F0.1;	精加工零件轮廓
Z100;	
M5;	主轴停止
M30;	程序结束

三、任务实施

1. 工艺分析

(1) 分析编程路线。

见图 9-1，首先，采用 G71 指令完成外轮廓加工，然后，采用刀宽为 4 mm 切槽刀完成切槽，再采用 G92 指令完成螺纹加工，最后，切断工件。圆弧轴零件的编程路线见表 9-2。

表 9-2 圆弧轴零件的编程路线

序号	加工简图	加工内容
1		采用 G71 指令完成外轮廓的加工
2		采用 G01 指令完成槽的加工

续表

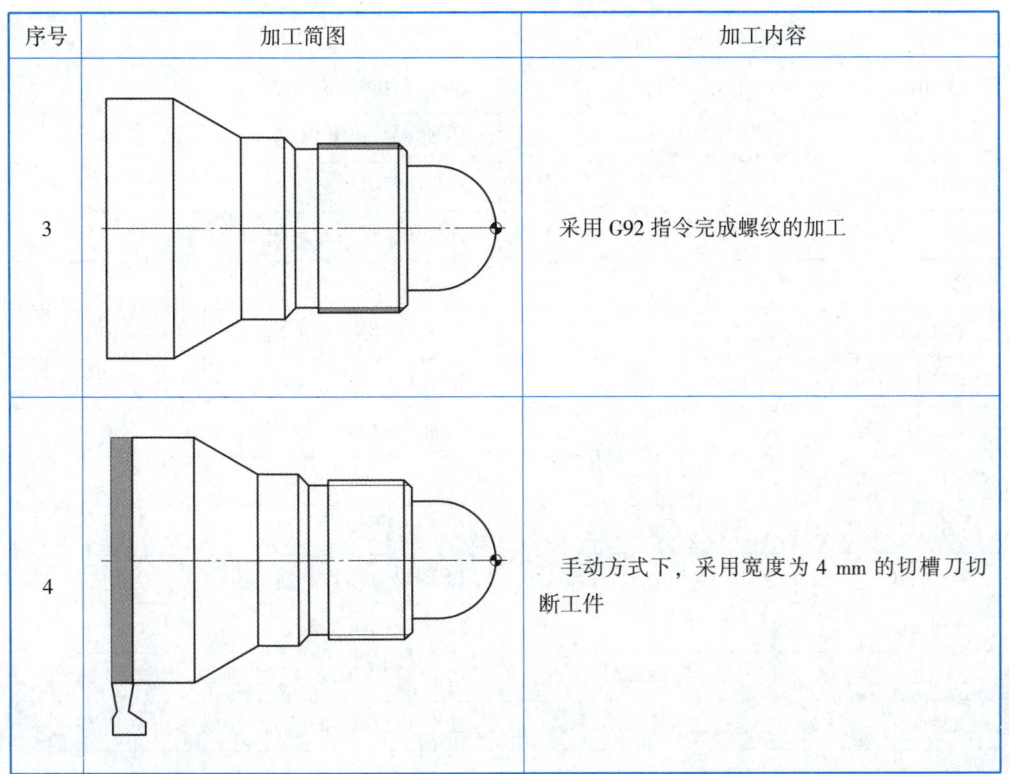

序号	加工简图	加工内容
3		采用 G92 指令完成螺纹的加工
4		手动方式下，采用宽度为 4 mm 的切槽刀切断工件

（2）制定加工工序卡片。

圆弧轴零件的数控加工工序卡片如表 9-3 所示。

表 9-3 圆弧轴零件的数控加工工序卡片

加工步骤	程序号	加工内容	刀具刀号	切削要素		
				n/（$r \cdot min^{-1}$）	f/（$mm \cdot r^{-1}$）	a_p/mm
1	O0001	加工外轮廓	90°外圆车 T0101	1 000	0.1	2
2	O0002	切槽	刀宽 4 mm 切槽刀 T0202	600	0.1	1
3	O0003	加工螺纹	60°螺纹刀	720	1.5	—
4	—	手动方式切断工件	刀宽 4 mm 切槽刀	600	0.1	—

2. 编制程序与仿真校验

圆弧—外锥零件的参考程序如表 9-4 所示，仿真加工效果如图 9-4 所示。

学习笔记

表 9-4　圆弧—外锥零件的参考程序

程序	注释
O0001;	加工零件外轮廓程序
M3 S1000;	主轴正转 转速 1 000 r/min
T0101;	调用 1 号刀
G0 X52;	定位点，循环起始点
Z2;	
G71 U1.5 R0.5;	*X* 方向每次进刀量 3 mm（直径）
G71 P1 Q2 U0.5 W0.1 F0.1;	精加工余量 *X* 方向 0.5 mm，*Z* 方向为 0.1 mm
N1 G01 X0;	精加工路径第一程序段，Ⅰ型：不能有 *Z*
Z0;	
G3 X22 Z-11 R11;	加工 *R*11 球面
G1 Z-16;	加工 ϕ22 mm 圆柱面
X30 C1.5;	加工 1.5 mm 倒角
Z-36;	加工螺纹 M30×1.5 圆柱面
X32;	加工 ϕ32 mm 圆柱面
Z-46;	
X46 Z-58;	外锥面加工
Z-74;	加工 ϕ46 mm 圆柱面
N2 G0 X52;	精加工路径最后程序段
Z100;	返回换刀点
M3 S1200;	
T0101;	外圆车刀
G0 X52 Z2;	车刀定位
G70 P1 Q2 F0.05;	精加工零件轮廓
G0 X100;	退刀
Z100;	返回
M5;	主轴停止
M30;	程序结束
O0002;	切槽参考程序
M03 S600 T0202;	切槽刀，刀宽 4 mm
G0 X32;	定刀点
Z2;	

学习笔记

续表

程序	注释
Z-36;	定位切槽位置
G01 X28 F0.1;	加工 4 mm×2 mm 的退刀槽
G04 P2000;	暂停 2 秒
G0 X34;	*X* 轴方向退刀
W-2;	螺纹退刀槽左端倒角 *Z* 轴方向定位
G01 X32 F0.1;	螺纹退刀槽左端倒角 *X* 轴方向定位
X28 W2;	加工螺纹退刀槽左端倒角
G0 X32;	退刀
Z100;	返回
M5;	主轴停止
M30;	程序结束
O0003;	加工螺纹参考程序
M03 S720;	加工螺纹的主轴转速 720 r/min
T0303 G99;	调用螺纹车刀
G0 X32 Z3;	
Z-13;	螺纹加工定位点
G92 X29.8 Z-33 F1.5;	螺纹加工，第一刀
X29;	螺纹加工，第二刀
X28.5;	螺纹加工，第三刀
X28.25;	螺纹加工，第四刀
X28.05;	螺纹加工，最后一刀
G0 X32;	退刀
Z100;	返回
M05;	主轴停止
M30;	程序结束

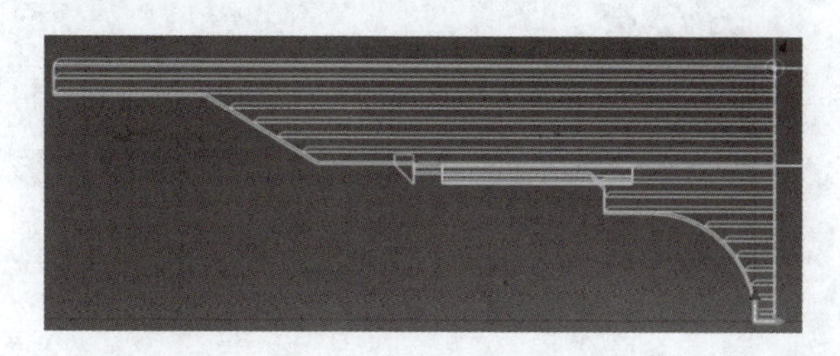

图 9-4　圆弧—外锥零件的仿真加工效果

3. 实践操作

（1）采用三爪自定心卡盘夹持 ϕ50 mm 毛坯外圆并校正，伸出加工位置的长度约 85 mm，确保工件夹紧。

（2）根据加工要求，在 1 号刀位正确安装一把 90°外圆车刀，确保刀尖对中、伸出长度合适，刀具要夹紧。

（3）在 2 号刀位正确安装一把切槽刀，在 3 号刀位正确安装一把螺纹刀。

（4）确认工具放置原处。试切对刀确定工件的右端面为编程原点，建立工件坐标系。

（5）在编辑模式下，输入程序并校验程序是否正确。

（6）在自动模式下，完成圆弧—外锥零件的加工。

（7）加工完毕，清理卫生，关闭各电源开关，填写完成附录表 1 实践过程记录表。

四、任务测评

见附录表 2 任务评测表。先自己检测完成任务的情况，再与同学互检，合格后交指导教师评分，教师签字后方可进行下一任务的实训。

五、拓展练习

如图 9-5 所示，试完成任意一个轴类件程序的编写。

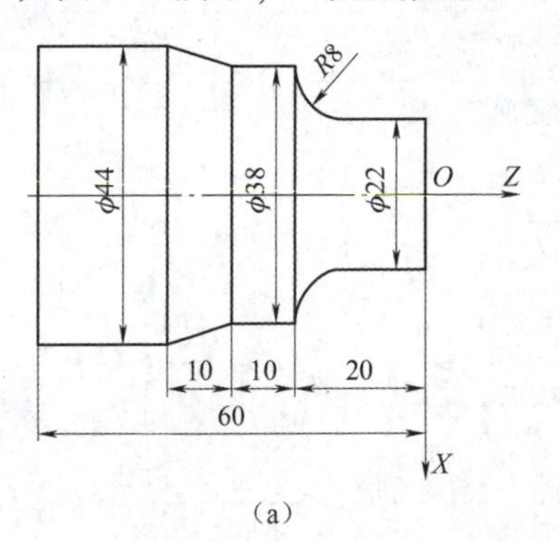

（a）

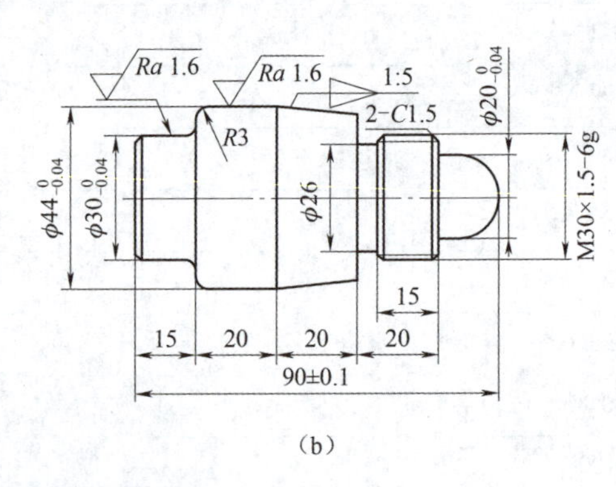

（b）

图 9-5　典型轴类零件图

（a）基础题；（b）提高题

G71 指令练习题

任务10 车削锥面直槽轴零件

一、工作任务

1. 任务描述

承接某企业的外协加工产品，加工数量为180，备品率为5%，废品率不超过2%，见图10-1，毛坯为ϕ50 mm×80 mm，材料为45钢。

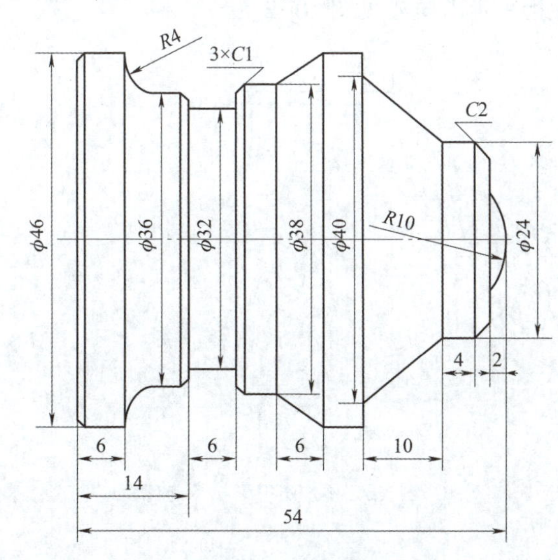

图10-1 锥面直槽轴零件

车削锥面直槽轴零件

2. 学习目标

（1）能认识端面粗车复合循环指令G72的指令格式，知道G72指令运用场合。

（2）掌握G72编程指令格式，能分析固定循环加工轨迹，合理确定切削参数。

（3）能熟练编写盘类零件的程序，掌握盘类零件加工的基本方法。

二、任务准备

1. 端面粗车复合循环指令G72

（1）指令格式。

G00 X_ Z_; 循环起始点

G72 W($\underline{\Delta d}$) R($\underline{e}$);

G72 P($\underline{ns}$) Q($\underline{nf}$) U($\underline{\Delta u}$) W($\underline{\Delta w}$) F($\underline{f}$);

N(ns)……………………

……………………

……………………

G72指令讲解

N(nf) ………………….

G70 P(ns) Q(nf) F(*f*);

(2) 指令说明。

Δd——Z 轴每次进给量（半径值），无正负号；

e——退刀量（半径值），无正负号；

ns——精加工路线第一个程序段的顺序号；

nf——精加工路线最后一个程序段的顺序号；

Δu——X 方向的精加工余量，取直径值；

Δw——Z 方向的精加工余量。

G72 精加工循环指令走刀轨迹见图 10-2。

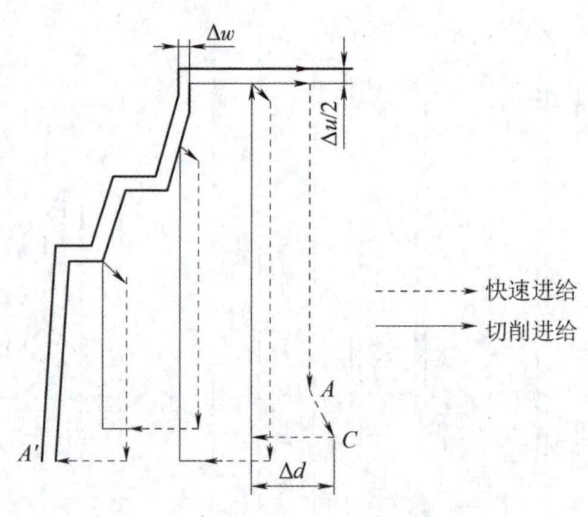

图 10-2　G72 精加工循环指令走刀轨迹

(3) 应用案例。

如图 10-3 所示，采用 G72 指令完成零件程序的编写，参考程序见表 10-1。

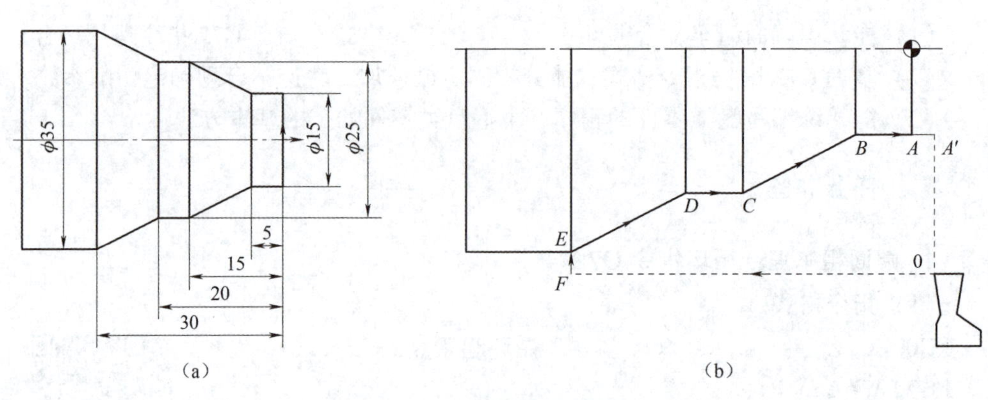

图 10-3　典型零件的编程实例

(a) 零件图；(b) 精加工路线图

表 10-1 典型零件的参考程序

程序	注释
O1234;	程序名
M03 S100;	主轴正转，转速 100 r/min
T0101 G99;	调用 1 号刀
G0 X52;	刀具起刀点
Z2;	循环起始点
G72 W2 R1;	Z 轴每次进给量为 2 mm
G72 P1 Q2 U0.5 W0.1 F0.1;	精加工余量 X 为 0.5 mm，Z 为 0.1 mm
N1 G01 Z-30;	G72 指令的精加工程序群
X35;	编程路线 $O \to F \to E \to D \to C \to B \to A \to A'$
X25 W10;	
W5;	
X15 W10;	
W5;	
N2 G0 Z2;	
G0 X42;	
Z150;	
M5;	
M00;	
T0101 M3 S1200;	
G0 X42;	
Z2;	
G70 P1 Q2 F0.08;	精加工零件轮廓
G0 X42;	退刀
Z100;	返回
M5;	主轴停止
M30;	程序结束

三、任务实施

1. 工艺分析

（1）分析编程路线。

G71 的切削方向平行于 Z 轴，G72 的切削方向平行于 X 轴。在使用 G71 和 G72 时加工零件轮廓时，Δu 和 Δw 的符号选择如图 10-4 所示。要特别注意加工外轮廓时 Δu 为正，内轮廓时 Δu 为负；刀具从右往左加工 Δw 为正，反之为负。

见图 10-1，首先，采用 G71 指令完成外轮廓加工，然后，采用 G94 指令切 ϕ32 mm 处的槽，再分别采用两个 G72 指令完成左端凹槽轮廓的加工，最后，切断工件。具体编程路线如表 10-2 所示。

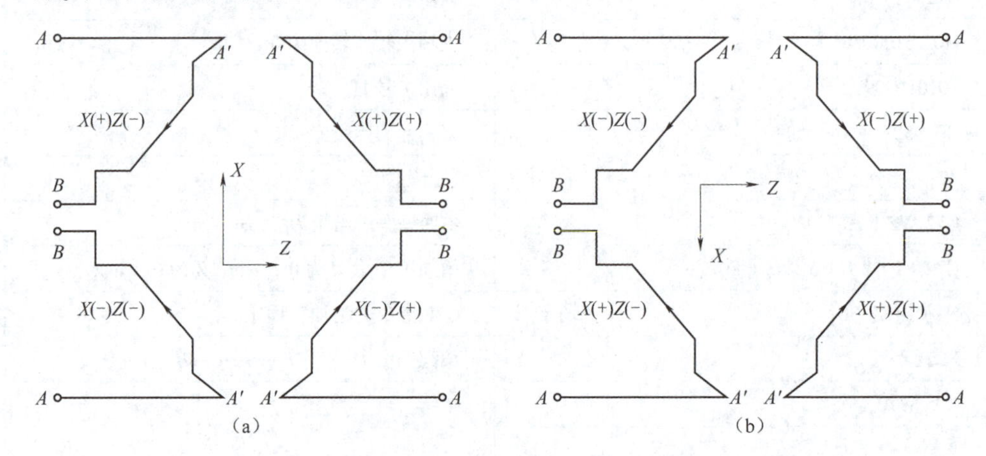

图 10-4　G72 复合循环下 U(Δu) 和 W(Δw) 的符号选择

表 10-2　锥面直槽轴零件的编程路线

序号	加工简图	加工内容
1	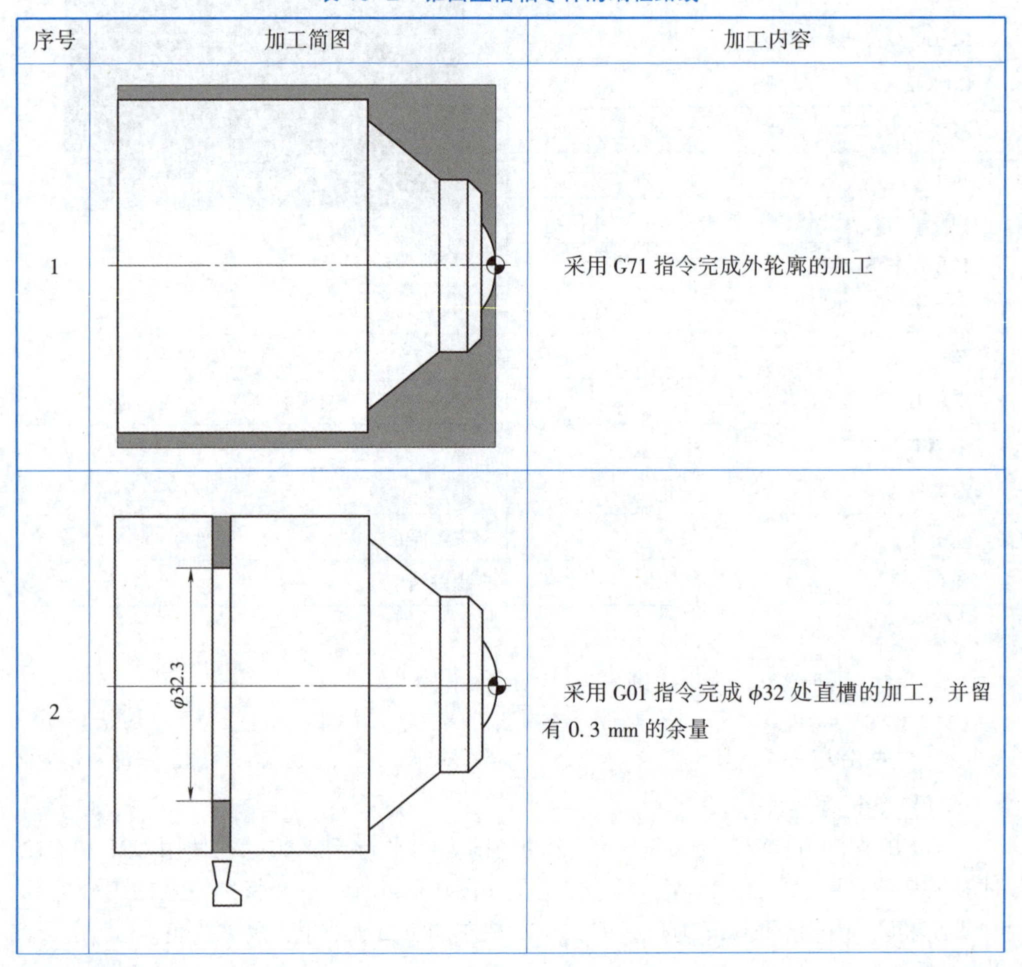	采用 G71 指令完成外轮廓的加工
2		采用 G01 指令完成 ϕ32 处直槽的加工，并留有 0. 3 mm 的余量

续表

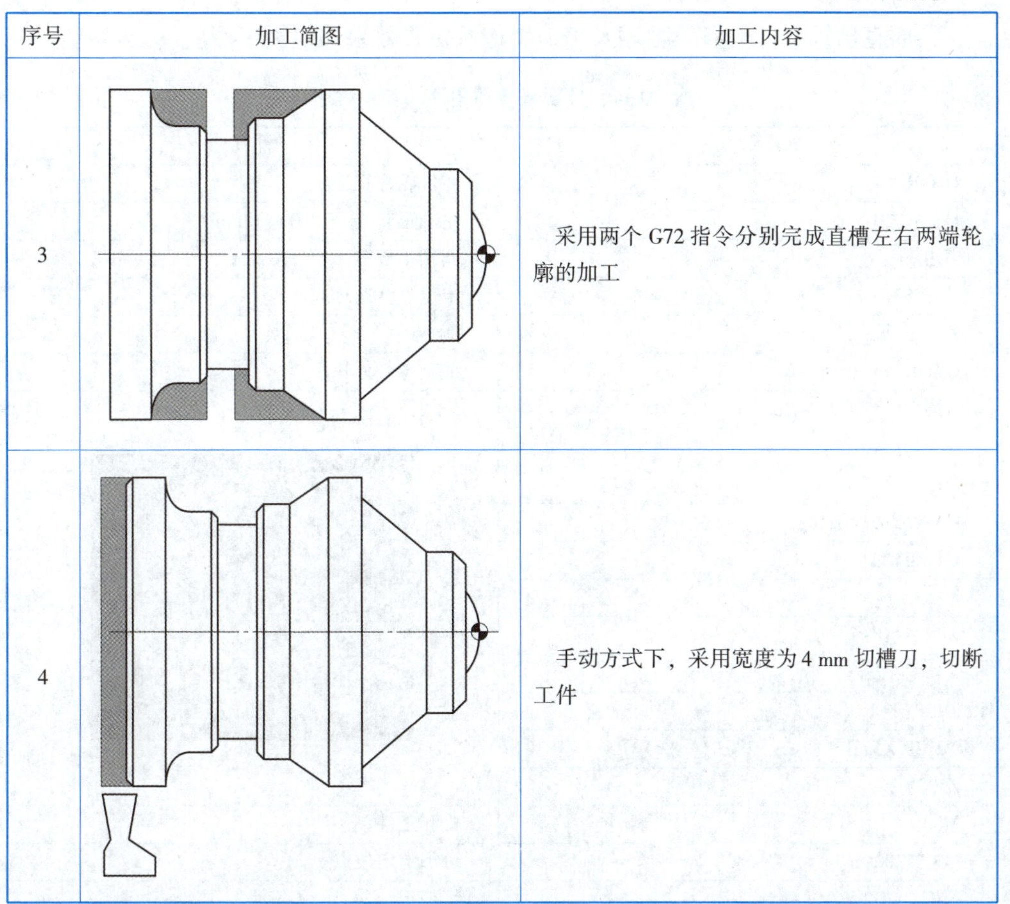

序号	加工简图	加工内容
3		采用两个 G72 指令分别完成直槽左右两端轮廓的加工
4		手动方式下，采用宽度为 4 mm 切槽刀，切断工件

（2）制定加工工序卡片。

锥面直槽轴零件的数控加工工序卡片见表 10-3。

表 10-3　锥面直槽轴零件的数控加工工序卡片

加工步骤	程序号	加工内容	刀具刀号	切削要素		
				n/（r · min^{-1}）	f/（mm · r^{-1}）	a_p/mm
1	O0001	加工外轮廓	90°外圆车 T0101	1 000	0. 1	2
2	O0002	切直槽、切槽左右两端轮廓	刀宽 4 mm 切槽刀 T0202	600	0. 1	1
3	O0003	切断工件	刀宽 4 mm 切槽刀	600	0. 1	—

2. 编制程序与仿真校验

锥面直槽轴零件的参考程序及走刀轨迹及仿真效果如表 10-4 所示。

表 10-4　锥面直槽轴零件的参考程序

程序	注释
O0001;	零件轮廓程序
M3 S1000;	主轴正转 转速 1 000 r/min
T0101;	调用 1 号刀
G0 X52;	定位点，循环起始点
Z2;	
G71 U1.5 R0.5;	加工零件外轮廓
G71 P1 Q2 U0.5 W0.1 F0.1;	
N1 G01 X0;	
Z0;	
G3 X12 Z-2 R10;	
G1 X24 C2;	
Z-6;	
X40 Z-18;	
X46 C0.2;	
Z-58;	
N2 G0 X52;	
Z100;	
M00;	检测工件
M3 S1200;	可加上定位点
G70 P1 Q2 F0.08;	精加工
G0 X80;	退刀
Z100;	返回
M30;	程序结束
O0002;	切直槽、切槽左右两端轮廓程序
M03 S500;	主轴正转，转速 500 r/min
T0202;	调用宽度为 4 mm 的切槽刀
G0 X48 Z2;	定刀点
Z-40;	定位
G94 X32 F0.1;	加工 ϕ32 处宽度为 4 mm 的直槽
G72 W2 R0.5;	加工 ϕ32 处直槽左端的轮廓
G72 P1 Q2 U0.3 W0 F0.1;	
N1 G01 Z-48;	
X46;	
X44;	
G3 X36 W4 R4;	
G1 W3;	

续表

程序	注释
N2 X34 Z-40；	
M3 S1200；	
G70 P1 Q2 F0.08；	精加工外轮廓
G0 X48；	
Z-40；	
G72 W2 R0；	加工 ϕ32 处直槽右端的轮廓
G72 P3 Q4 U0.3 W-0.1 F0.1；	
N3 G1 Z-27；	
X38 W-6；	
W-4；	
X36 W-1；	
X32；	
N4 Z-40；	
G70 P3 Q4 F0.08；	精加工程序
G0 X50；	
Z-58；	定位
G01 X42 F0.1；	切工艺槽
G0 X44；	
G01 X46 W1 F0.1；	加工切断处的倒角 $C1$，采用 G94 简化程序
G0 X48；	
Z-58；	定位
G94 X0 F0.1；	切断
G0 X52；	退刀
Z100；	返回
M5；	主轴停止
M30；	程序结束

3. 实践操作

（1）采用三爪自定心卡盘夹持 ϕ50 mm 毛坯外圆并校正，露出加工位置的长度约 70 mm，确保工件夹紧。

（2）根据加工要求，在 1 号刀位正确安装一把 90°外圆车刀，确保刀尖对中、伸出长度合适，刀具要夹紧。

（3）在 2 号刀位正确安装一把切槽刀，要求切槽刀的主切削刃必须与工件轴线等高，过低容易破裂，增加飞边，过高导致刀具破裂以及磨损加快。

（4）确认工具放置原处。开机，进入 MDI 方式，输入 M03 1000，使主轴正转。平端面，试切对刀确定工件的右端面为编程原点，建立工件坐标系。

（5）在编辑模式下，输入程序并校验程序是否正确。

（6）在自动模式下，完成锥面直槽轴零件的加工。

（7）在手动切断时，刀具进给缓慢匀速。务必在到达中心之前降低进给，距离中心还有 2 mm 时，将进给降低 75%；距离 0.5 mm 时，则停止进给，靠自重自行掉落。

（8）加工完毕，清理卫生，关闭各电源开关，填写完成附录表 1 实践过程记录表

四、任务测评

见附录表 2 任务评测表。先自己检测完成任务的情况，再与同学互检，合格后交指导教师评分，教师签字后方可进行下一任务的实训。

五、拓展练习

利用上述所学，结合自身情况，试完成任意一个零件程序的编写，如图 10-5 所示。

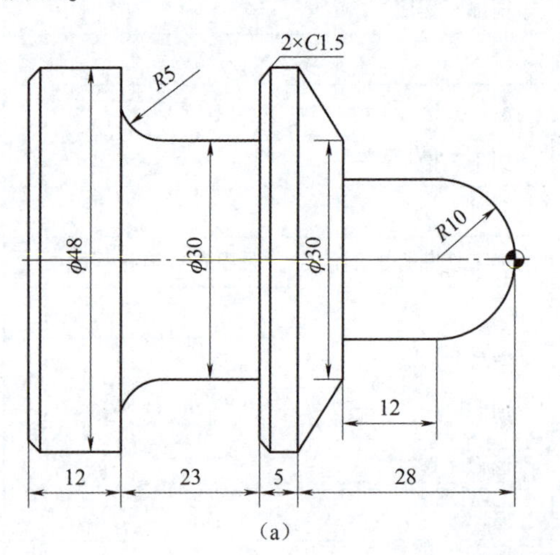

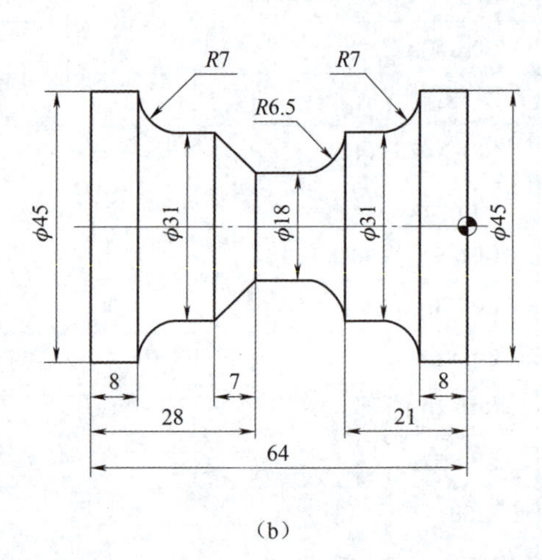

图 10-5　典型槽类零件

（a）基础题；（b）提高题

典型槽类零件练习题

任务 11 车削中级工零件

一、工作任务

1. 任务描述

承接某企业的外协加工产品，加工数量为 180，备品率为 5%，废品率不超过 2%，见图 11-1，毛坯为 ϕ50 mm×120 mm，材料为 45 钢。

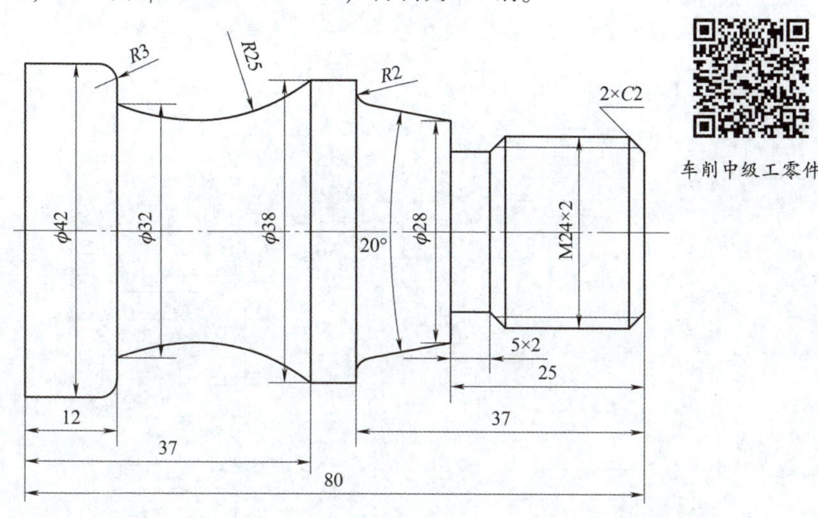

图 11-1 车削中级工零件

2. 学习目标

（1）能认识闭环粗车复合循环指令 G73 的指令格式，知道 G73 指令运用场合。

（2）掌握 G73 编程指令格式，能分析固定循环加工轨迹，确定合理切削参数。

（3）能根据图样要求，了解加工条件，熟练掌握中级工零件尺寸的控制方法。

二、任务准备

1. 闭环粗车复合循环指令 G73

（1）指令格式。

G00 X_ Z_;　　　　　　　　　循环起始点

G73 U(Δd) R(e);

G73 P(ns) Q(nf) U(Δu) W(Δw) F(f);

N (ns)…………………

　　　…………………

N(nf) …………………

G70 P(ns) Q(nf) F(f);

（2）指令说明。

Δd——X 轴总退刀量，有正负号；

e——切削次数；

ns——精加工路线第一个程序段的顺序号；

nf——精加工路线最后一个程序段的顺序号；

Δu——X 方向的精加工余量，取直径值；

Δw——Z 方向的精加工余量。

G73 为精加工循环指令，走刀轨迹如图 11-2 所示。

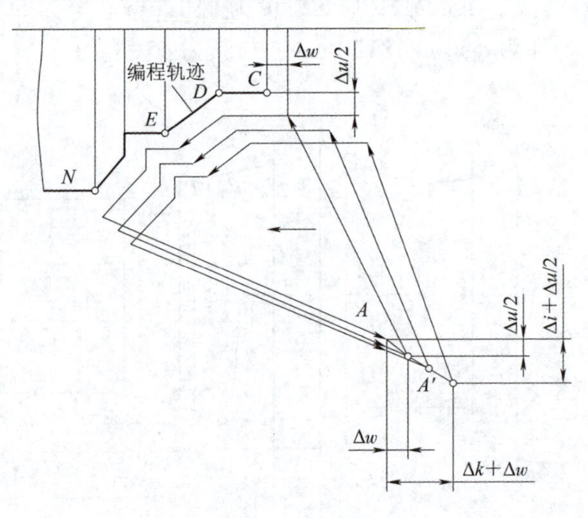

图 11-2　G73 指令走刀轨迹

（3）应用案例。

如图 11-3 所示，采用 G73 指令，试完成零件程序的编写，参考程序如表 11-1 所示。

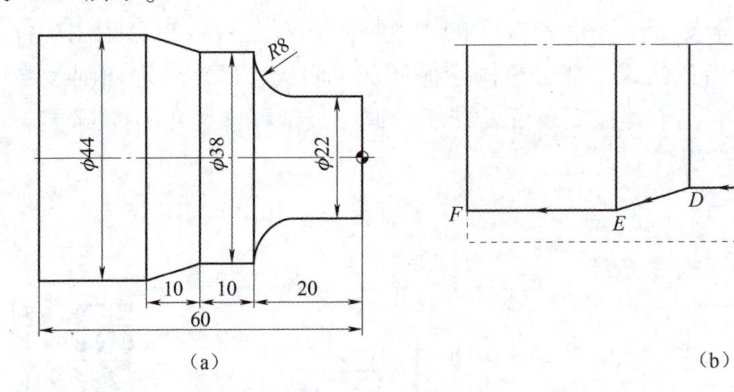

图 11-3　编程实例

（a）零件图；（b）精加工路线图

表 11-1　车削中级工零件的参考程序

程序	注释
O1234;	程序名
M03 S1000;	主轴正转，转速 1 000 r/min
T0101 G99;	调用 1 号刀
G0 X52;	刀具起刀点
Z2;	循环起始点
G73 U15 R10;	X 轴总余量为 15，切削 10 次
G73 P1 Q2 U0.5 W0.02 F0.1;	精加工余量 X 为 0.5 mm，Z 为 0.02 mm
N1 G01 X22;	G73 指令的精加工程序群
Z-12;	走刀路线 $A \to B \to C \to D \to E \to F \to G$
G02 X38 Z-20 R8;	粗加工走刀轨迹图 精加工走刀轨迹图
G01 Z-30;	
X44 Z-40;	
Z-60;	
N2 G0 X52;	
M5;	
M00;	
T0101 M3 S1200;	
G0 X52;	
Z2;	
G70 P1 Q2 F0.08;	精加工零件轮廓
G0 X52;	退刀
Z100;	返回换刀点
M5;	主轴停止
M30;	程序结束

三、任务实施

1. 工艺分析

（1）分析编程路线。

见图 11-1，首先，采用 G73 指令完成外轮廓加工，然后，采用 G94 指令切 $\phi 32$ mm 处的槽，再采用 G92 指令完成 M24×2 螺纹的加工，最后，切断工件，详细编程路线如表 11-2 所示。

表 11-2　车削中级工零件的编程路线

序号	加工简图	加工内容
1	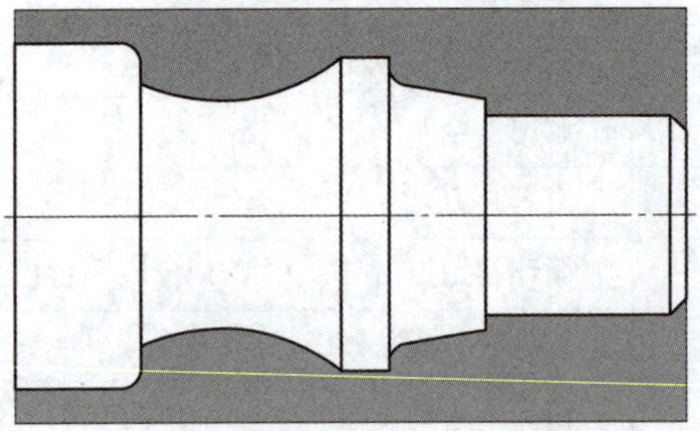	采用 G73 指令完成外轮廓的加工
2	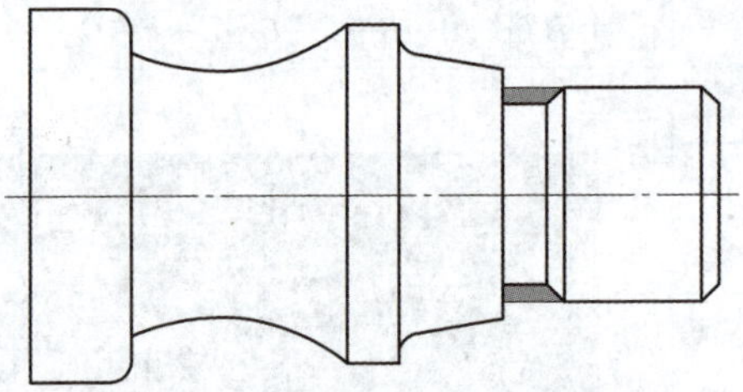	采用 G01 指令完成 5 mm×2 mm 处直槽的加工，并留有 0.3 mm 的余量
3	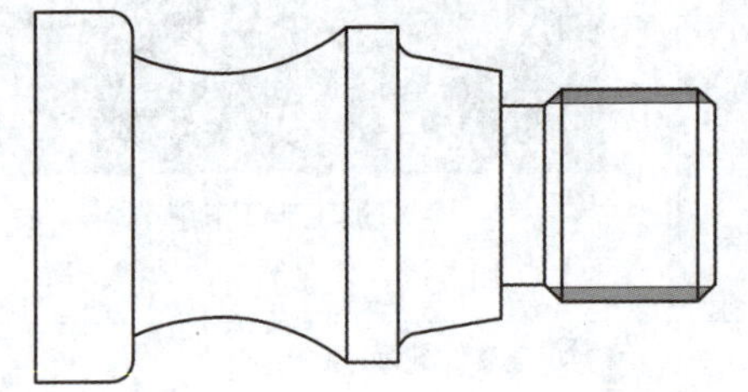	采用两个 G92 指令完成 M24×2 螺纹的加工
4	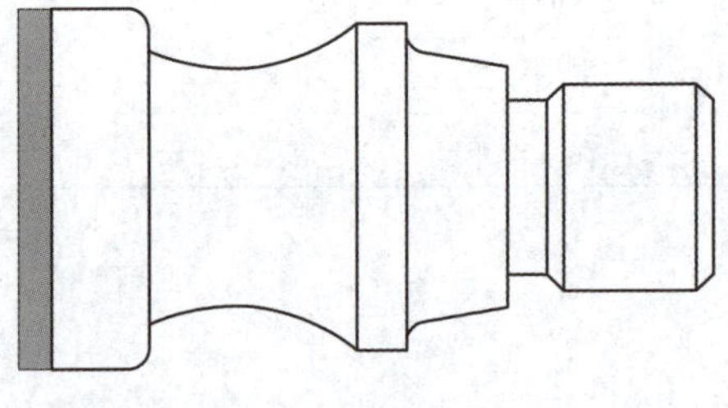	手动方式下，采用宽度为 4 mm 切槽刀，切断工件

（2）制定加工工序卡片。

车削中级工零件的数控加工工序卡见表 11-3。

学习笔记

表 11-3 车削中级工零件的数控加工工序卡片

加工步骤	程序号	加工内容	刀具刀号	切削要素		
				n/(r·min^{-1})	f/(mm·r^{-1})	a_p/mm
1	O0001	加工零件外轮廓	35° 外圆车 T0101	1 000	0.1	2
2	O0002	切直槽及切槽处倒角	刀宽 4 mm 切槽刀 T0202	600	0.1	1
3	O0003	M24×2 螺纹的加工	60°普通螺纹车 T0303	520	2	0.2~1
4	—	切断工件	刀宽 4 mm 切槽刀	600	0.1	—

2. 编制程序与仿真校验

车削中级工零件的参考程序及走刀轨迹效果如表 11-4 所示。

表 11-4 车削中级工零件的参考程序及走刀轨迹效果

程序	注释
O0001;	加工外轮廓程序
T0101 G99;	调用 1 号刀具
M3 S1000 M08;	主轴正转，转速 1 000 r/min
G0 X52;	定位点，循环起始点
Z2;	
G73 U13 R13;	X 轴粗加工余量 26 mm（直径），刀次 13
G73 P1 Q2 U0.5 W0.1 F0.1;	精加工余量：X 轴 0.5 mm（直径），Z 轴 0.1 mm
N1 G01 X20;	精加工轨迹第一程序段
Z0;	
X24 C2;	
Z-25;	
X28;	
X32.23 Z-37 R2;	
X38;	
G2 X32 Z-68 R25;	
G1 X42 R3;	
Z-84;	
N2 G0 X52;	精加工轨迹最后程序段
Z100;	
T0101 M3 S1200;	主轴正转，转速 1 200 r/min，35°外圆车刀
G0 X52;	定刀点

学习笔记

续表

程序	注释
Z2;	
G70 P1 Q2 F0.1;	精加工零件轮廓
G0 X52;	
Z100;	
M5;	主轴停止
M30;	程序结束
O0002;	加工切槽程序
T0202 M3 S800;	主轴正转，转速 800 r/min，调用切槽刀具
G0 X26;	定刀点
Z2;	
Z-25;	切槽定位
G01 X20 F0.1;	
G04 X2;	
G0 X26;	
W1;	
G01 X20 F0.1;	
G04 X2;	
G0 X26;	
W2;	
G01 X24 F0.1;	
X20 W-2;	
G0 X26;	退刀
Z100;	返回
M5;	主轴停止
M30;	程序结束
O0003;	加工螺纹参考程序
M03 S720;	加工螺纹的主轴转速 720 r/min
T0303 G99;	调用螺纹车刀
G0 X26 Z3;	定刀点
Z-13;	螺纹加工定位点
G92 X25 Z-21 F2;	螺纹加工，第一刀
X24.2;	
X23.6;	
X22.8;	
X22.3;	
X21.8;	
X21.6;	

续表

程序	注释
X21.4；	螺纹加工，最后一刀
G0 X32；	退刀
Z100；	返回
M05；	主轴停止
M30；	程序结束

3. 实践操作

（1）采用三爪自定心卡盘夹持 ϕ50 mm 毛坯外圆并校正，露出加工位置的长度约 100 mm，确保工件夹紧。

（2）根据加工要求，在 1 号刀位正确安装一把 90°外圆车刀，确保刀尖对中、伸出长度合适，刀具要夹紧。

（3）在 2 号刀位正确安装一把切槽刀，在 3 号刀位正确安装一把螺纹刀。要求车刀的主切削刃必须与工件轴线等高，过低容易破裂，增加飞边；过高导致刀具破裂以及磨损加快。

（4）确认工具放置原处。开机，进入 MDI 方式，输入 M03 1000，使主轴正转。平端面，采用试切对刀确定工件的右端面为编程原点，建立工件坐标系。

（5）在编辑模式下，输入程序并校验程序是否正确。

（6）在自动模式下，完成车削中级工零件的加工。

（7）在手动切断时，刀具进给缓慢匀速。务必在到达中心之前降低进给，距离中心还有 2 mm 时，将进给降低 75%；距离 0.5 mm 时，则停止进给，靠自重自行掉落。

（8）加工完毕，清理卫生，关闭各电源开关。填写完成附录表 1 实践过程记录表。

四、任务测评

见附录表 2 任务评测表。先自己检测完成任务的情况，再与同学互检，合格后交指导教师评分，教师签字后方可进行下一任务的实训。

五、拓展练习

利用上述所学，结合自身情况，试完成任意一个零件程序的编写，如图 11-4 所示。

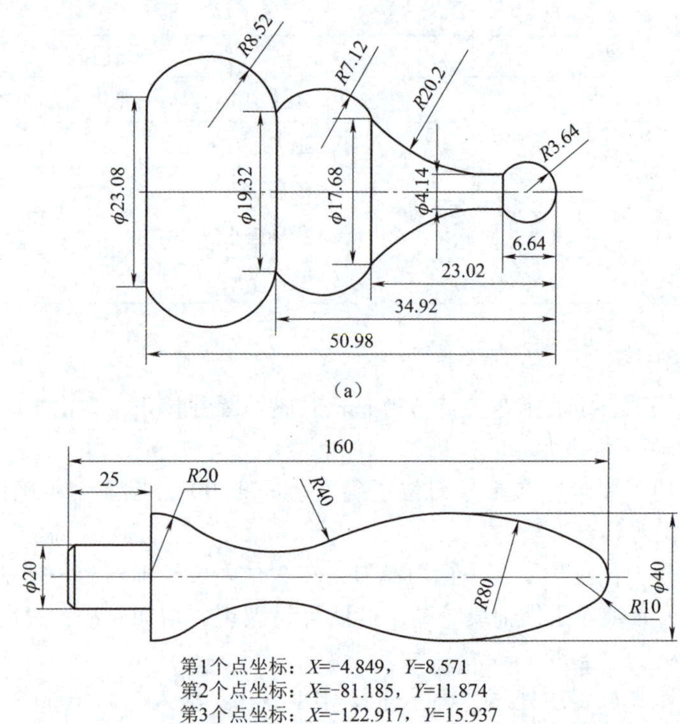

图 11-4　工艺品类模型零件

（a）基础题；（b）提高题

工艺品类模型零件

任务 12　车削宽槽孔类零件

一、工作任务

1. 任务描述

承接某企业的外协加工产品，加工数量为 180，备品率为 5%，废品率不超过 2%，见图 12-1，毛坯为 ϕ50 mm×100 mm，材料为 45 钢。

2. 学习目标

（1）能认识切槽复合循环指令 G74、G75 的指令格式，知道 G74、G75 指令运用场合。

（2）掌握 G74、G75 编程指令格式，能分析固定循环加工轨迹，确定合理切削参数。

（3）能熟练编写各类型槽的程序，掌握各型轮廓槽加工精度的控制方法。

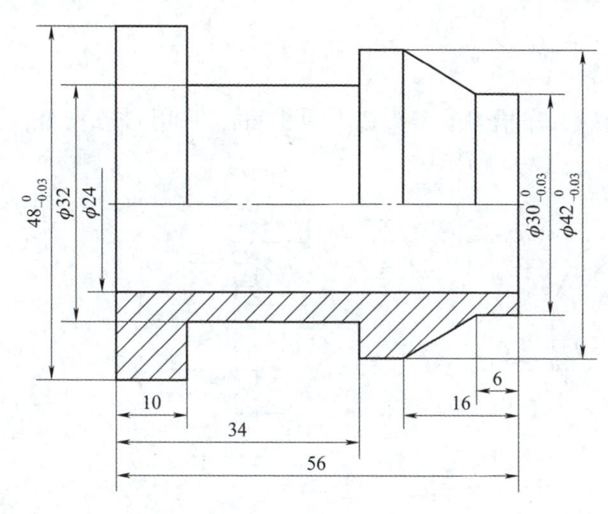

车削宽槽孔类零件

图 12-1　宽槽孔类零件

二、任务准备

1. 轴向切削复合循环指令 G74

（1）指令格式。

G00 X_ Z_;　　　　　　　　　　循环起始点

G74 R(Δe);

G74 X(U) Z(W) P(Δi) Q(Δk) R(Δd) F(f);

（2）指令说明。

Δe——Z 轴每进给一次 Δk 后的退刀量，无正负号；

P(Δi)——X 轴方向的每次进给量，单位为 μm；

Q(Δk)——Z 轴方向的每次进给量，单位为 μm；

R(Δd)——每次刀具在车到槽底时 X 轴方向的退刀量，为了安全，一般省略。

G74 指令一般用于端面槽、钻孔及扩孔加工，轴向断续切削起到及时断屑、排屑的作用，走刀轨迹如图 12-2 所示。

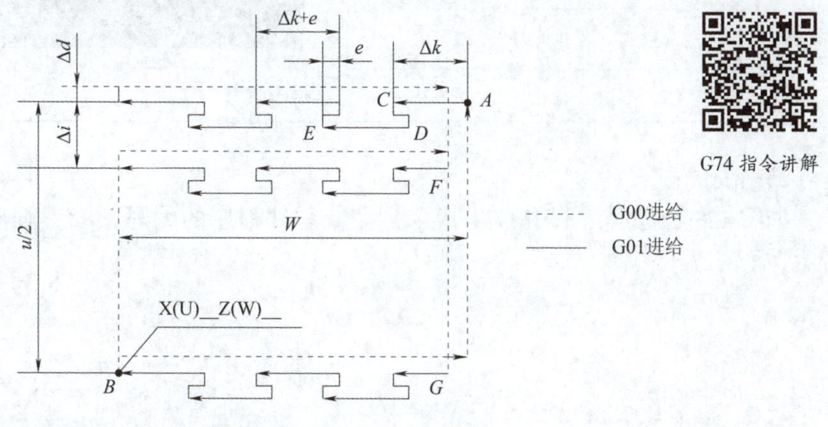

G74 指令讲解

图 12-2　G74 指令走刀轨迹

(3) 应用案例。

1) 加工端面槽。

如图 12-3 所示，车槽刀的刀头宽度为 3 mm，采用 G74 指令，完成零件程序的编写，参考程序如表 12-1 所示。

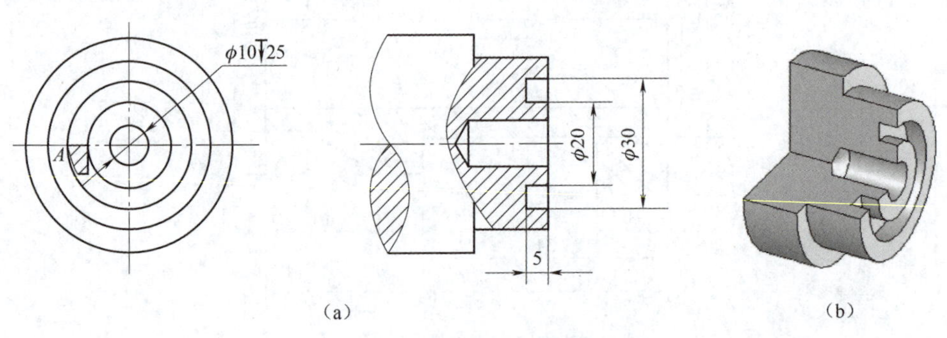

图 12-3 加工端面槽的编程实例

(a) 零件图；(b) 实体图

表 12-1 端面槽的参考程序

程序	注释
O1234；	程序名
M03 S600；	主轴正转，转速 100 r/min
T0202 G99；	调用 2 号刀，宽度为 3 mm
G0 X20；	刀具起刀点
Z2；	循环起始点
G74 R0.5；	*Z* 轴退刀量 0.5 mm
G74 X24 Z-5 P1500 Q2000 F0.1；	
G0 Z150；	
M5；	
M30；	程序结束

2) 钻孔。

如图 12-4 所示，采用 G74 指令，完成零件程序的编写，参考程序如表 12-2 所示。

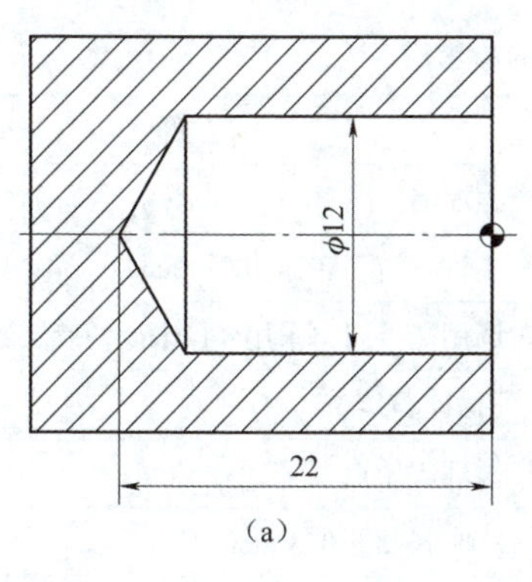

(a)

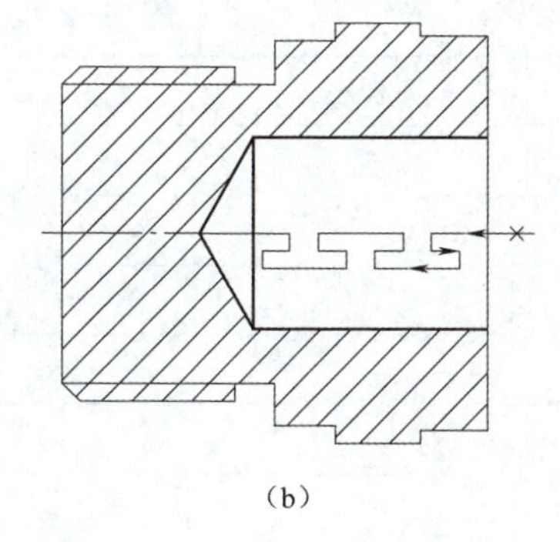

(b)

图 12-4 钻孔的编程实例

(a) 零件图；(b) 加工轨迹图

表 12-2 钻孔的参考程序

程序	注释
O1234;	程序名
M03 S600;	主轴正转，转速 100 r/min
T0202 G99;	调用 2 号刀，采用 ϕ12 mm 的麻花钻
G0 X0;	刀具起刀点
Z5;	循环起始点
G74 R0.5;	Z 轴退刀量 0.5 mm
G74 Z-22 Q2000 F0.1;	钻中心孔切削循环运动轨迹图
G0 Z150;	
M5;	
M30;	程序结束

3）扩孔。

如图 12-5 所示，工件已钻好 ϕ12 mm 的内孔，采用 G74 指令，完成零件程序的编写，参考程序如表 12-3 所示。

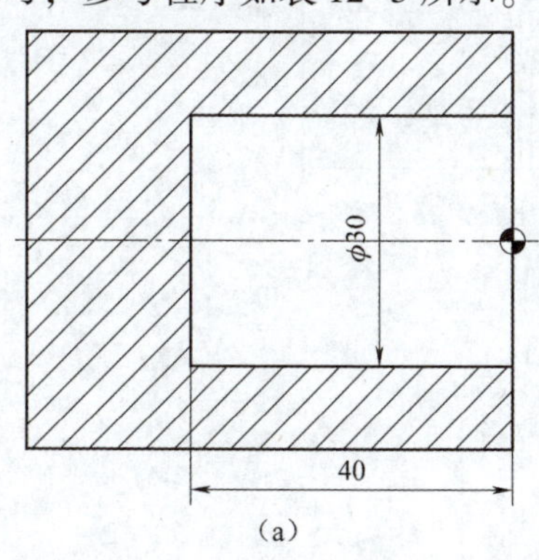

(a)

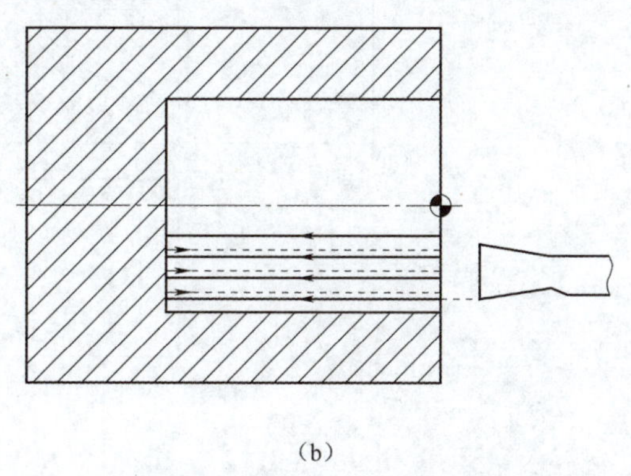

(b)

图 12-5 扩孔的编程实例

(a) 零件图；(b) 加工轨迹图

表 12-3　扩孔的参考程序

程序	注释
O1234;	程序名
M03 S600;	主轴正转，转速 100 r/min
T0202 G99;	调用 2 号刀，采用 ϕ12 mm 的麻花铅
G0 X12;	刀具起刀点
Z5;	循环起始点
G74 R0. 5;	Z 轴退刀量 0. 5 mm
G74 X30 Z-40 P3000 Q40000 F0. 1;	
G0 Z150;	
M5;	主轴停止
M30;	程序结束

2. 径向切削复合循环指令 G75

（1）指令格式。

G00 X_ Z_;　　　　　　循环起始点

G75 R(Δe);

G75 X(U) Z(w) P(Δi) Q(Δk) R(Δd) F(f);

G75 指令讲解

（2）指令说明。

Δe——X 轴每进给一次 Δk 后的退刀量，无正负号；

P(Δi)——X 轴方向的每次进给量，单位为微米；

Q(Δk)——Z 轴方向的每次进给量，单位为微米；

R(Δd)——每次刀具在车到槽底时 Z 轴方向的退刀量，为安全见，一般省略。

G75 指令主要用于加工径向槽、径向断续切削，起到及时断屑、排屑的作用，走刀轨迹如图 12-6 所示。

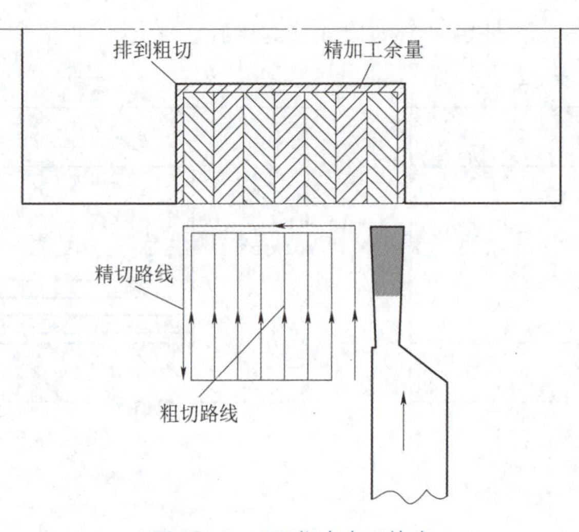

图 12-6　G75 指令走刀轨迹

（3）应用案例。

如图 12-7 所示，车槽刀的刀头宽度为 4 mm，采用 G75 指令，完成零件程序的编写，参考程序如表 12-4 所示。

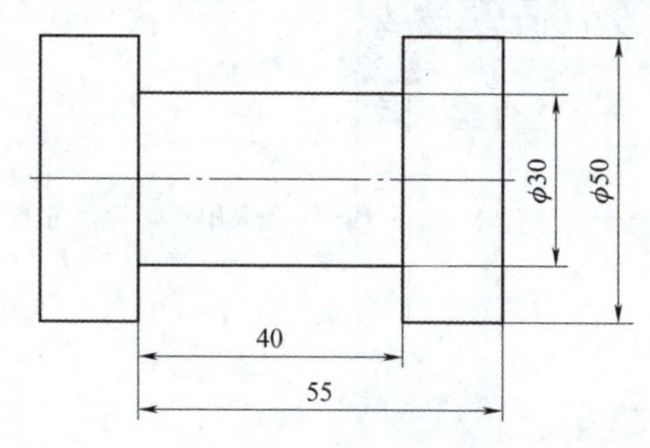

图 12-7　典型宽槽零件图

表 12-4　典型宽槽零件的参考程序

程序	注释
O1234；	程序名
M03 S600；	主轴正转，转速 100 r/min
T0202 G99；	调用 2 号刀，宽度为 4 mm
G0 X52；	刀具起刀点
Z-19；	循环起始点
G75 R0.5；	Z 轴退刀量 0.5 mm
G75 X30 Z-55 P2000 Q3000 F0.1；	
G0 X52；	
Z150；	
M5；	
M30；	

三、任务实施

1. 工艺分析

（1）分析编程路线。

见图 12-1，首先，采用 G71 指令完成外轮廓加工，然后，采用 G75 指令切 24 mm×8 mm 的宽槽，再分别采用两个 G74 指令完成 $\phi24$ 内孔的加工，最后，切断工件，详细编程路线如表 12-5 所示。

表 12–5　宽槽零件的编程路线

序号	加工简图	加工内容
1	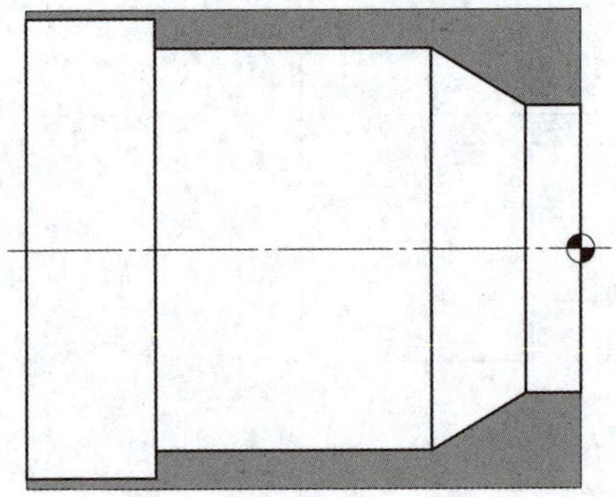	采用 G71 指令完成外轮廓的加工
2	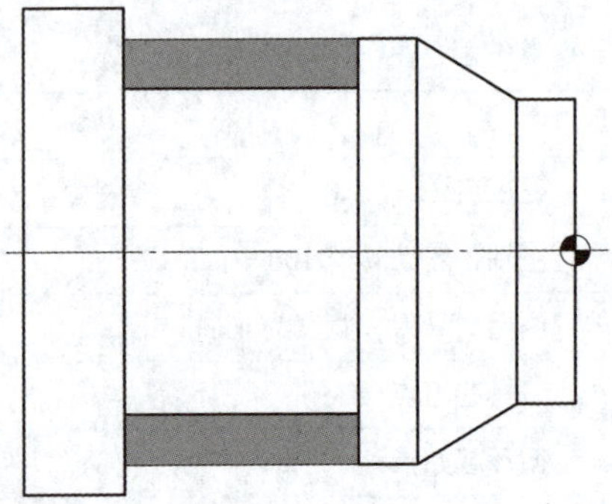	采用 G75 指令，完成 24 mm×8 mm 宽槽的加工，并留有 0.3 mm 的余量
3	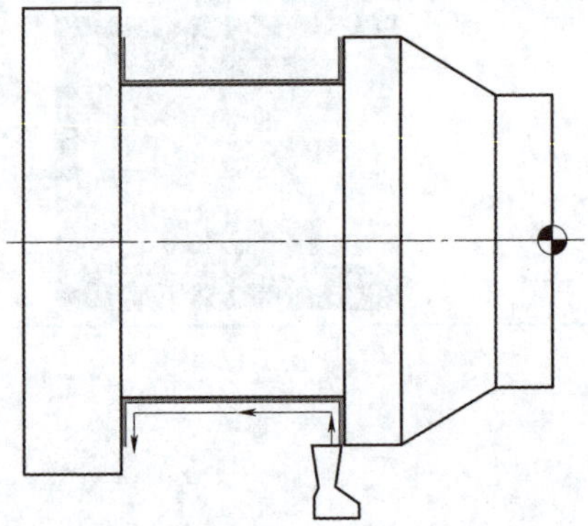	G75 没有类似 G70 精加工指令，如果槽有精度要求，则采用如图所示走刀轨迹
4	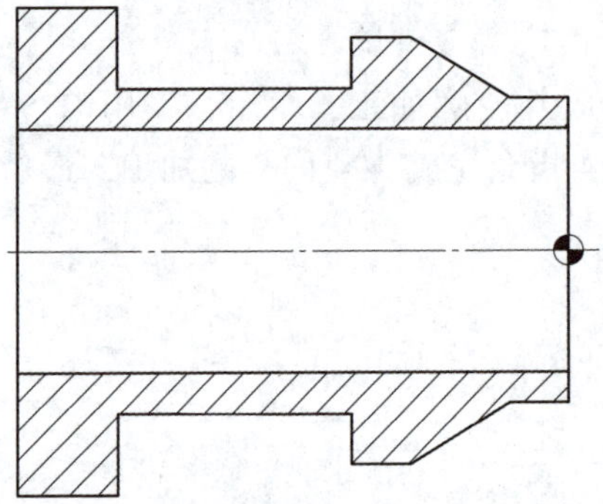	采用 G71 或 G74 指令完成内轮廓 $\phi24$ 内孔的加工

学习笔记

续表

序号	加工简图	加工内容
5	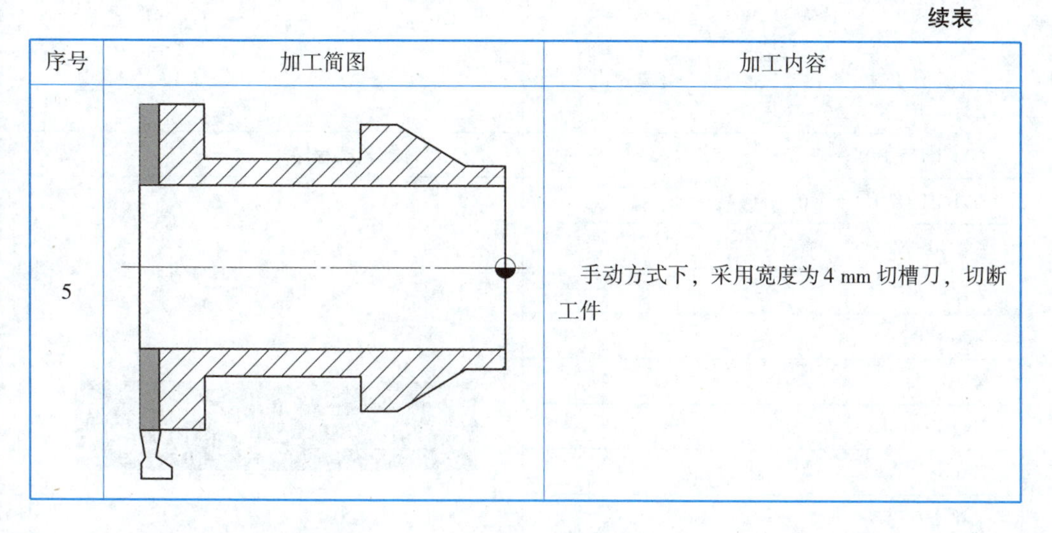	手动方式下，采用宽度为 4 mm 切槽刀，切断工件

（2）制定加工工序卡片。

宽槽孔类零件的数控加工工序卡片见表 12-6。

表 12-6　宽槽孔类零件的数控加工工序卡片

加工步骤	程序号	加工内容	刀具刀号	切削要素		
				n/（r · min^{-1}）	f/（mm · r^{-1}）	a_p/mm
1	O0001	加工外轮廓	90°外圆车 T0101	1 000	0. 1	2
2	O0002	切宽槽	刀宽 4 mm 切槽刀 T0202	600	0. 1	1
3	O0003	加工内轮廓	镗孔刀	1 000	0. 1	1
4	—	切断工件	刀宽 4 mm 切槽刀	600	0. 1	—

2. 编制程序与仿真校验

宽槽孔类零件的参考程序及走刀轨迹图见表 12-7 所示。

表 12-7　宽槽孔类零件的参考程序及走刀轨迹图

程序	注释
O0001；	程序名
M3 S1000；	主轴正转 转速 1 000 r/min
T0101；	调用 1 号刀
G0 X52；	定位点，循环起始点
O0001；	程序名

学习笔记

续表

程序	注释
Z2;	
G71 U1.5 R0.5;	加工零件外轮廓程序
G71 P1 Q2 U0.5 W0.1 F0.1;	
N1 G01 X29.6;	
Z0;	
X30 C0.2;	
Z-6;	
X42 Z-16;	
Z-46;	
X48 C0.2;	
Z-60;	
N2 G0 X52;	
Z100;	
M00;	检测工件
M3 S1200;	可加上定位点
G70 P1 Q2 F0.08;	精加工外轮廓
G0 X80 Z100;	返回点
M5;	主轴停止
M30;	程序结束
O0002;	切宽槽程序
M03 S500;	主轴正转，转速为 500 r/min
T0202;	调用宽度为 4 mm 的切槽刀
G0 X44 Z2;	定位
Z-26;	
G75 R0.5;	
G75 X24 Z-46 P2000 Q3000 F0.1;	
G0 X52;	
Z150;	
M5;	
M30;	
O0003;	加工内轮廓程序

续表

程序	注释
M3 S100 T0303；	采用 G74 指令如下：
G0 X21 Z2；	M3 S100 T0303；
G71 U1 R0.5；	G0 X21 Z2；
G71 P1 Q2 U-0.5 W0.1 F0.1；	G74 R0.5；
N1 G01 X24.4；	G74 X24 Z-57 P3000 Q57000 F0.1；
Z0；	G0 Z150；
X24 C0.2；	M5；
Z-57；	M30；
N2 G0 X21；	
Z150；	
M5；	
M00；	主轴暂停
M3 S1200；	主轴正转，转速为 1 200 r/min
G0 X21；	定位
Z2；	
G70 P1 Q2 F0.08；	精加工零件内轮廓
G0 X21；	X 轴退刀
Z100；	Z 轴退刀
M5；	主轴停止
M30；	程序结束

3. 实践操作

（1）采用三爪自定心卡盘夹持 ϕ50 mm 毛坯外圆并校正，露出加工位置的长度约 60 mm，确保工件夹紧。

（2）根据加工要求，在 1 号刀位正确安装一把 90°外圆车刀，确保刀尖对中、伸出长度合适，刀具要夹紧。

（3）在 2 号刀位正确安装一把切槽刀，要求切槽刀的主切削刃必须与工件轴线等高，在 3 号刀位正确安装一把镗孔刀，调整镗刀的刀尖高度，使之加工孔时不干涉。

（4）确认工具放置原处。开机，进入 MDI 方式，输入 M03 1000，使主轴正转。平端面，试切对刀确定工件的右端面为编程原点，建立工件坐标系。

（5）在编辑模式下，输入程序并校验程序是否正确。

（6）在自动模式下，完成宽槽孔类零件的加工。

（7）在手动切断时，刀具进给缓慢匀速。务必在到达中心之前降低进给，距离中心还有 2 mm 时将进给降低 75%；距离 0.5 mm 时，则停止进给，靠自重自行

掉落。

（8）加工完毕，清理卫生，关闭各电源开关，填写完成附录表 1 实践过程记录表。

四、任务测评

见附录表 2 任务评测表。先自己检测完成任务的情况，再与同学互检，合格后交指导教师评分，教师签字后方可进行下一任务的实训。

五、拓展练习

零件图如图 12-8 所示，利用所学试完成零件程序的编写，并完成零件的仿真加工。

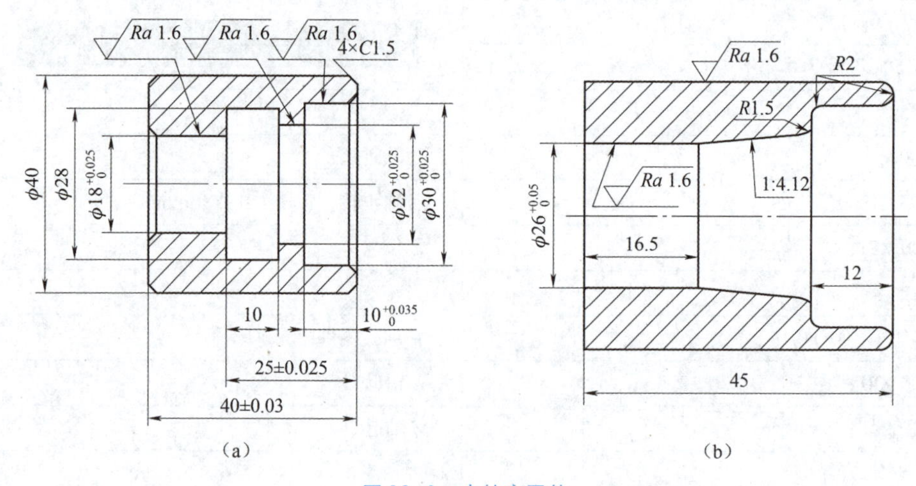

图 12-8　内轮廓零件

（a）基础题；（b）提高题

任务 13　车削梯形螺纹轴零件

一、工作任务

1. 任务描述

承接某企业的外协加工产品，加工数量为 180，备品率为 5%，废品率不超过 2%，见图 13-1，毛坯为 ϕ50 mm×100 mm，材料为 45 钢。

2. 学习目标

（1）能认识螺纹复合循环指令 G76 的指令格式和功能，知道 G76 指令运用场合。

（2）掌握 G76 编程指令格式，能分析固定循环加工轨迹，合理确定切削参数。

（3）能熟练编写梯形螺纹的程序，正确选择梯形螺纹车刀，掌握梯形螺纹加工方法。

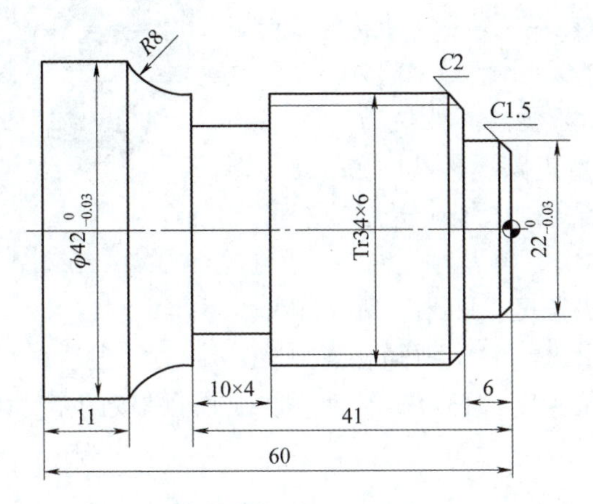

图 13-1　梯形螺纹轴零件

二、任务准备

1. 螺纹切削复合循环指令 G76

（1）指令格式。

G00 X_ Z_;　　　　　　　　循环起始点

G76 P(m)(r)(α) Q(Δd_{min}) R(d);

G76 X(U) Z(W) R(i) P(k) Q(Δd) F(L)

车削梯形螺纹轴零件

（2）指令说明。

图 13-2 所示为螺纹复合循环指令 G76 指令的进刀方式。

G76 指令讲解

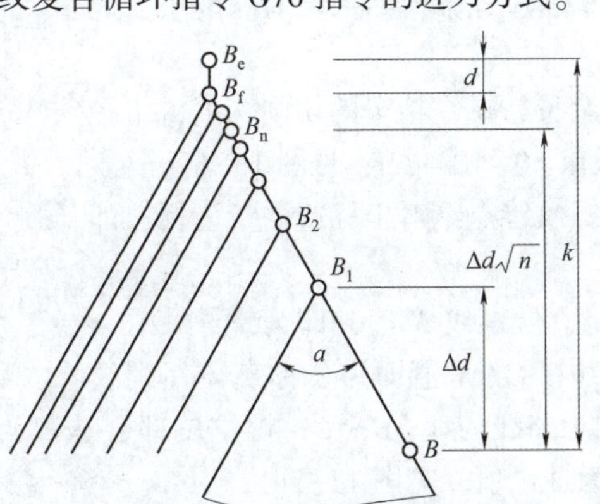

图 13-2　G76 指令的进刀方式

1）参数 m：精车重复次数，00～99（单位：次），必须输入两位数，一般取 01～03 次，见图 13-3。

若 m=03，则精车 3 次：第一刀是精车，第二、三刀是精车重复，重复精车的切削深度为 0，用于消除切削时的机械应力（让刀）造成的欠切，提高螺纹精度和表面质量，去除了牙侧的毛刺，对螺纹的牙型起修光作用。

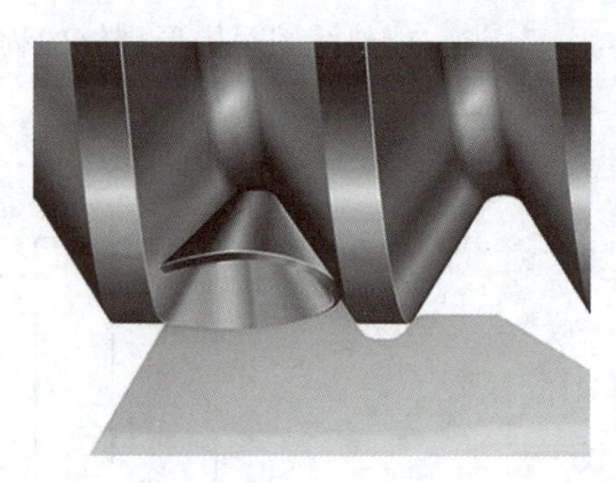

图 13-3　螺纹精车重复次数

2）参数 r：螺纹尾端倒角量，也称螺纹退尾量，取值范围为 00～99，一般取 00～20，（单位 0.1×L，L 为螺距），必须输入两位数。图 13-4 中，$AB \to BC$ 为刀具行进路线，其中 BC 为尾端倒角，45°线，r 为倒角量。螺纹退尾功能可实现无退刀槽螺纹的加工。

3）参数 α：刀尖角度，即牙型角（相邻两牙之间的夹角，见图 13-5），取值为 80、60、55、30、29、0，单位为度，必须输入两位数。实际螺纹的角度由刀具决定，普通三角形螺纹为 60°。

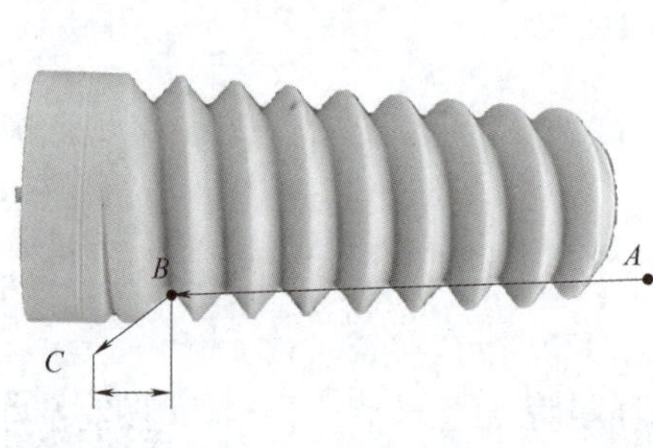

图 13-4　螺纹的退尾

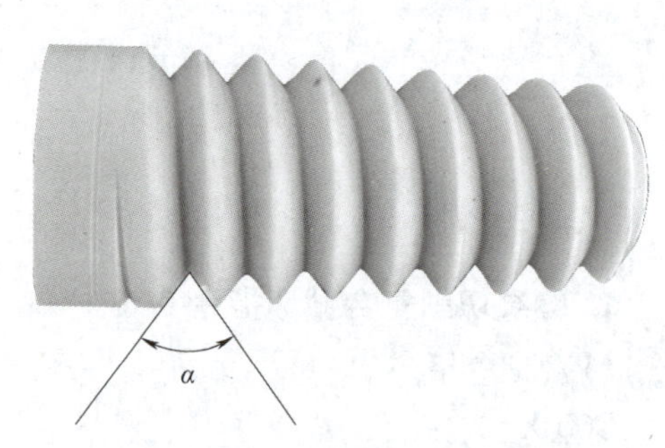

图 13-5　螺纹的牙型角

4）参数 Δd_{min}：最小切深，单位为 μm，取半径值，一般取 50～100 μm。车削过程中，如果切削深度小于此值，深度锁定在此值。

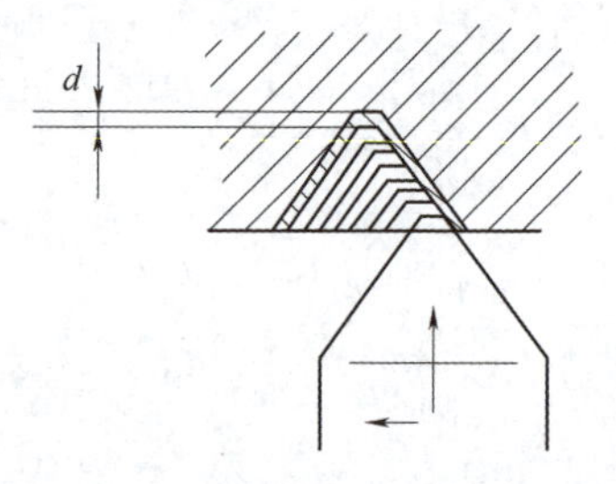

图 13-6　螺纹的斜进法及余量

5）参数 d：精车余量，螺纹精车的切削深度，半径值，单位为 μm，一般取 50～100 μm，见图 13-6。

6）参数 X_ Z_：螺纹终点绝对坐标或增量坐标，即图 13-7 中 D 点 。

Z 值根据图纸可得，外螺纹 X 值，即为螺纹小径 = 公称直径 −1.3×螺距，内螺纹 X 值即为公称直径（螺纹大径）。因为螺纹的加工路线为 $A \to B \to C$，螺纹尾部会从 B 点倒角到 C 点，所以一般车不到 D 点，D 点为理论值。见图 13-7。

7）参数 i：螺纹锥度值，即螺纹两端半径差，$i=Rs-Re$，单位为 mm，圆柱螺纹 $i=0$，见图 13-8。

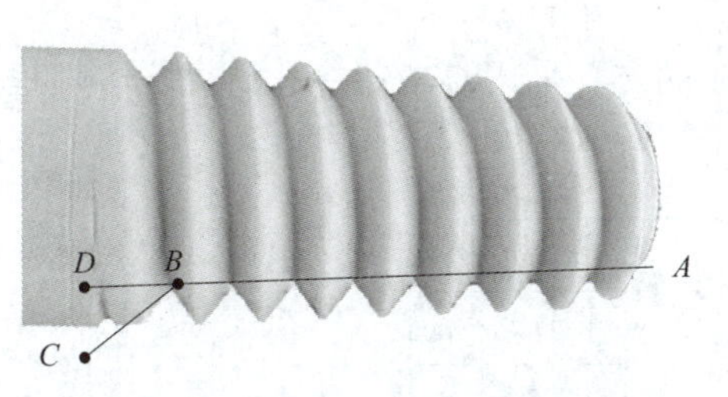

图 13-7　螺纹的切削终点坐标

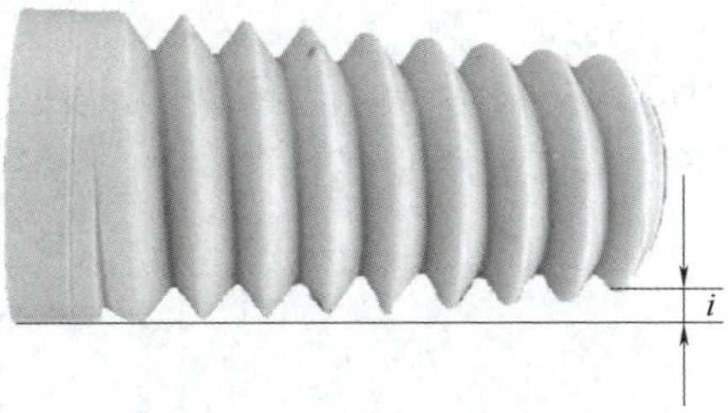

图 13-8　螺纹的锥度值

8）参数 k：螺纹高度，半径值，单位为 μm，一般取 0.65×P（螺距），见图 13-9。

9）参数 Δd：第一刀车削深度，半径值，根据机床刚性，和螺距大小来取值，建议取 300~800 μm，见图 13-10。

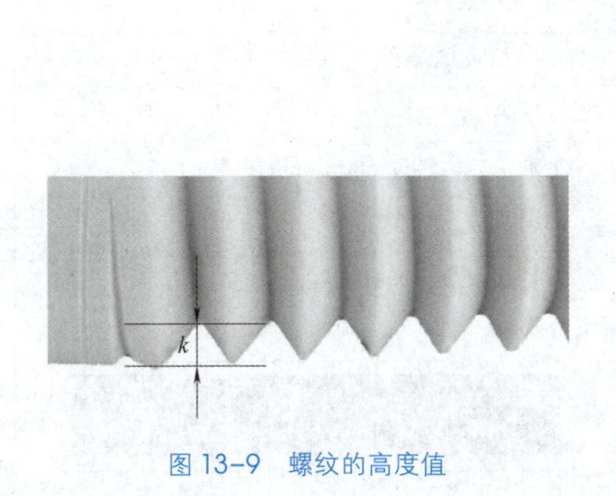

图 13-9　螺纹的高度值

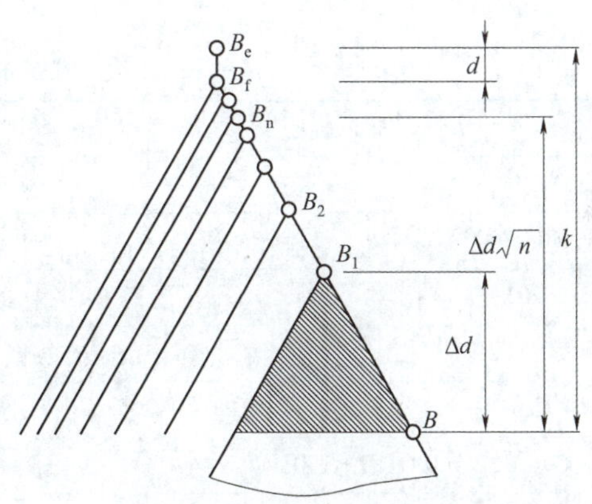

图 13-10　螺纹第一刀车削深度

10）参数 L：螺纹导程，同一条螺旋线上，在中径线上相邻两牙之间的轴向距离，即螺距×螺纹头数，单位为 mm。单头螺纹的导程等于螺距。

以上参数含义的小结见表 13-1。

表 13-1　G76 螺纹循环指令参数含义的小结

参数	含义	单位	取值范围
m	精车重复次数	次	00~99 之间的两位整数，一般取 01~03
r	螺纹尾端倒角值，0.0L~9.9L（导程）	—	00~99 两位数字，一般取 00~20
α	刀尖角度，即牙型角	度	80、60、55、30、29、0
Δd_{min}	最小车削深度，半径值	μm	50~100
d	精车余量，半径值	μm	50~100
X_ Z_	螺纹终点绝对坐标或增量坐标	mm	根据图纸计算
i	螺纹锥度值，半径值	mm	根据图纸，如果为 0，可省略
k	螺纹高度，半径值，	μm	0.65×P（螺距）
Δd	第一次车削深度，半径值	μm	经验值 300~800 μm
L	螺纹的导程	mm	根据图纸

(3) 应用案例。

如图 13-11 所示，选择第三组数据 M30×1.5，采用 G76 指令，试完成零件程序的编写，参考程序见表 13-2。

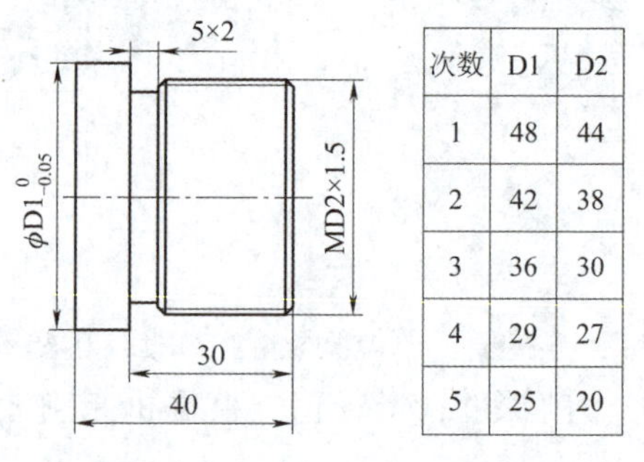

次数	D1	D2
1	48	44
2	42	38
3	36	30
4	29	27
5	25	20

图 13-11　螺纹轴零件的编程实例

表 13-2　螺纹轴零件的参考程序

程序	注释
O1234;	程序名
M03 S600;	主轴正转，转速 600 r/min
T0303;	调用 3 号 60°螺纹刀具
G0 X32;	刀具起刀点，循环起始点
Z3;	
G76 P021160 Q100 R100;	
G76 X28.05 Z-32 R0 P975 Q500 F1.5;	
G0 X80;	退刀
G0 Z150;	返回
M5;	主轴停止
M30;	程序结束

三、任务实施

1. 工艺分析

(1) 分析编程路线。

见图 13-1，首先，采用 G71 指令完成外轮廓加工，然后，采用 G75 指令切 10×4 的退刀槽，再分别采用 G76 指令完成梯形螺纹的粗精加工，最后，切断工件，详细编程路线如表 13-3 所示。

学习笔记

表 13-3　梯形螺纹轴零件的编程路线

序号	加工简图	加工内容
1	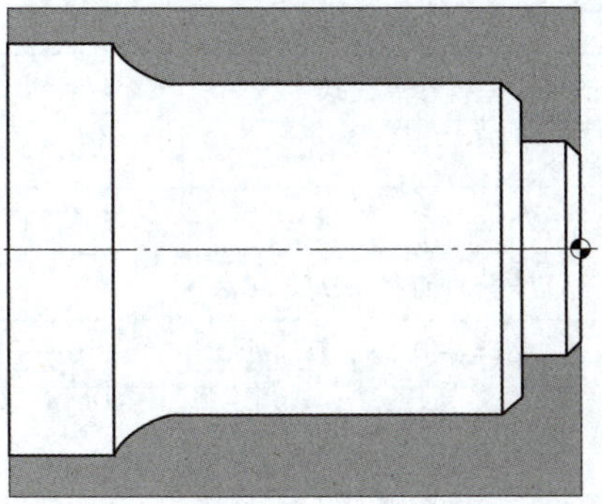	采用 G71 指令完成外轮廓的加工
2	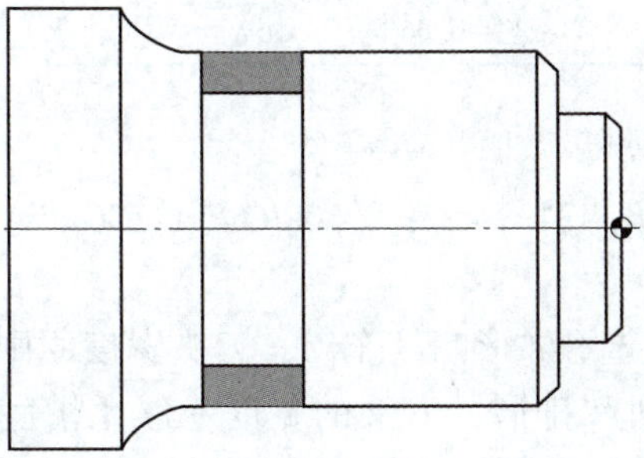	采用 G75 指令，完成 10 mm×4 mm 宽槽的加工
3	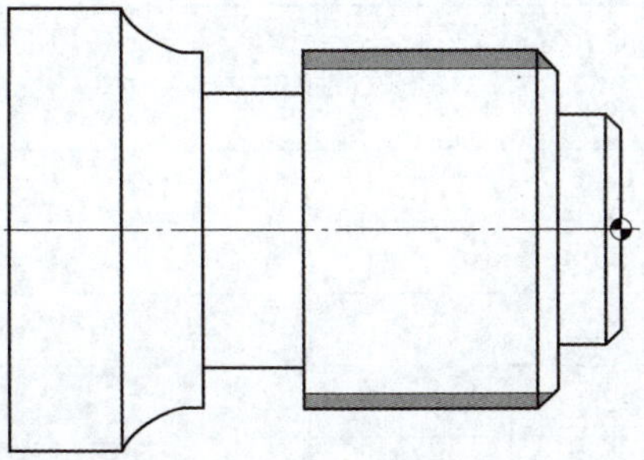	采用 G76 指令完成梯形螺纹 Tr34x6 的加工
4	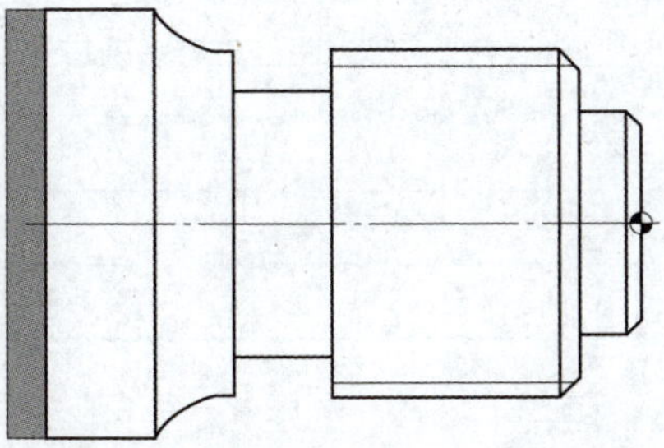	手动方式下，采用宽度为 4 mm 切槽刀，切断工件

1）梯形螺纹相关尺寸计算。

梯形螺纹参数尺寸计算公式，如表 13-4 所示。

表 13-4　梯形螺纹参数尺寸计算公式

名称	代号	计算公式			
牙顶间隙	ac	P	1.5~5	6~12	14~44
		ac	0.25	0.5	1
大径	d、D_4	d=公称直径，$D4=d+ac$			
中径	d_2、D_2	$d_2=d-0.5P$，$D_2=d_2$			
小径	d_3、D_1	$d_3=d-2h_3$，$D_1=d-P$			
牙高	h_3、H_4	$h_3=0.5P+ac$，$H_4=h_3$			
牙顶宽	f、f'	$f=f'=0.366P$			
牙槽底宽	W、W'	$W=W'=0.366P-0.536ac$			

例 13-1：计算梯形螺纹 Tr34x6 的参数尺寸

$h_3=0.5P+ac=0.5\times6+0.5=3.5$；$d_3=d-2h_3=34-7=27$；$W=0.366P-0.536ac=1.93$

2）梯形螺纹车刀选择。

另外，为方便螺纹车刀的选用，一般选用梯形螺纹车刀，刀头宽度原则上应该等于梯形螺纹槽底宽度，但为了方便切削和排屑，刀头的宽度一般比槽底宽度小 0.2~0.6 mm。梯形螺纹刀尖宽度的经验参数如表 13-5 所示。

表 13-5　梯形螺纹刀尖宽度的经验参数

螺距 P/mm	刀尖宽度 B/mm	备注
2	0.598	
3	0.964	
4	1.33	
5	1.562	
6	1.928	
8	2.66	
10	3.392	
12	4.124	
16	5.32	
20	6.784	
24	8.248	
30	11.176	

3）螺纹切削方式。

一般梯形螺纹常见的车削方式可分为四种见图 13-12，各种方式的应用场合见表 13-6。

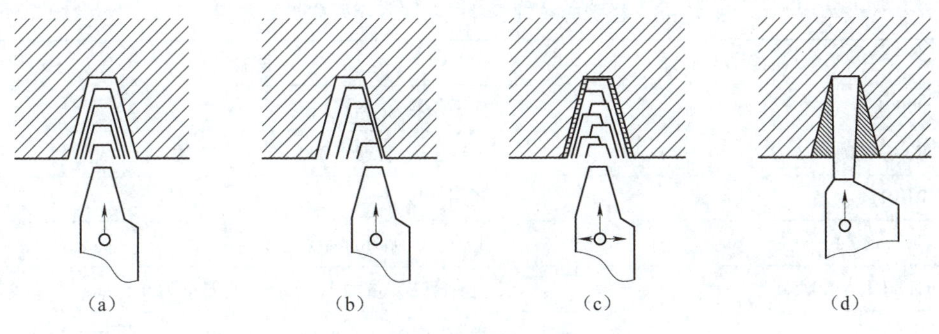

图 13-12 螺纹切削方式

(a) 直进法；(b) 斜进法；(c) 交替式进刀；(d) 粗车槽法

表 13-6 四种梯形螺纹加工方式的应用场合

螺纹切削方式	常用指令	应用场合
直进法	G32、G92	适用于小螺距，导程小于 3 mm
斜进法	G76	螺纹加工首选方法，首先不带退刀槽，螺距螺纹加工选用
交替式进刀	G76	加工较大螺纹牙型的首选，适用于大螺距，导程大于 5 mm
粗车槽法	G32 宏程序	先用切槽刀加工出螺纹槽，再用梯形螺纹刀加工两侧

(2) 制定加工工序卡片。

梯形螺纹轴零件的数控加工工序卡片见表 13-7。

表 13-7 梯形螺纹轴零件的数控加工工序卡片

加工步骤	程序号	加工内容	刀具刀号	切削要素		
				n/ (r · min^{-1})	f/ (mm · r^{-1})	a_p/ mm
1	O0001	粗加工外轮廓	90°外圆车 T0101	1 000	0. 1	2
		精加工外轮廓		1 200	0. 08	0. 5
2	O0002	切槽	刀宽 4 mm 切槽刀 T0202	600	0. 1	1
3	O0003	粗加工梯形螺纹	梯形螺纹刀 T0303	400	—	3
		精加工梯形螺纹		400	—	0. 1
4	—	切断工件	刀宽 4 mm 切槽刀	600	0. 1	—

2. 编制程序与仿真校验

梯形螺纹轴零件的参考程序及走刀轨迹图如表 13-8 所示。

学习笔记

表 13-8　梯形螺纹轴零件的参考程序及走刀轨迹图

程序	注释
O0001;	加工外轮廓程序
M3 S1000;	主轴正转 转速 1 000 r/min
T0101;	调用 1 号刀
G0 X52 Z2;	定位点，循环起始点
G71 U1.5 R0.5;	*X* 轴背吃刀量为 1.5 mm，退刀量为 0.5 mm
G71 P1 Q2 U0.5 W0.1 F0.1;	精加工余量：*X* 轴方向为 0.5 mm，*Z* 轴方向为 0.1 mm
N1 G01 X19;	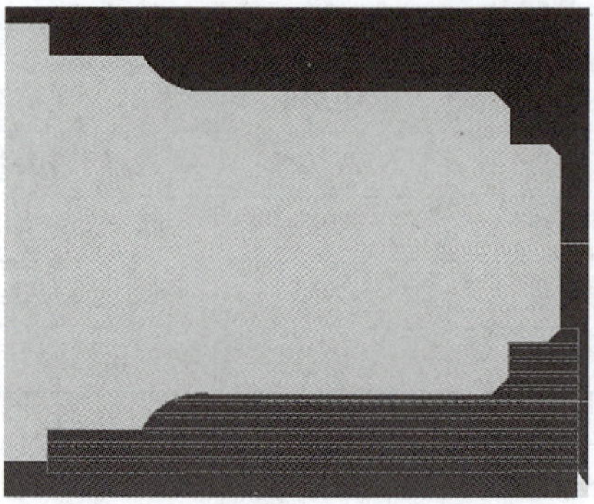
Z0;	
X22 C1.5;	
Z-6;	
X34 C2;	
Z-41;	
G2 X42 Z-49 R8;	
G1 Z-60;	
N2 G0 X52;	
Z100;	退刀
M5;	主轴停止
M00;	程序暂停
M3 S1200 T0101;	主轴正转，转速 1 200 r/min
G0 X52 Z2;	定刀点
G70 P1 Q2 F0.08;	精加工零件外轮廓
G0 X52;	*X* 轴方向退刀
Z150;	*Z* 轴方向退刀
M5;	主轴停止
M30;	程序结束
O0002;	切削槽的加工程序
M3 S100 T0202;	主轴正转，转速 1 200 r/min，调用 2 号刀
G0 X36 Z2;	定刀点
O0002;	切削槽的加工程序

续表

程序	注释
Z-35;	
G75 R0.5;	
G75 X26 Z-41 P2000 Q3000 F0.1;	
G0 X36;	
Z150;	
M5;	
M30;	
O0003;	梯形螺纹的加工
T0303 M03 S400;	主轴正转，转速 1 200 r/min，调用 3 号刀
G0 X36;	定位
Z6;	梯形螺纹粗加工
G76 P0110030 Q100 R0.05;	
G76 X27 Z-36 P3500 Q500 F6;	
G0 X36;	
Z6;	
W0.13;	螺纹车刀往右移动 0.13 mm
G76 P0110030 Q100 R0.05;	精加工第一刀
G76 X27 Z-36 P3500 Q2000 F6;	
W0.1;	螺纹车刀往右移动 0.13 mm
G76 P0110030 Q100 R0.05;	精加工第二刀
G76 X27 Z-36 P3500 Q2000 F6;	
G0 X36;	
Z6;	
W-0.1;	螺纹车刀往左移动 0.1 mm
G76 P0110030 Q100 R0.05;	精加工第一刀
G76 X27 Z-36 P3500 Q2000 F6;	
W-0.1;	螺纹车刀往左移动 0.1 mm
G76 P0110030 Q100 R0.05;	精加工第二刀
G76 X27 Z-36 P3500 Q2000 F6;	

续表

程序	注释
G0 X36;	X 轴方向退刀
Z150;	Z 轴方向退刀
M5;	主轴停止
M30;	程序结束

3. 实践操作

（1）采用三爪自定心卡盘夹持 ϕ50 mm 毛坯外圆并校正，露出加工位置的长度约 75 mm，确保工件夹紧。

（2）根据加工要求，在 1 号刀位正确安装一把 90°外圆车刀，确保刀尖对中、伸出长度合适，刀具要夹紧。

（3）在 2 号刀位正确安装一把切槽刀。在 3 号刀位正确安装一把梯形螺纹刀时，车刀的主切削刃必须与工件轴线等高，同时应和工件轴线平行，刀头的角平分线要垂直于工件轴线，可采用螺纹样板找正安装，如图 13－13 所示。

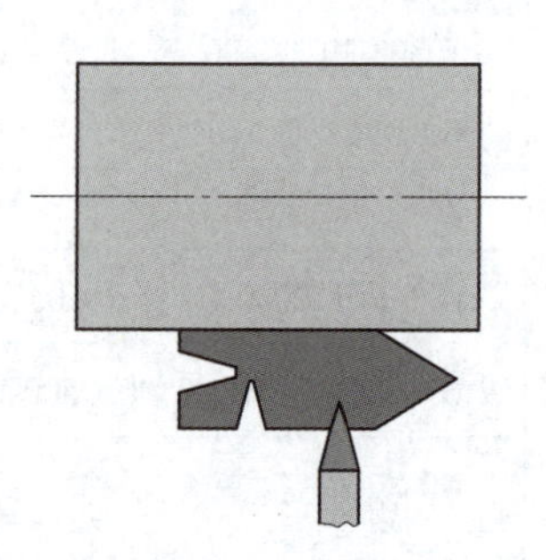
图 13-13　螺纹车刀安装

（4）确认工具放置原处。开机，进入 MDI 方式，输入 M03 1000，使主轴正转。平端面，试切对刀确定工件的右端面为编程原点，建立工件坐标系。

（5）在编辑模式下，输入程序并校验程序是否正确。

（6）在自动模式下，完成梯形螺纹轴零件的加工。

（7）在手动切断时，刀具进给缓慢匀速。务必在到达中心之前降低进给，距离中心 2 mm 时，将进给降低 75%；距离 0.5 mm 时，则停止进给，靠自重自行掉落。

（8）加工完毕，清理卫生，关闭各电源开关，填写完成附录表 1 实践过程记录表。

四、任务测评

见附录表 2 任务评测表。先自己检测完成任务的情况，再与同学互检，合格后交指导教师评分，教师签字后方可进行下一任务的实训。

五、拓展练习

零件图如图 13-14 所示，利用所学试完成零件程序的编写，并完成仿真加工。

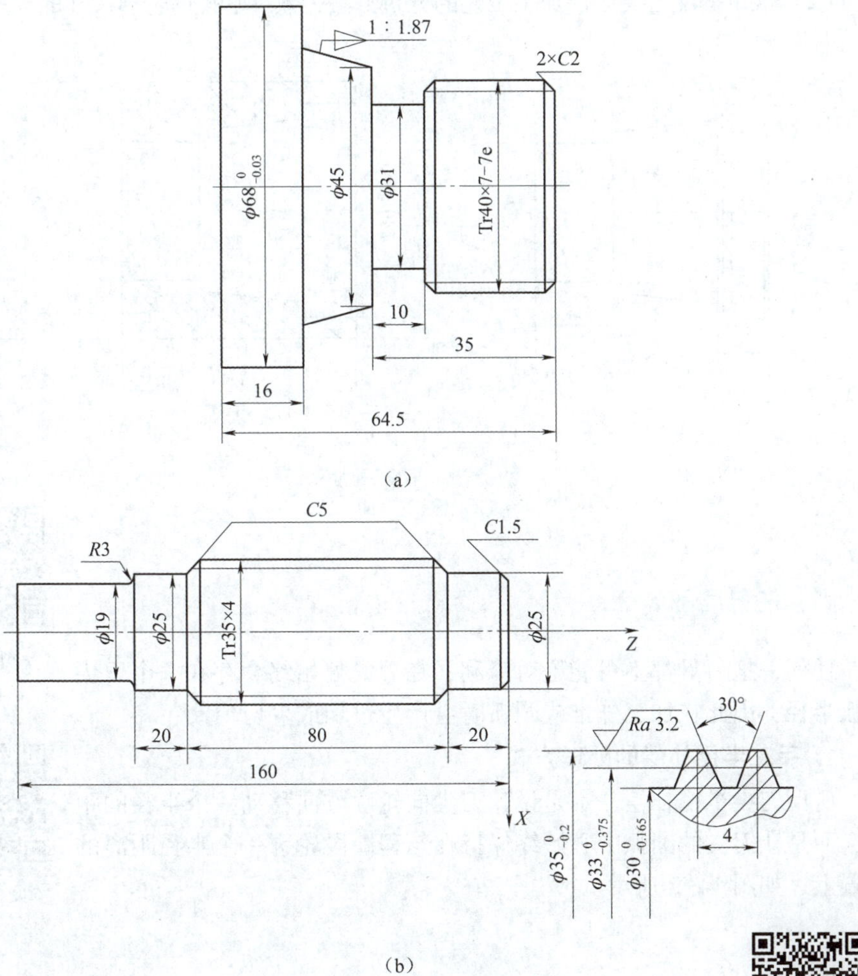

图 13-14　含梯形螺纹轴零件

（a）基础题；（b）提高题

含梯形螺纹轴零件

任务 14　车削锥度配合类零件

一、工作任务

1. 任务描述

承接某企业的外协加工产品，加工数量为 100，备品率为 5%，废品率不超过 2%，见图 14-1，毛坯为 ϕ50 mm×100 mm，材料为 45 钢。

2. 学习目标

（1）了解刀尖半径补偿的作用，能判别各种刀具假象刀尖位置代号，掌握 G41 指令和 G42 指令的用法。

（2）能掌握配合类零件加工工艺的分析方法，熟练掌握内轮廓尺寸的控制方法。

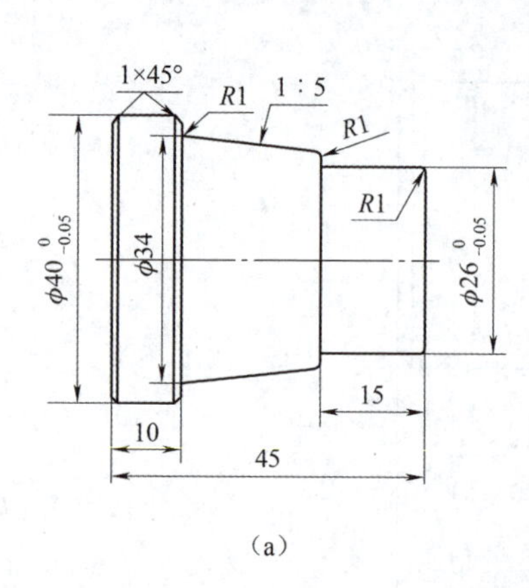

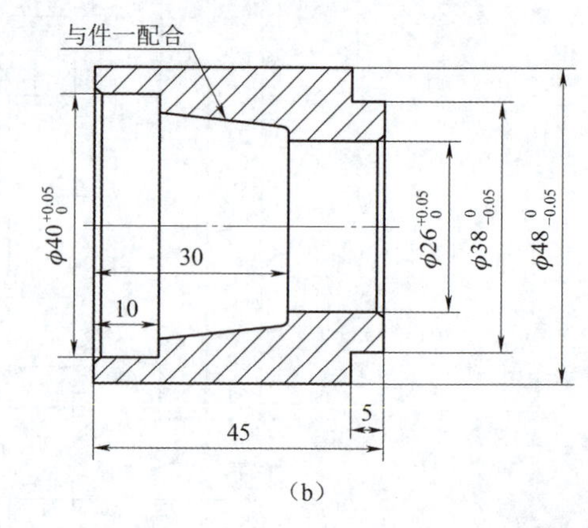

图 14-1　锥度配合类零件

（a）件一；（b）件二

二、任务准备

车削锥度配合类零件

任何一把刀具都不可能绝对锋利，在刀尖处始终会存在一个刀尖圆弧半径，因此在加工外锥或圆弧时会产生过切或少切现象。

1. 手工半径补偿的处理方式

刀尖半径补偿

所谓刀尖半径补偿，不是说让刀尖向轮廓方向移动一个半径的距离，而是让刀尖的圆弧中心始终保持在与程序段轮廓一个半径距离的位置上，如图 14-2 所示。

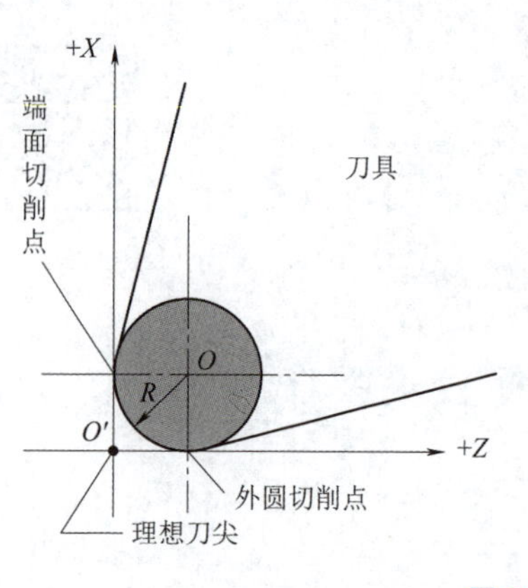

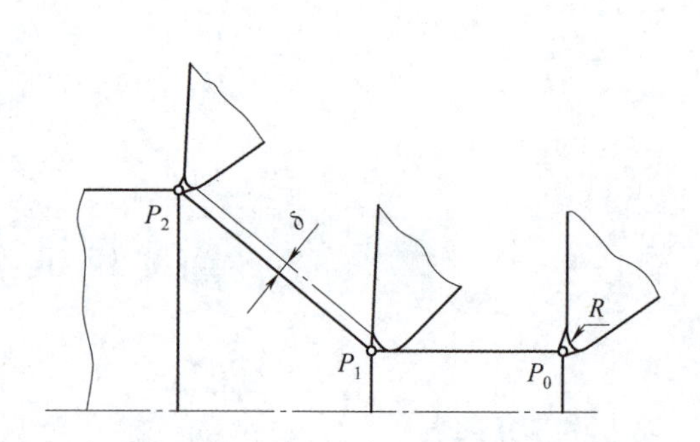

图 14-2　刀尖半径补偿

（1）锥面的刀尖半径补偿。

在图 14-3 中，如果按照假想刀尖来进行编程，刀具移动的轨迹为 EF，所加工出来锥面的直径尺寸就会变大。当刀尖移动的轨迹是 AB 时，即可切出符合程序要求的 CD 轮廓，解决锥面欠切问题。轨迹 AB 是 CD 程序段向右平移 ΔZ 的距离后得到的，可以求出

$$\Delta Z = R - R\times\tan(0.5\times\beta)$$

式中 R——刀尖圆弧半径；β——锥面的倾斜角。

同理，如果 Z 值不偏移，可以求出

$$\Delta X=R-R\times\tan\left(\frac{90^\circ-\beta}{2}\right)$$

刀尖圆弧半径 $R=0.4$ mm，倾斜角 $\beta=32^\circ$，$\Delta Z=R-R\times\tan(0.5\times\beta)=0.285$ mm。

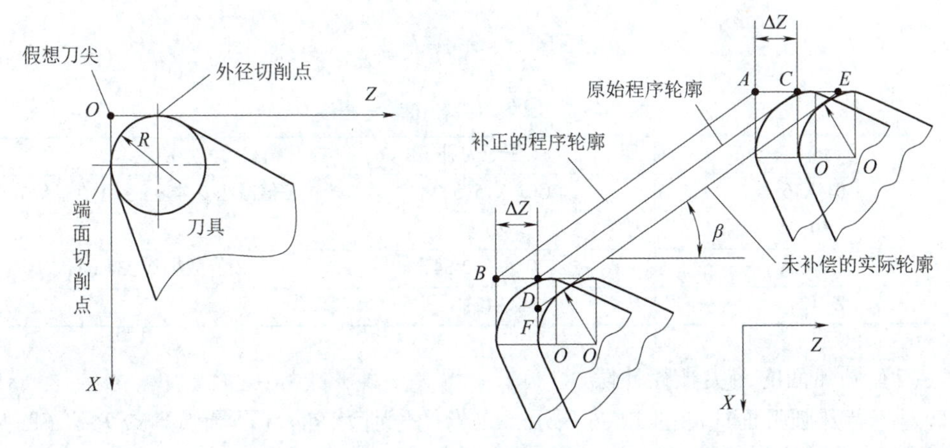

图 14-3　假想刀尖半径补偿的算法原理（锥面）

在图 14-4 中以刀尖圆弧半径 $R=0.4$ 为例，对 45°倒角进行刀尖半径进行补偿，利用公式可得出 $\Delta Z=\Delta X=0.234$ mm。为了方便计算，在使用时可利用 $0.58\times R$ 来近似求解刀尖补偿量，锥面刀尖补偿参考程序见表 14-1。

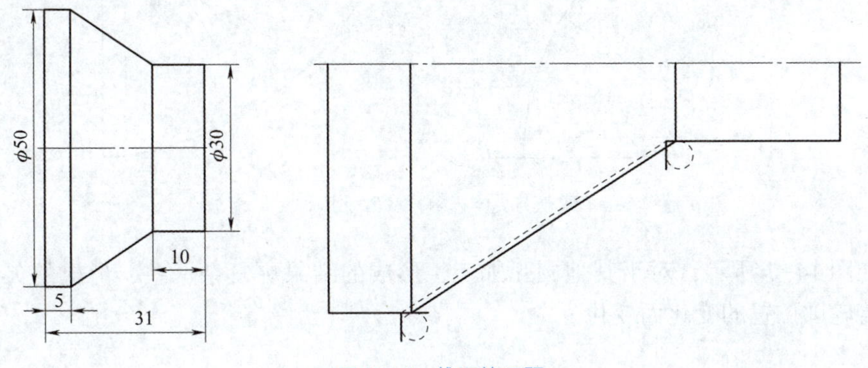

图 14-4　锥面练习题

表 14-1　锥面刀尖补偿参考程序

不予补偿	人工予刀补	备注
G01 X30;	G01 X30;	
Z-10;	Z-10.285;	Z 值减小 0.285 mm
X50 Z-26;	X50 Z-26.285;	Z 值减小 0.285 mm
Z-31;	Z-31;	

同上，在图 14-5 中以刀尖圆弧半径 $R=0.4$ 为例，对 45°倒角进行刀尖半径补偿，参考程序见表 14-2。

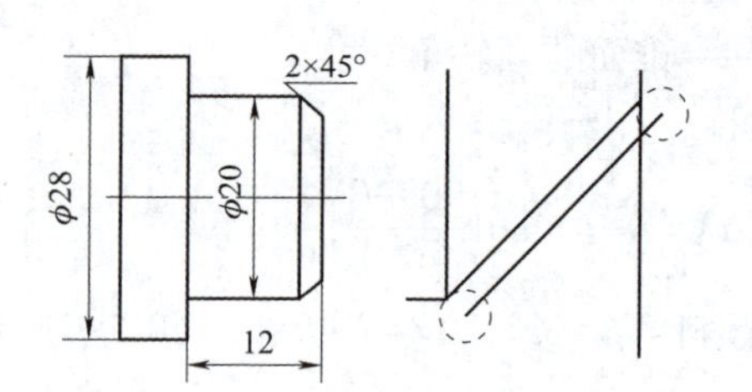

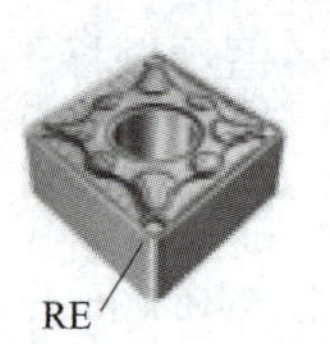

刀补应用案例

图 14-5 倒角练习题

表 14-2 倒角刀尖补偿参考程序

不予补偿	人工予刀补	备注
G01 X16;	G01 X15. 532	X 值减小 0. 468 mm（直径值）
Z0;	Z0;	
X20 C2;	X20 Z-2. 2 34;	Z 值减小 0. 234 mm
Z-12;	Z-12;	

（2）圆弧面的刀尖半径补偿。

对于特殊圆弧面应如图 14-6 所示，以半径分别为 $R+r$（凸圆弧）或 $R-r$（凹圆弧）的假想圆弧线与其他线求交点进行编程。

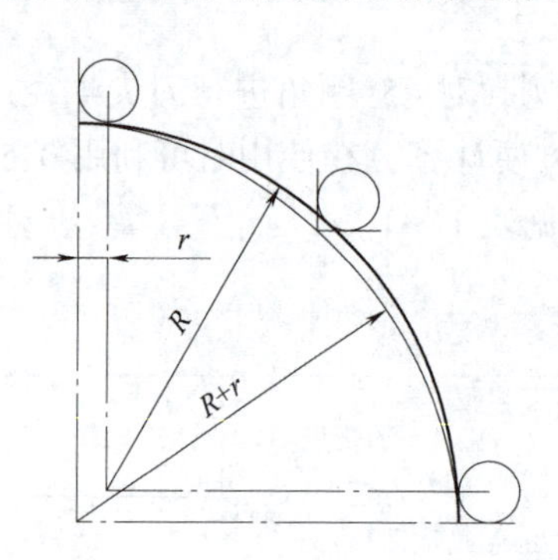

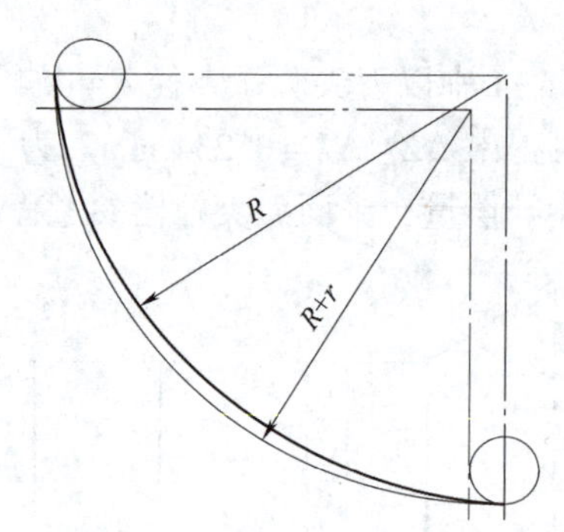

图 14-6 假想刀尖半径补偿的算法原理（锥面）

如图 14-7 所示，对于其他圆弧加工，形成的结果更复杂一些，形成的欠切余量随着轮廓位置的变化而变化。

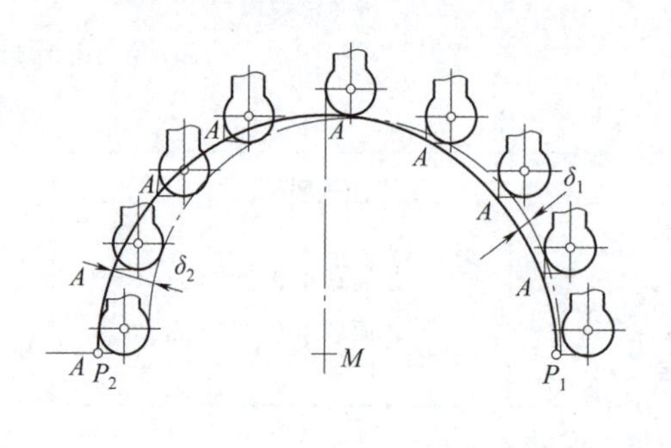

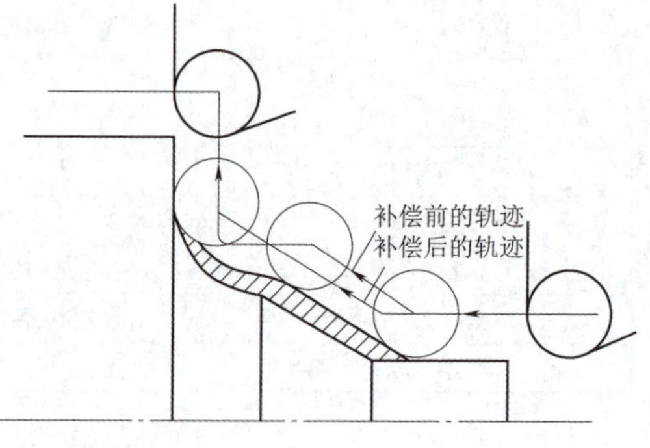

图 14-7 刀尖半径补偿时的刀具轨迹（圆弧面）

学习笔记

针对圆弧补偿，以图 14-8 零件为例，完成零件的程序编写，圆弧面刀尖补偿案例参考程序见表 14-3。

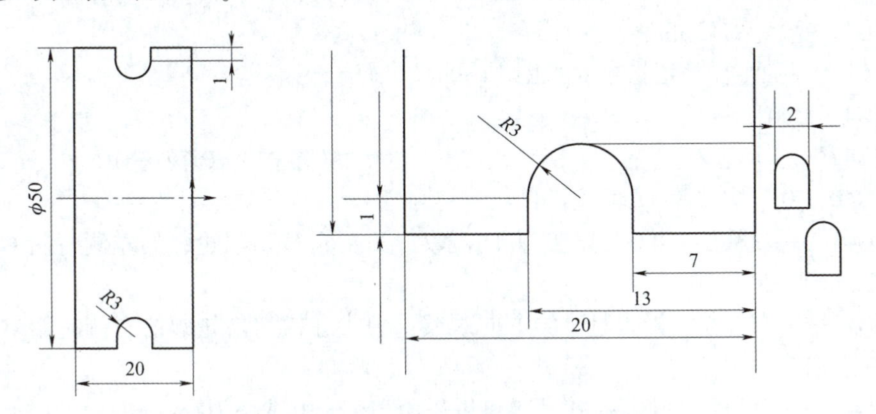

图 14-8　圆弧面刀尖圆弧半径补偿案例

表 14-3　圆弧面刀尖补偿案例参考程序

人工予刀补	备注
O12345;	程序名
T0101 M3 S1000;	采用 $R1$ 的球刀
G00 X52 Z2;	刀具定位
Z-11;	先中间第 1 刀，去除余量
G1 X42.1 F0.08;	
G0 X52;	左右两个圆弧插补，走刀轨迹如下所示：
Z-9.05;	
G01 X46 F0.1;	
G02 X42.1 Z-11 R1.95;	
G0 X52;	
Z-12.95;	
G01 X46 F0.1;	
G3 X42.1 Z-11 R1.95;	
G0 X52;	
Z-9;	
G01 X46 F0.1;	
G2 Z -13 R2;	
G01 X50 F0.1;	
G0 X52;	X 轴方向退刀
Z150;	Z 轴方向退刀
M5;	主轴停止
M30;	程序结束

2. 机床自动刀补的编程处理

为提高编程效率，利用数控机床自动进行刀尖半径补偿时，需要使用 G40 指令、G41 指令、G42 指令。

（1）刀尖半径补偿指令（见图 14-9）。

$$\left.\begin{matrix}\mathrm{G41}\\ \mathrm{G42}\\ \mathrm{G40}\end{matrix}\right\}\left.\begin{matrix}\mathrm{G00}\\ \\ \mathrm{G01}\end{matrix}\right\}X\_\ Z\_\ F\_;\qquad\text{（建立或取消刀补）}$$

G41——左补偿，沿刀具进给方向观察，刀尖在被切削轮廓的左侧时用 G41 指令，见图 14-9；

G42——右补偿，沿刀具进给方向观察，刀尖在被切削轮廓的右侧时用 G42 指令，见图 14-9；

G40——取消刀尖半径补偿，也可以采用 T＊＊00 取消刀补。

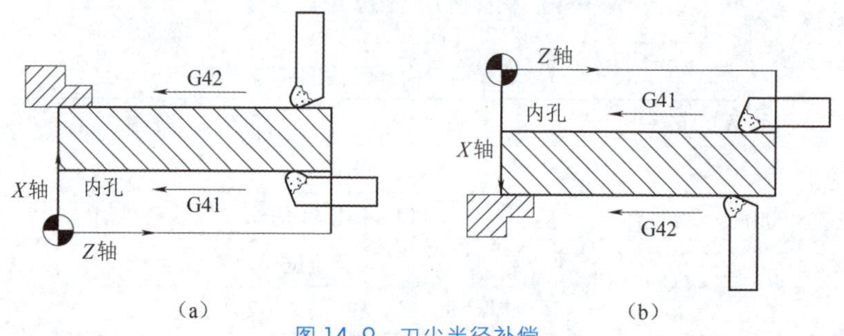

图 14-9　刀尖半径补偿

（a）后置刀架；（b）前置刀架

（2）刀尖方位。

在图 14-2 中，按照试切法对刀的情况来看，对刀所获得的坐标数据是理想刀尖 O' 的坐标。当采用点 O' 编程时，只对锥面级圆弧面计算刀补，对端面和圆柱面则不需要进行刀补。当采用点 O 编程时，无论什么样的轮廓都需要进行刀补计算，对于有刀补功能的数控车床而言，只需要按照零件轮廓进行程序编制，在程序合适位置添加刀补指令即可，系统会自动计算刀尖运动轨迹。虽然采用刀径补偿，可以加工出准确的轨迹尺寸形状，但不同形状刀具、不同方式的刀架有不同的假象刀尖，在数控系统中通常采用数字代码来表示不同的刀尖方位，见图 14-10。

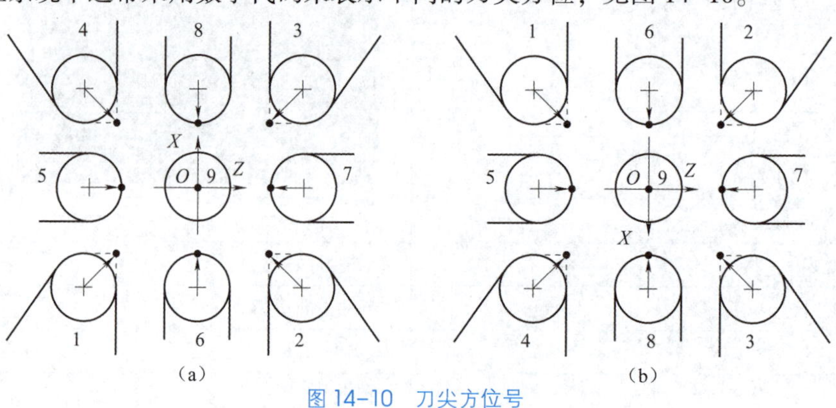

图 14-10　刀尖方位号

（a）后置刀架；（b）前置刀架

学习笔记

在前置刀架中，采用外圆车刀，刀具从右往左进行加工，刀尖方位号为3；镗孔刀从右往左进行加工，刀尖方位号为2，外圆车刀为8。如果以刀尖圆弧的圆心为刀尖点进行编程，则刀尖方位号选用0或9。

例如，以 $R5$ 球头刀具与工件接触的点为编程点，刀尖方位号为8，对刀的时候（X，Z）输入（X48，Z5），完成对刀（见图14-11）。

如果对刀的方式如图14-11所示，选择球刀的左端点，刀沿号为7，对刀的时候（X，Z）输入（X48，Z0），完成对刀。

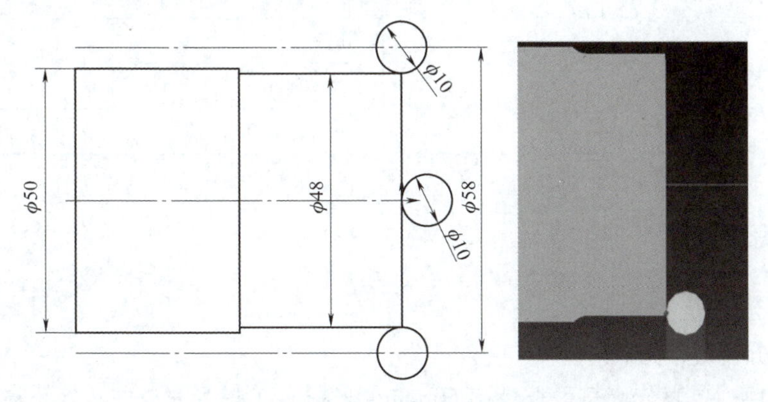

图14-11　球头车刀的对刀案例

（3）应用案例。

如图14-12（b）所示，编写含刀具补偿指令的参考程序（见表14-4）。

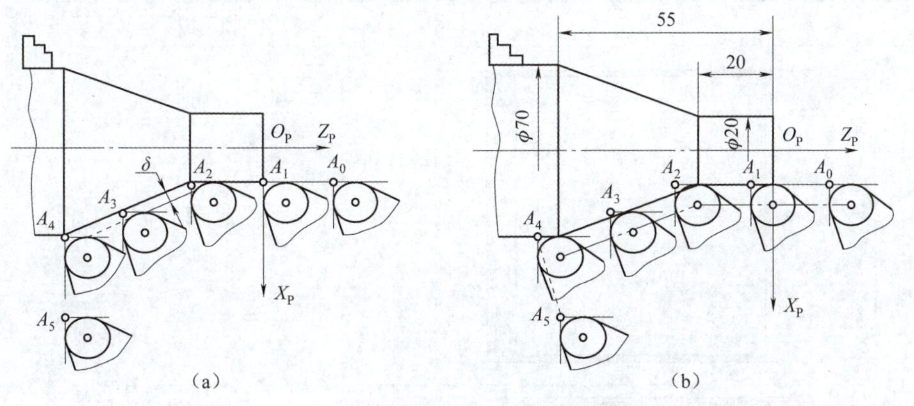

图14-12　编程实例

（a）无刀具补偿；（b）刀具右补偿

表14-4　刀具右补偿指令的参考程序

程序	注释
O1234;	程序名
M03 S1000;	主轴正转，转速1 000 r/min
T0101;	调用90°外圆车刀，刀尖方位号为3

续表

程序	注释
G0 X20 Z5;	刀具起刀点，快进至 A_0 点
G42 G01 X20 Z0 F0.1;	刀具右补偿 $A_0 \to A_1$
Z-20;	车外圆 $A_1 \to A_2$
X70 Z-55;	车圆锥面 $A_2 \to A_4$
G40 G0 X80;	退刀并取消刀具补偿 $A_4 \to A_5$
G0 Z150;	退刀
M5;	主轴停止
M30;	程序结束

三、任务实施

1. 工艺分析

（1）分析编程路线。

见图 14-1，首先夹持毛坯伸出 60 mm，采用 G71 指令完成件 2 外轮廓加工，然后工件掉头，夹持 ϕ48 mm 圆柱面，完成件 1 的加工并切断，最后加工件 2 内轮廓。详细编程路线如表 14-5 所示。

表 14-5　锥度配合零件的编程路线

序号	加工简图	加工内容
1	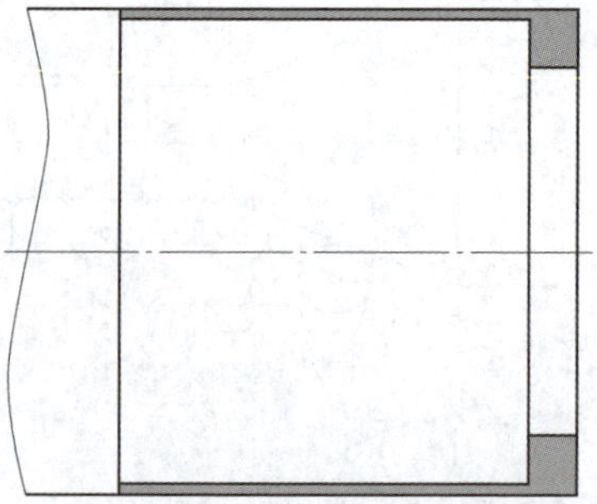	采用 G71 指令完成件 2 外轮廓的加工
2	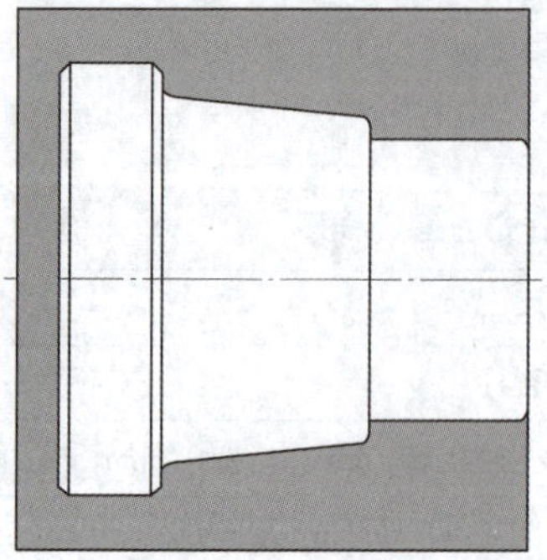	采用 G71 指令完成件 1 外轮廓的加工并切断

学习笔记

续表

序号	加工简图	加工内容
3		采用 G71 指令完成件 2 内轮廓的加工
4		完成件 1 和件 2 配合

(2) 制定数控加工工序卡片。

加工锥度配合零件的数控加工工序卡片见表 14-6。

表 14-6　锥度配合零件的数控加工工序卡片

加工步骤	程序号	加工内容	刀具刀号	切削要素		
				n/(r·min^{-1})	f/(mm·r^{-1})	a_p/mm
1	O0001	粗加工外轮廓	90°外圆车 T0101	1 000	0.1	2
		精加工外轮廓		1 200	0.08	0.5
2	O0002	粗加工外轮廓	90°外圆车 T0101	1 000	0.1	2
		精加工外轮廓		1 200	0.08	0.5
		切断工件	4 mm 切槽刀 T0202	600	0.1	—
3	O0003	粗加工内轮廓	内孔车刀	1 000	0.1	2
		精加工内轮廓		1 200	0.08	0.5

2. 编制程序与仿真校验

锥度配合零件的参考程序及走刀轨迹图如表 14-7 所示。

表 14-7　锥度配合零件的参考程序及走刀轨迹

程序	注释
O0001;	外轮廓程序
M3 S1000;	主轴正转 转速 1 000 r/min
T0101;	调用 1 号刀
G0 X52 Z2;	定位点，循环起始点
G71 U1.5 R0.5;	加工件 2 外轮廓
G71 P1 Q2 U0.5 W0.1 F0.1;	
N1 G01 X37.6;	
X38 C0.2;	
W-5;	
X48 C0.2;	
Z-49;	
N2 G0 X52;	
Z100;	退刀
M00;	暂停
M3 S1200;	主轴正转 转速 1 200 r/min
G0 X52;	定位
O0001;	外轮廓程序
Z2;	
G70 P1 Q2 F0.08;	精加工零件外轮廓
Z150;	退刀
M5;	主轴停止
M30;	程序结束
O0002;	粗加工件 1 外轮廓
T0101 M3 S1000;	主轴正转 转速 1 000 r/min，调用 1 号刀
G0 X52 Z2;	定位
G71 U1 R0.5;	X 轴背吃刀量为 1 mm，退刀量为 0.5 mm
G71 P1 Q2 U0.5 W0.1 F0.1;	精加工余量：X 轴为 0.5 mm，Z 轴为 0.1 mm

续表

程序	注释
N1 G01 X24;	
Z0;	
X26 R1;	
W-15;	
X29 R1;	
X34 Z-35 R1;	
X40 C1;	
W-14;	
N2 G0 X52;	
Z100;	退刀
M5;	主轴停止
M00;	程序暂停
T0101 M3 S1200;	主轴正转，转速 1 200 r/min，调用 1 号刀
G0 X20;	
Z2;	建立右刀补，精加工零件轮廓
G42 G01 X24 F0. 1;	
Z0;	
X26 R1;	
W-15;	
X29 R1;	
X34 Z-35 R1;	
X40 C1;	
W-14;	
O0002;	粗加工件 1 外轮廓
G40 G0 X52;	取消刀尖半径补偿
Z150;	退刀
M5;	主轴停止
M30;	程序暂停
O0003;	精加工件 2 的内轮廓
M3 S1000 T0101;	主轴正转，转速 1 200 r/min，调用 1 号刀
G0 X46;	刀具定位
Z2;	
G41 G01 X42 F0. 1;	建立左刀补，完成精加工

续表

程序	注释
Z0；	
X40 C1；	
Z-10；	
X34 R1；	
X29 Z-30 R1；	
X26；	
Z-46；	
G40 G0 X23；	取消刀补
Z150；	退刀
M5；	主轴停止
M30；	程序结束

3. 实践操作

（1）采用三爪自定心卡盘夹持 ϕ50 mm 毛坯外圆并校正，露出加工位置的长度约 60 mm，确保工件夹紧。

（2）根据加工要求，在 1 号刀位正确安装一把 90°外圆车刀，确保刀尖对中、伸出长度合适，刀具要夹紧。

（3）在 2 号刀位正确安装一把切槽刀，在 3 号刀位正确安装一把镗孔车刀。

（4）确认工具放置原处。开机，进入 MDI 方式，输入 M03 1000，使主轴正转。平端面，试切对刀确定工件的右端面为编程原点，建立工件坐标系。

（5）在编辑模式下，输入程序并校验程序是否正确。

（6）在自动模式下，完成锥度配合零件的加工。

（7）在手动切断时，刀具进给缓慢匀速。务必在到达中心之前降低进给，距离中心 2 mm 时将进给降低 75%；距离 0.5 mm 时，则停止进给，靠自重自行掉落。

（8）加工完毕，清理卫生，关闭各电源开关，填写完成附录表 1 实践过程记录表。

四、任务测评

见附录表 2 任务评测表。先自己检测完成任务的情况，再与同学互检，合格后交指导教师评分，教师签字后方可进行下一任务的实训。

五、拓展练习

典型成形面零件如图 14-13 所示，利用所学结合自身情况，试完成任意零件程序的编写，并完成仿真加工。

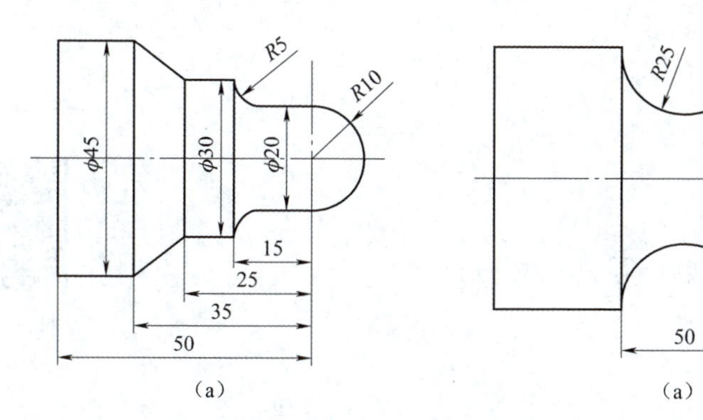

图 14-13　典型成形面零件

(a) 基础题；(b) 提高题

任务 15　车削含特殊曲线轮廓零件

一、工作任务

1. 任务描述

承接某企业的外协加工产品，加工数量为 180，备品率为 5%，废品率不超过 2%，见图 15-1，毛坯为 ϕ50 mm×80 mm，材料为 45 钢。

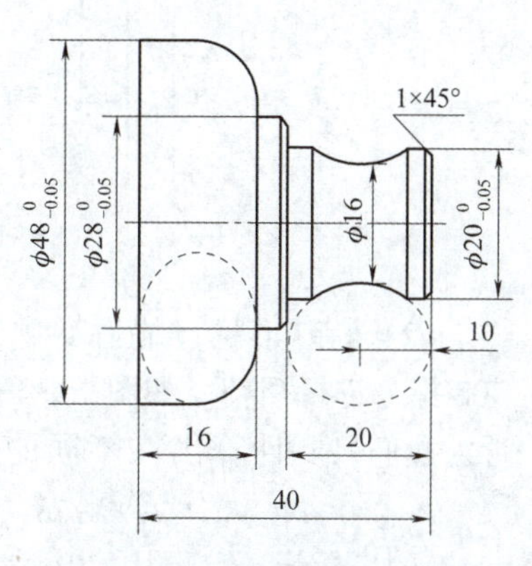

图 15-1　椭圆轮廓零件

2. 学习目标

（1）知道宏程序以及运用场合是什么，掌握宏程序控制、运算指令。

（2）能熟练运用宏程序编写常见曲线加工程序。

二、任务准备

1. 宏程序是什么

含有宏语句的程序称为宏程序，类似计算机高级语言。宏程序属于手工编程，是手工编程的扩展和延伸，软件编程是无法取代宏程序的。简单地说，凡是带着#N 符号的都可以称为宏程序，宏程序应用案例见图 15-2。

```
G03 X20 Z20 R20;
G03 X25 Z25 R25;
G03 X30 Z-30 R30;
#1=20;
G03 X#1 Z-#1 R#1;
#1=#1+5;
G0 X0 Z0;
```

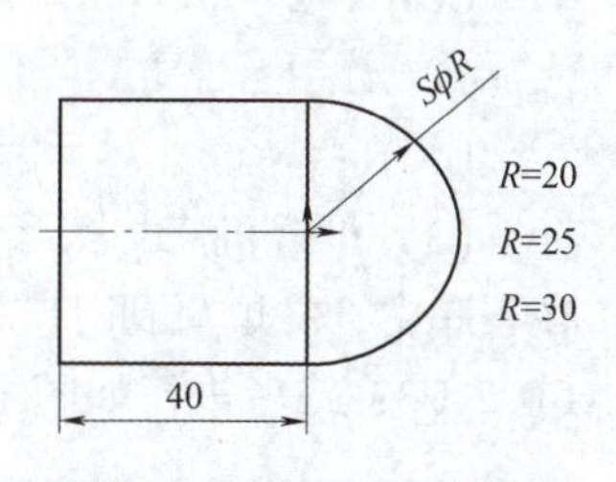

图 15-2　宏程序应用案例

```
#1=21;
G3 X[2*#1]Z-#1 R#1;
G01 Z-[#1+5];
X[2*#1+3];
Z-[#1+11];
G2 X[2*#1+3]Z-[#1+23]R[31-#1];
G1 Z-[#1+29];
X [2*#1+6];
Z-[#1+33];
```

车削含特殊曲线轮廓零件

2. 宏程序有什么作用

(1) 形状类似但大小不同，或有规律重复某一个动作。以加工图 15-3 中的球头轴零件为例，每完成一个零件的加工后，仅需调整其中一个关键参数，就能继续加工其余的 4 个类似的零件。

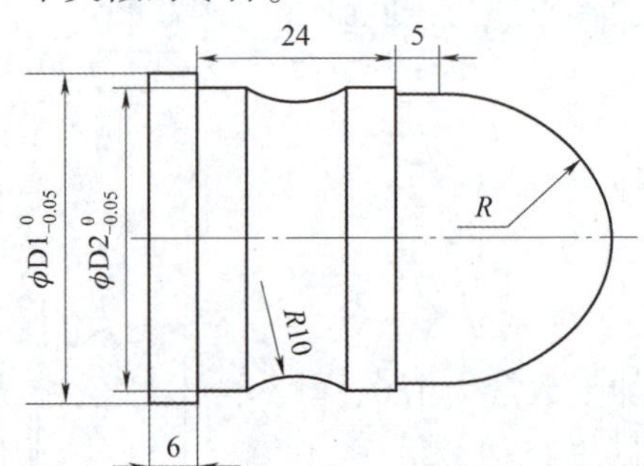

次数	D1	D2	R
1	48	45	21
2	43	41	19
3	38	35	16
4	32	28	12
5	25	18	10

图 15-3　球头轴零件的加工案例

(2) 特殊形状（椭圆、抛物线等），根据给定的数学公式，采用 G01 指令或 G02 指令进行插补。如图 15-4 所示，椭圆的轮廓可以用折线 1→2→3→4→5……逼近，我们只要计算出在不同的 Z_1、Z_2、Z_3、Z_4……值，利用公式：X=b*SQRT[1-Z/ [a*a]]，计算出 X_1、X_2、X_3、X_4……值，就得到了点 1、2、3、4、5……的坐标值，只要用 G01 直线插补指令就可以完成椭圆轮廓。

```
#1=a;                           Z 值起点
#2=0;                           Z 值终点
WHILE [#1GE#2] DO1;
#3=b*SQRT[1-#1*#1/[a*a]];
G01 X[2*[#3]] Z[#1];
#1=#1-1;
END1;
```

(3) 设置机床加工参数，如刀具、坐标等一些参数，通过特定的宏程序语句写在程序中，并填写到对应的偏置寄存器中。例如，刀具磨耗偏置：G10 P1 X1 Z200 R0. 2 Q3；或者进行如图 15-5 的操作。

学习笔记

图 15-4　椭圆曲线轮廓零件的加工思路

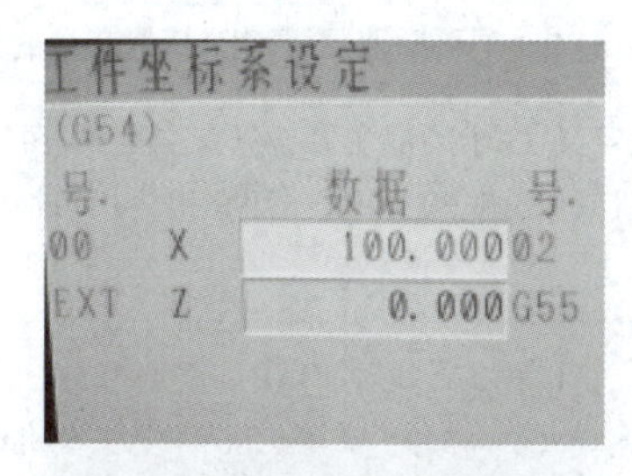

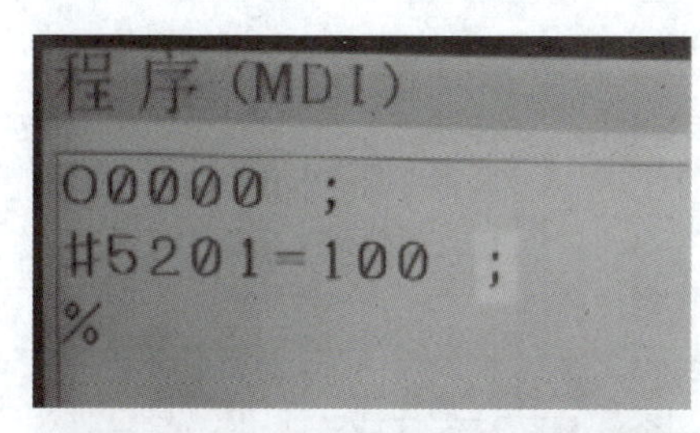

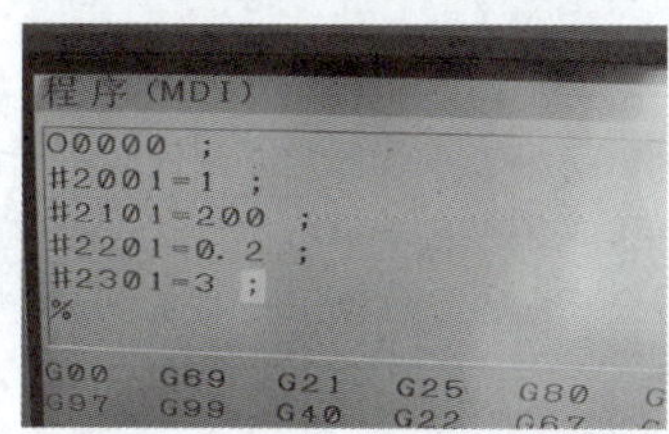

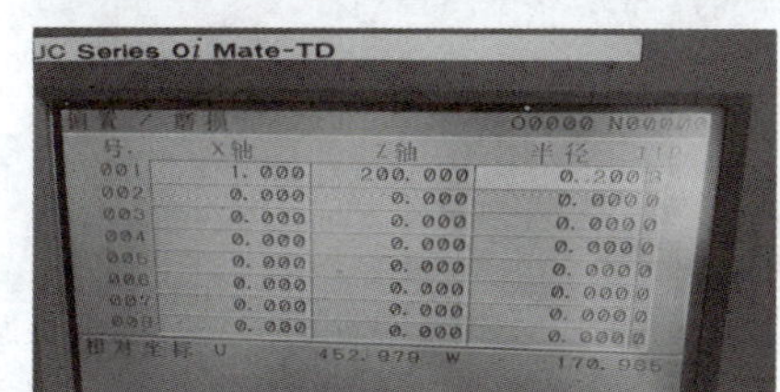

图 15-5　宏程序应用于机床加工参数中

（4）定制固定循环指令 G65 调用，如梯形螺纹，圆弧螺纹等，也可以定值 G 代码，如 G11、G12 等，还有其他自动化功能（刀具长度测量、生产管理，在线检测），如 PMC 控制、多轴加工等。

3. 宏程序变量

（1）变量的定义。

凡是带着#N 符号的都可以称为宏程序，变量是宏程序最基本的特征。在 FANUC 系统中，用符号“#”和一个数字的组合表示一个变量，其中数字也可用变量来代替。

宏程序变量

变量符号（#）+ 变量号

例，#10；#100；

#[#2-1]；#[#500/2]；

（2）变量的赋值。

在使用变量前，需要先往里面存入数据，存入数据的过程就是变量的赋值。

例如，G01 X60 F300；

#2=40；

#1=#2+20；	#1=[#2+20]；
G01 X#1 F300；	G01 X#2+20 F300；

（3）变量的分类。

变量分为空变量、局部变量、全局变量和系统变量，理解这些变量非常重要，特别是它们的不同之处。

四种变量一定要根据具体的场合及使用要求来灵活使用。在使用局部变量、全局变量时要注意变量的输入范围，尤其是在普通宏程序和用户宏程序中，要特别注意变量的区别！变量的种类及用途如表 15-1 所示。

表 15-1　变量的种类及用途

变量号	变量类型	用途
#0	空变量	存储器是空的，而不是 0，不可赋值，可清除其他变量的值
#1～#33	局部变量	在 FANUC 系统中只定义 33 个局部变量，只在当前程序中有效。按下复位键或急停按钮或执行 M30、M02、M99 指令均可清除所有局部变量
#100～#199 #500～#599	全局变量	全局变量一旦定义，将以模态的形式存在，全局有效，分为两个范围段：#100～#199；#500～#599，其中#100～#199 在机床断电后丢失
#1000～	系统变量	系统变量的编号已经被 FANUC 系统固定，并代表不同的含义，用户不可以改变。系统变量的编号从#1000 开始，直到 5 位数（如#12000）。用于 PMC、行程开关等，不可赋值，可为 0，可为 1

4. 宏程序函数

FANU0i 系统可利用多种公式和变换，对现有的变量执行许多算术、代数、三角函数、辅助和逻辑运算等，宏程序函数为宏程序的编写提供了强有力的工具。

（1）算术函数。

算术函数是最简单的计算函数，包括“+”“-”“＊”“/”，在变量的定义格式中，不但可以用常数为变量赋值，还可以用表达式为变量赋值，算数函数的运算符及格式见表 15-2。

#1=10；

#2=20；

#3=#1+#2；

#2=#3+#1；

#4=#3+#2；

#5=[#4-#2]/#3；

#6=#1＊#2；

宏程序函数

表 15-2　算数函数的运算符及格式

种类	运算符	格式
加法	+	#i = #j + #k
减法	-	#i = #j - #k

续表

种类	运算符	格式
乘法	*	#i = #j * #k
除法	/	#i = #j / #k

（2）三角函数。

三角函数是基本初等函数之一，一般是以角度为自变量，是角度对应任意角的终边与单位圆交点的坐标或其比值为因变量的函数，如图 15-6 所示，主要包括正弦、余弦、正切以及对应的反函数，共 6 种。

三角函数输入的角度必须用十进制表示，对于用“度、分、秒”表示角度的数值，首先要转换成角度，才能进行角度函数的计算，三角函数的运算符及格式见表 15-3。

例 15-1：求 $\theta=45°28'59''$的余弦函数。

```
#1=45;                      时
#2=28;                      分
#3=59;                      秒
#4=#1+#2/60+#3/3600;        换算成角度
#5=COS [#4];                余弦
```

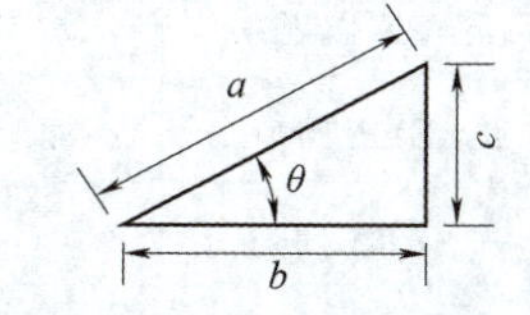

图 15-6 三角函数示意图

表 15-3 三角函数的运算符及格式

种类	运算符	格式	结果
正弦	SIN	#i=SIN [θ]	c/a
余弦	COS	#i=COS [θ]	b/a
正切	TAN	#i=ATAN [θ]	c/b
反正弦	ASIN	#i=ASIN [c/a]	θ
反余弦	ACOS	#i=ACOS [b/a]	θ
反正切	ATAN	#i=ATAN [c/b]	θ

例 15-2：在图 15-7 中，计算 A 点的坐标。

```
#2=ATAN [20/35];
#5=20/SIN [#2];
#1=90-#2-15;
#3=180-60-#1;
#6=#5 * SIN [60] /SIN [#3];          正弦定理
```

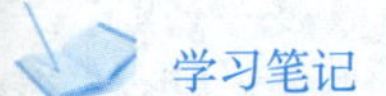

#101=#6 * COS [15];　　　　　　*A* 点的 *X* 坐标

#102=#6 * SIN [15];　　　　　　*A* 点的 *Y* 坐标

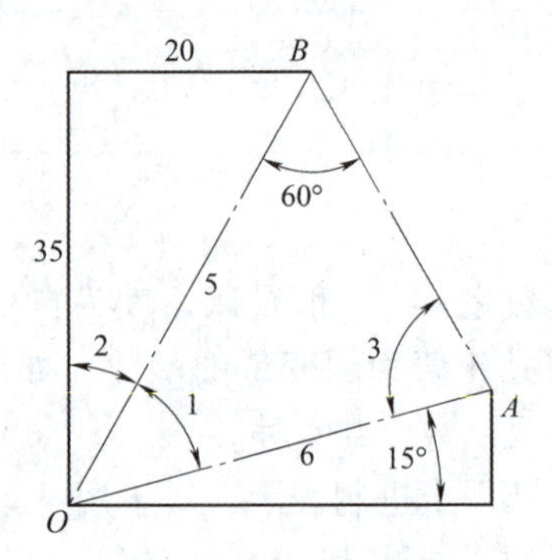

图 15-7　练习 *A* 点坐标简图

（3）辅助函数。

其他辅助函数的运算符及格式见表 15-4。

表 15-4　其他辅助函数的运算符及格式

种类	运算符	格式	例子
开平方根	SQRT	#i=SQRT [#k];	#1=100;#2=SQRT [#1]=10;
自然对数	LN	#i=LN [#k];	LN2;
指数函数	EXP	#1=EXP [#2];	4^3,#1=4; #2=EXP [3 * LN[#1]];
绝对值函数	ABS	#i=ABS [#k]	#1=-10.5; #3=ABS [#1];
添加小数点函数	ADP	#i=ADP [#k];	#1=125;#2=ADP [#1];#2=125.0;
舍入函数	ROUND	#i=ROUND [#k];	ROUND [1.5]=10;ROUND [2.1]=2;
去尾取整函数	FIX	#i=FIX [#k];	FIX [1.5]=1; 1FIX [0.5]=0;
进位取整函数	FUP	#i=FUP [#k];	FUP [1.5]=2;FUP [0.5]=1;

例 15-3：判别奇偶数。

#1=15;　　　　　　　　奇数

#2=FIX [#1/2] * 2;　　　偶数

例 15-4：精确小数点后三位。

#1=15;

#2=#1 * SIN [45];

#3=ROUND [#2 * 1000];

#4=#3/1000;

宏程序辅助函数

（4）逻辑函数。

逻辑函数是一类返回值为逻辑值 true 或 false 的函数，true 表示判断后的结果是真的、正确的，也可以用 1 表示；false 表示判断后的结果是假的、错误的，也可以用 0 表示。逻辑函数可用于机床 PMC（PLC）输入、输出信号进行运算或条件的判别，具体的逻辑函数的运算符及条件式见表 15-5。

表 15-5　具体的逻辑函数的运算符及条件式

运算符	意义	条件式	备注
EQ	等于（=）	#i EQ #J;	
NE	不等于（≠）	#i NE #J;	
GT	大于（>）	#i GT #J;	
GE	大于等于（≥）	#i GE #J;	
LT	小于（<）	#i LT #J;	
LE	小于等于（≤）	#i LE #J;	
OR	或	#i=#j OR #k;	有 1 出 1，全 0 出 0
XOR	异或	#i=#j XOR #k;	相同出 0，相异为 1
AND	与	#i=#j AND #k;	有 0 出 0，全 1 出 1
BIN	十进制转化为二进制	#i=BIN [#j];	转换函数
BCD	二进制转化为十进制	#i=BCD [#j];	

5. 宏程序的分支与循环

（1）无条件转移。

基于给定条件进行分析并做出决策，起到控制程序流向的作用。

```
GOTO n;
```

n 表示顺序号（1~99999），无条件地转移到顺序号为 n 的程序段去，n 也可用变量或表达式来代替。

宏程序分支与循环

```
GOTO 10;
GOTO #10;
T0101;
M3 S1200;
G0 X52;
Z2;
G0 T02;
G01 X48 F0.1;
N1 Z-30;
G0 X52;
Z2;
N2 M30;
```

（2）条件转移（IF 语句）。

```
IF [<条件表达式>] GOTO n;
```

若满足<条件表达式>，下步操作转移到顺序号为 n 的程序段去；若不满足，执行 IF 语句下面的语句。

例 15-5：求 1+2+3+4 之和。

```
#1=1;
#2=0;
IF [#1 LE 4] GOTO 1;
N1 #2=#2+#1;
M30;
```

例 15-6：采用宏程序完成外圆柱加工（见图 15-8）。

```
#1=48;
N1 G01 X#1 F0.1;
Z-20;
G0 X52;
Z2;
#1=#1-4;
IF [#1 GE 40] GOTO 1;
G0 Z100;
M5;
M30;
```

图 15-8　外圆柱加工（1）

（3）强制赋值（IF 语句）。

IF [<条件表达式>] THEN…;

若满足<条件表达式>，执行 THEN 后的宏程序语句，只执行一个语句。

```
IF [#1 EQ #2] THEN #3=0;
```

例 15-7：在梯形螺纹加工时，背吃刀量随进刀深度逐渐降低。

```
IF [[#1 GT 2] AND [#1 LE 3]] THEN #7=0.15;
IF [[#1 GT 3] AND [#1 LE 4]] THEN #7=0.1;
IF [[#1 GT 4] AND [#1 LE 5.5]] THEN #7=0.05;
```

例 15-8：采用宏程序完成外圆柱加工（见图 15-9）。

```
O1234;
M3 S800 T0101;
G0 X52 Z2;
#2=4;
#1=48;
N1 G01X #1 F0.1;
Z-20;
G0 X52;
Z2;
#1=#1-#2;                     背吃刀量为 2 mm
IF [#1 EQ 32] THEN #2=2;      条件成立时背吃刀量由 2 mm 变为 1 mm
IF [#1 GE 30] GOTO 1;
```

图 15-9　外圆柱加工（2）

```
G0 Z100;
M05;
M30;
```

(4) 循环（WHILE 语句）。

```
WHILE [<条件表达式>] DO m;    m=1, 2, 3
…
END m;
```

在 WHILE 后指定一条件表达式，当条件满足时，执行 DO 到 END 之间的程序，然后返回到 WHILE 重新判断条件，不满足则执行 END 后的下一程序段。

例 15-9：采用循环指令完成图 15-8 零件的编程。

```
#1=48;
#2=40;
WHILE DO 1;
G01 X#1 F0.1;
Z-20;
G0 X52;
Z2;
#1=#1-4;
END 1;
G0 Z100;
M5;
M30;
```

三、任务实施

椭圆加工

1. 工艺分析

(1) 分析编程路线。

见图 15-1，采用宏程序指令完成椭圆轮廓的编程，利用 G73 指令完成零件的编程路线，椭圆轮廓的曲线方程和加工思路见图 15-10。

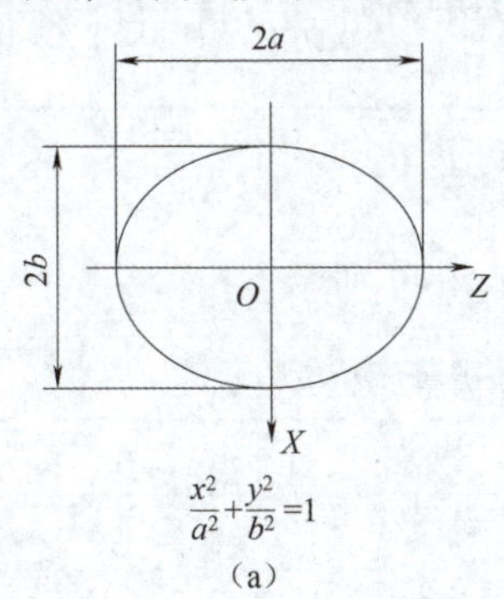

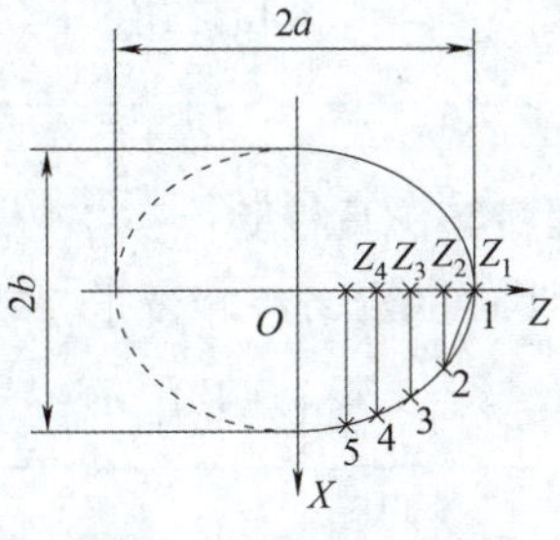

图 15-10　椭圆轮廓的曲线方程和加工思路

(a) 椭圆曲线方程；(b) 椭圆加工思路

对于椭圆轮廓的编程思路首先要理解曲线方程，然后用直线段逼近，按 Z 方向进行变化，ΔZ 越小，越接近轮廓，求出每个点（X，Z）的值，最后用 G01 指令将所求出的点依次连接在一起即可完成椭圆轮廓的加工。

另外，从图 15-10（b）中椭圆的推导公式可知，“+”“-”表示椭圆的凹凸性，c、e 表示椭圆圆心的偏置量。

右端椭圆参考程序：

```
#1=-3.38;
WHILE [#1 GE-16.62] DO 1;
#2=-8*SQRT [1-[#1+10]*[#1+10]/100];
#3=#2+16;
G01 X2*#3 Z#1 F0.1;
#1=#1-0.1;
END 1;
```

左端椭圆参考程序：

```
#4=-24;
WHILE [#4 GE-32]DO 2;
#5=10*SQRT [1-[#4+32]*[#4+32]/64]+14;
G01 X2*#5 Z#4;
#4=#4-0.1;
END 2;
```

（2）制定数控加工工序卡片（见表 15-6）。

表 15-6　数控加工工序卡片

加工步骤	程序号	加工内容	刀具刀号	切削要素		
				n/（r·min^{-1}）	f/（mm·r^{-1}）	a_p/mm
1	O0001	加工外轮廓	35°外圆车 T0101	1 000	0.1	2
2	—	切断工件	刀宽 4 mm 切槽刀	600	0.1	—

2. 编制程序与仿真校验

椭圆轮廓零件的参考程序及走刀轨迹如表 15-7 所示。

表 15-7　椭圆轮廓零件的参考程序及走刀轨迹

程序	注释
O0001;	程序名
M3 S1000;	主轴正转 转速 1 000 r/min
T0101;	调用 1 号刀

续表

程序	注释
G0 X52;	定位，循环起始点
Z2;	
G73 U15 R10;	粗加工零件外轮廓
G73 P1 Q U0.5 W0.1 F0.1;	
N1 G01 X18;	
Z0;	
X20 C1;	
#1=-3.38;	加工零件右端椭圆轮廓
WHILE [#1 GE-16.62] DO 1;	
#2=-8*SQRT [1- [#1+10]*[#1+10] /100];	
#3=#2+16;	
G01 X2*#3 Z#1 F0.1;	
#1=#1-0.1;	
END 1;	
G01 Z-20;	
X28 C1;	
Z-24;	
#4=-24;	加工零件左端椭圆轮廓
WHILE [#4 GE-32] DO 2;	
#5=10*SQRT [1- [#4+32]*[#4+32] /64] +14;	
G01 X2*#5 Z#4;	
#4=#4-0.1;	
END 2;	
Z-40;	
N2 G0 X52;	退刀
Z100;	返回
M5;	主轴停止
M30;	程序结束

3. 实践操作

（1）采用三爪自定心卡盘夹持 ϕ50 mm 毛坯外圆并校正，露出加工位置的长度约 60 mm，确保工件夹紧。

（2）根据加工要求，在1号刀位正确安装一把35°外圆车刀，确保刀尖对中、伸出长度合适，刀具要夹紧，在2号刀位正确安装一把切槽刀。

（3）确认工具放置原处。开机，进入MDI方式，输入M03 1000，使主轴正转。平端面，试切对刀确定工件的右端面为编程原点，建立工件坐标系。

（4）在编辑模式下，输入程序并校验程序是否正确。

（5）在自动模式下，完成椭圆轮廓零件的加工。

（6）加工完毕，清理卫生，关闭各电源开关，填写完成附录表1实践过程记录表。

四、任务测评

见附录表2任务评测表。先自己检测完成任务的情况，再与同学互检，合格后交指导教师评分，教师签字后方可进行下一任务的实训。

五、拓展练习

零件如图15-11所示，结合自身情况，试完成任意一个零件程序的编写。

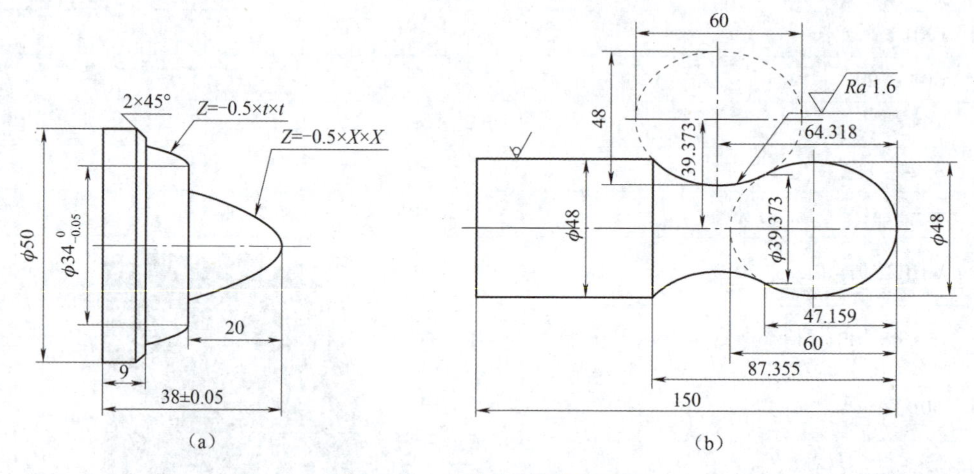

图15-11 含特殊曲线轮廓零件

（a）基础题；（b）提高题

任务16 车削高级工零件

车削高级工零件

一、工作任务

1. 任务描述

采用CAXA数控车软件，完成典型综合零件（见图16-1）在数控车床上的刀具轨迹、切削仿真及数控加工程序的生成。

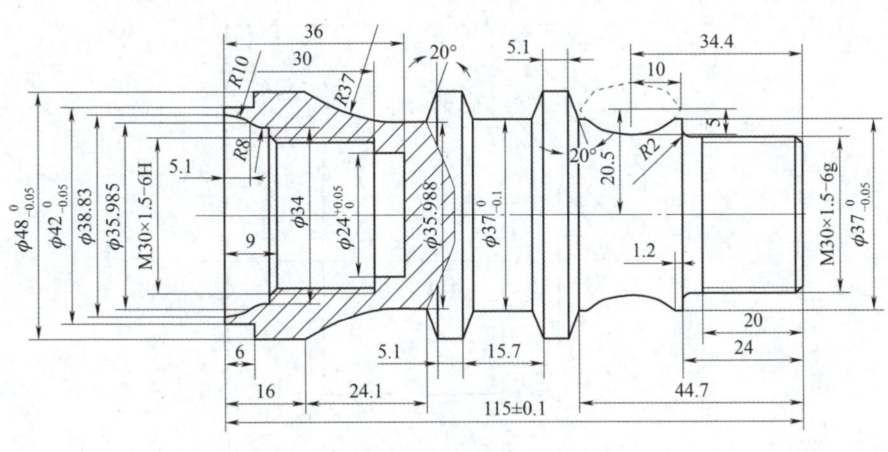

图 16-1　典型综合零件实例

2. 学习目标

（1）熟悉 CAXA 数控车软件中车削粗加工、车削精加工、车削槽加工、螺纹加工等参数含义，并能正确赋值。

（2）能使用 CAD 或 CAM 软件进行轴类零件的辅助设计与加工。

（3）明确操作规范和实验室使用规范，使学生养成良好的工程职业习惯。

二、任务准备

典型综合零件的数控加工工序卡片如表 16-1 所示。

表 16-1　典型综合零件的数控加工工序卡片

加工步骤	加工内容	刀具刀号	切削要素			备注
			n/（r · min^{-1}）	f/（mm · r^{-1}）	a_p/mm	
1	夹持毛坯，钻左端 ϕ24 mm 底孔	ϕ22 mm 钻头	400	—	11	手动
2	加工左端内轮廓	15°镗孔刀	1 000	0. 1	1	
3	加工左端内螺纹	60°内螺纹刀	720	1. 5	0. 5	
4	加工左端外轮廓	35°外圆车刀	1 000	0. 15	1. 5	
5	加工 ϕ37 mm 处 V 形槽	刀宽为 4 mm 切槽刀	800	0. 08	1	
6	夹持 ϕ48 mm 外圆加工右端轮廓	90°外圆车刀	1 000	0. 15	1. 5	
7	加工右端外螺纹	60°外螺纹刀	720		0. 5	

三、任务实施

1. 零件左端建模

零件左端建模，如图 16-2 所示。

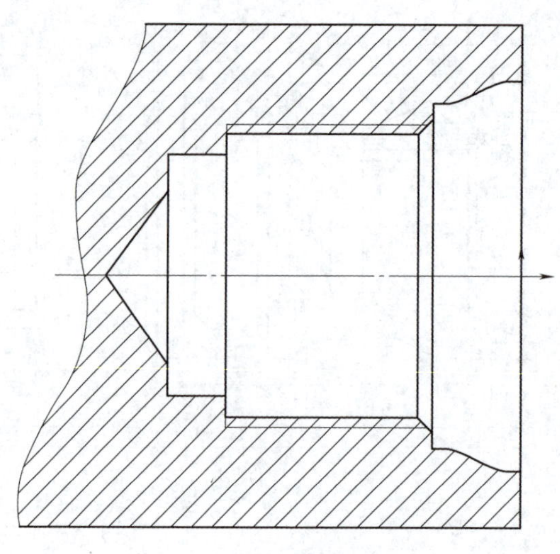

图 16-2　零件左端建模

2. 零件左端加工

（1）绘制零件左端内轮廓的加工造型，粗加工毛坯轮廓如图 16-3 所示。

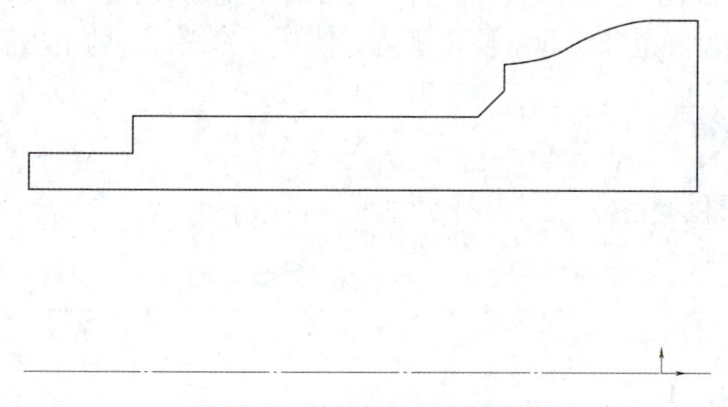

图 16-3　绘制粗加工毛坯轮廓

（2）粗车内轮廓。

1）单击数控车按钮，如图 16-4 所示，选择车削粗加工，弹出车削粗加工对话框。

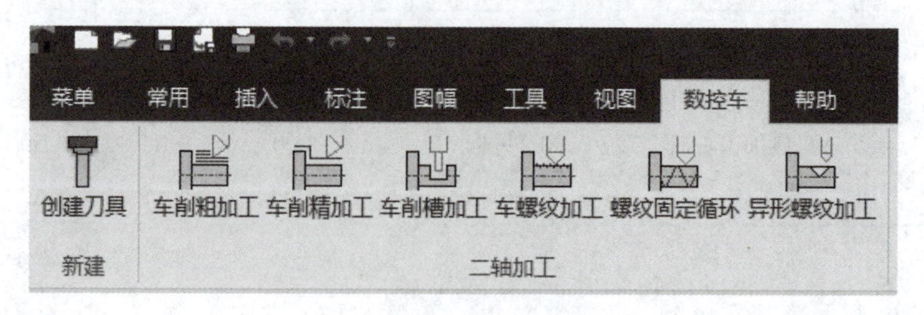

图 16-4　选择车削粗加工

2）填写车削粗加工参数表，如图 16-5 所示；填写进退刀方式参数表，如图 16-6 所示；刀具为外圆车刀，填写刀具几何参数表，如图 16-7 所示；填写刀具切削用量参数表，如图 16-8 所示。在几何元素对话框中，以限制链方式依次拾取轮廓曲线 *A* 和曲线 *BC*，毛坯轮廓曲线拾取线段 *CD* 和线段 *AD*，进退刀点拾取 *D* 点，生成的刀路轨迹如图 16-9 所示。

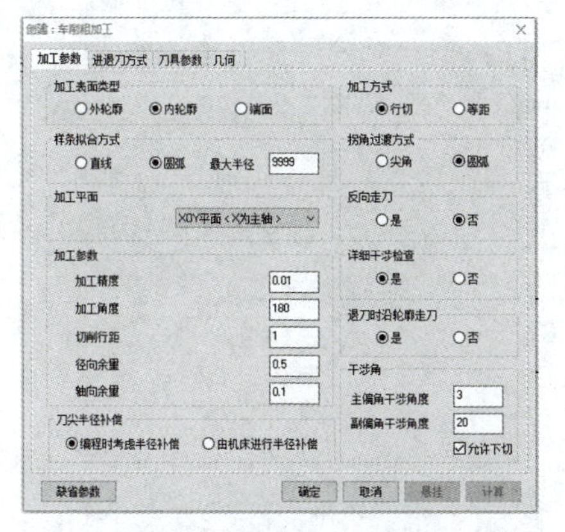

图 16-5　车削粗加工参数表

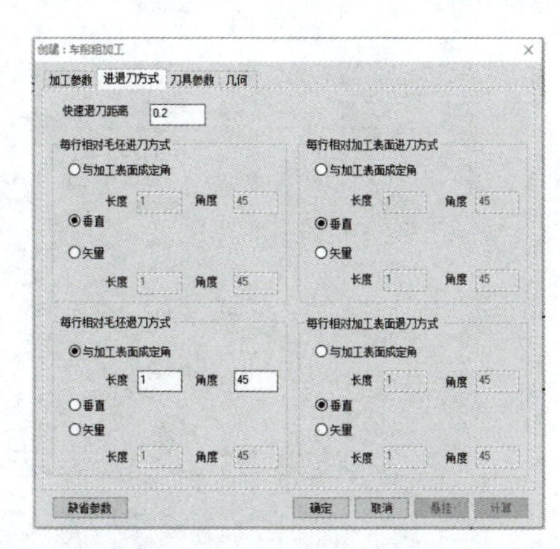

图 16-6　进退刀方式参数表

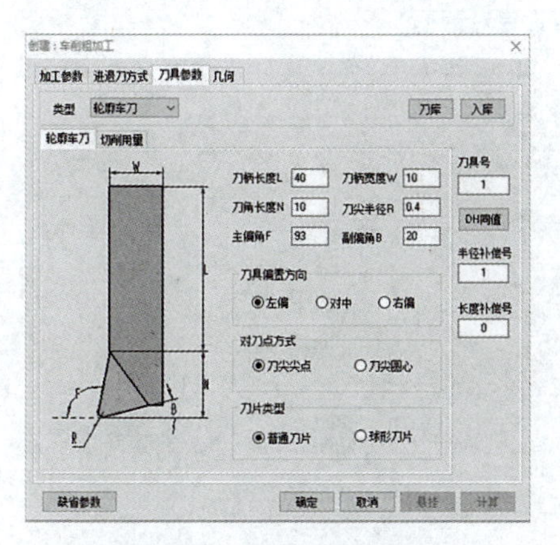

图 16-7　刀具几何参数表

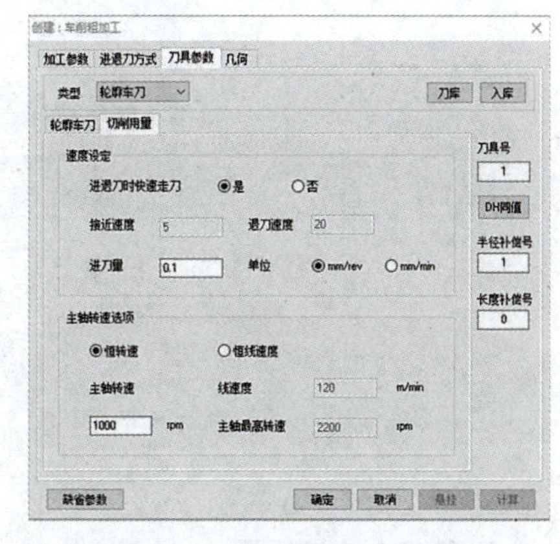

图 16-8　刀具切削用量参数表

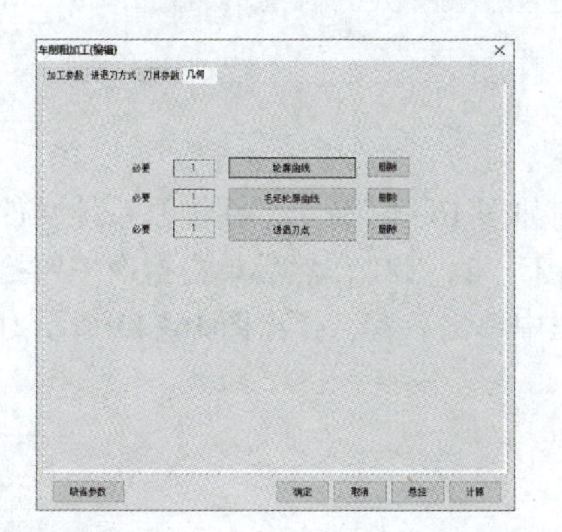

A

B

C

D

图 16-9　几何元素的拾取及粗加工刀路轨迹

学习笔记

学习笔记

3）后置设置。

单击后置设置按钮弹出图 16-10 所示对话框；按照系统类别设置后置参数，如设置 FANUC 系统车削部分，如图 16-11 所示。

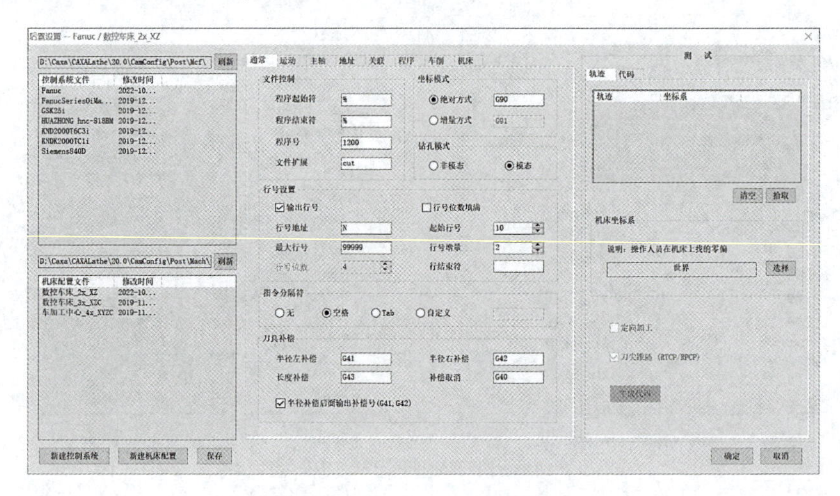

图 16-10　后置设置对话框

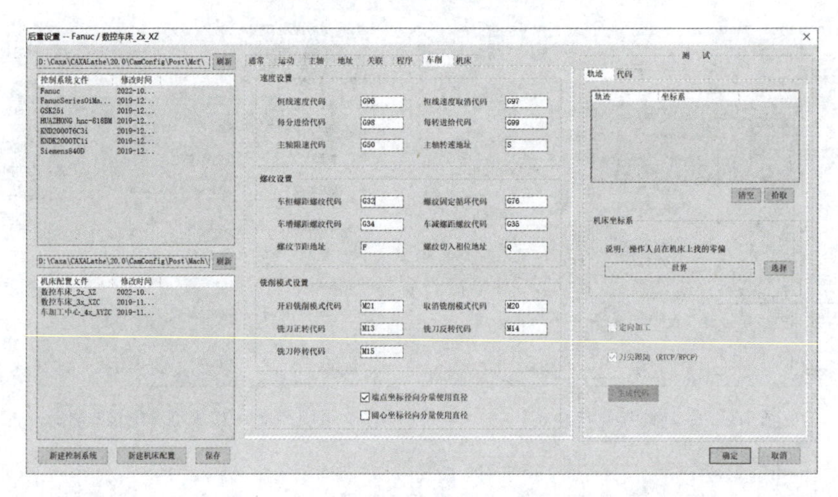

图 16-11　设置车削后置

4）后置处理。

单击后置处理按钮，弹出后置处理对话框，如图 16-12 所示。在控制系统文件中选择 FANUC 系统，机床配置文件选择数控车床“2x_XZ”，然后单击拾取按钮拾取刀路轨迹路径，单击鼠标右键，最后在对话框中单击后置，弹出图 16-13 所示对话框。

（3）精车内轮廓。

1）填写车削精车加工参数表。

拾取刀路轨迹，单击鼠标右键选择隐藏，或者在屏幕左端的管理树中，选择对应的轨迹右击鼠标选择隐藏。单击数控车按钮，选择车削精加工按钮，弹出车削精加工对话框，设置车削精加工参数、进退刀方式如图 16-14 所示；刀具几何参数和

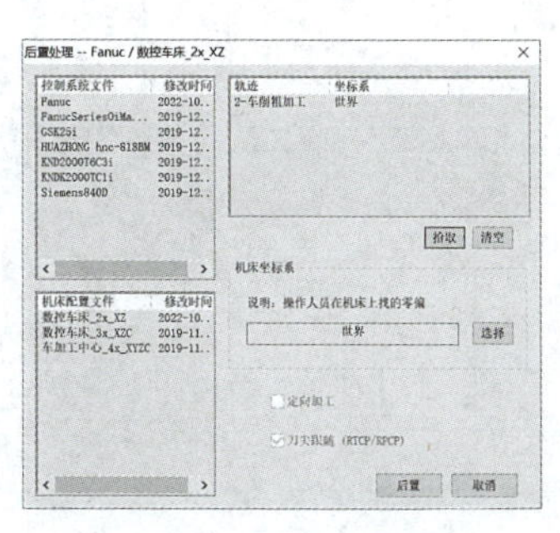

图 16-12　后置处理对话框

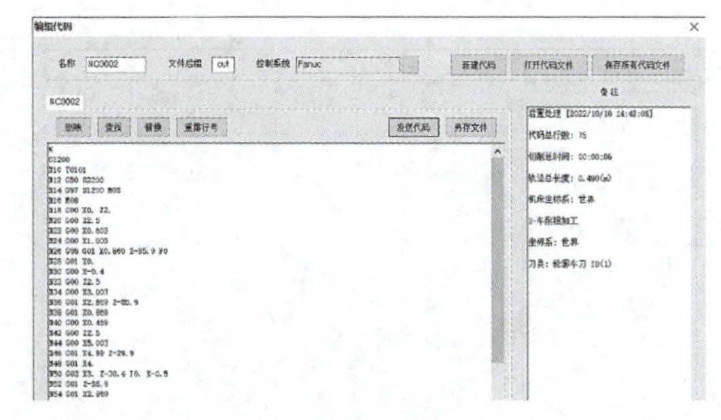

图 16-13　生成数控加工 G 代码

切削用量的设置，如图 16-15 所示。

在几何元素对话框中，以限制链方式依次拾取轮廓曲线 *A* ↴ *B* 线段、进退刀点拾取 *D* 点，生成的刀路轨迹如图 16-16 所示。

2）后置处理。

跟粗加工类似，单击后置处理按钮，选择刀路轨迹生成数控加工 G 代码程序，如图 16-17 所示。

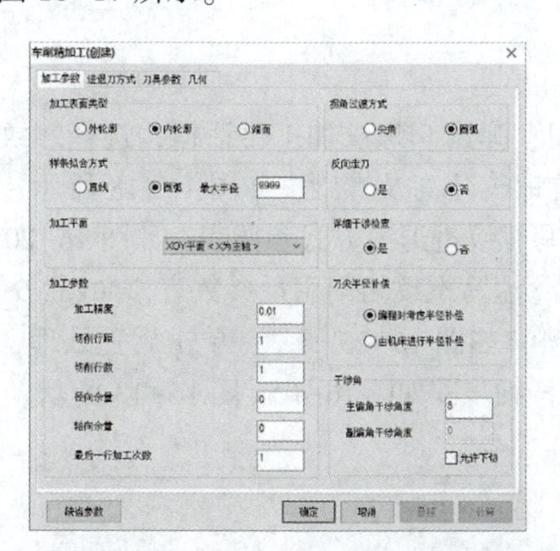

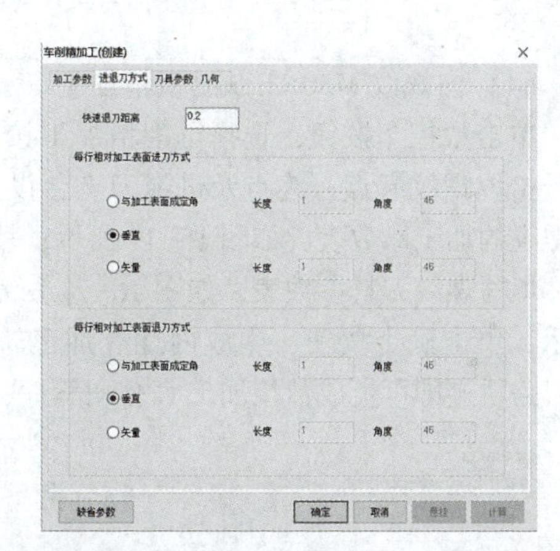

图 16-14　车削精加工参数及进退刀方式设置

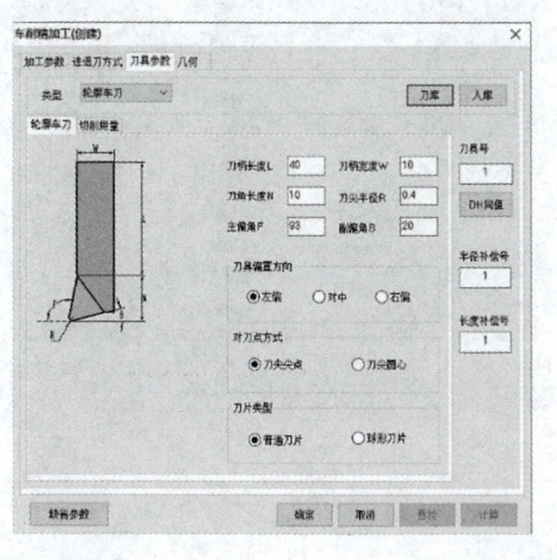

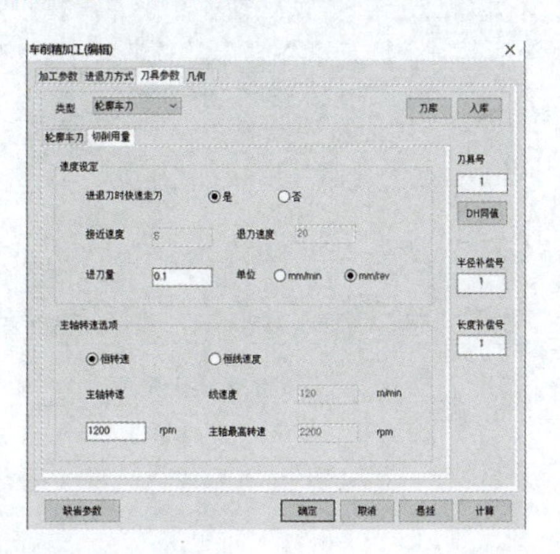

图 16-15　刀具几何参数和切削用量的设置

学习笔记

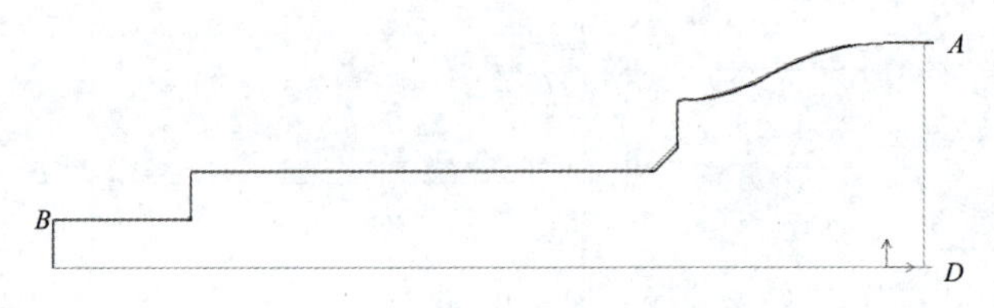

图 16-16　精加工内轮廓的刀路轨迹

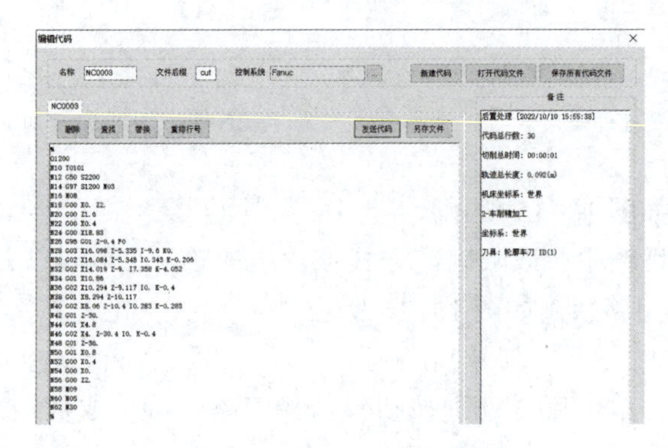
图 16-17　数控加工 G 代码程序

(4) 内螺纹 M30×1.5 的粗精加工。

单击数控车按钮，选择车削精加工按钮，弹出车螺纹加工对话框，选择螺纹类型，拾取螺纹起点、终点及进退刀点，设置螺纹牙高及螺距，如图 16-18 所示；填写螺纹的加工参数表，如图 16-19 所示；填写螺纹进退刀方式参数表，如图 16-20 所示；填写螺纹刀具参数表，如图 16-21 所示；填写螺纹切削用量参数表，如图 16-22 所示；单击确定按钮，生成内螺纹加工轨迹，如图 16-23 所示；单击后置处理，拾取刀路轨迹即可生成数控加工 G 代码程序，详细步骤如图 16-12、图 16-13 所示。

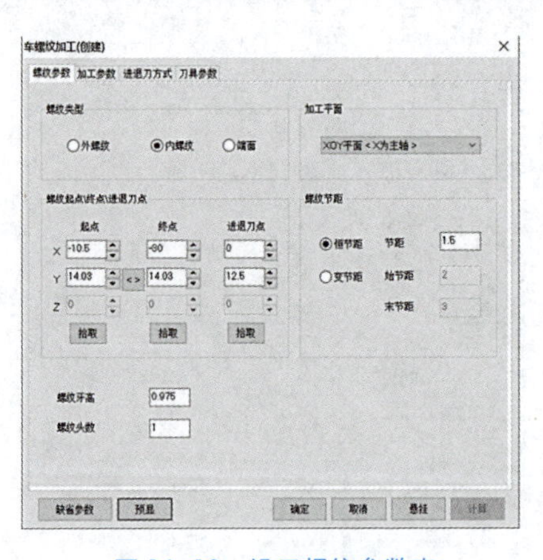
图 16-18　设置螺纹参数表

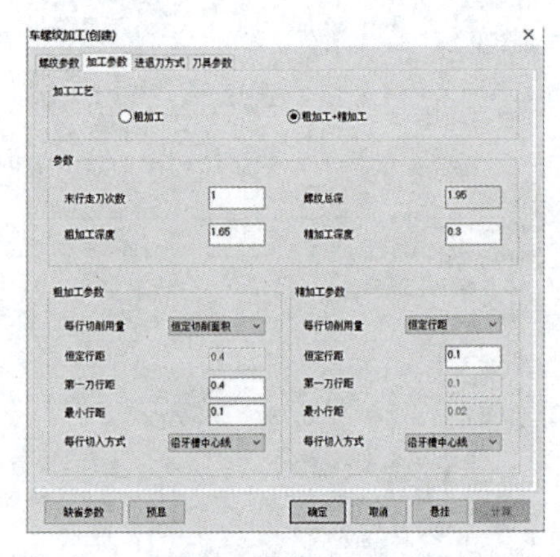
图 16-19　螺纹加工参数表

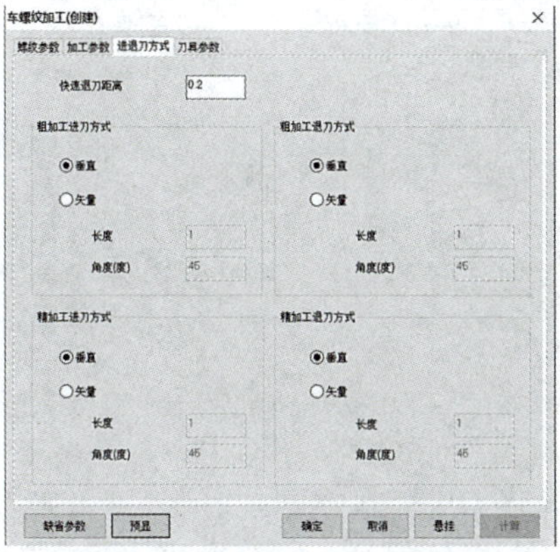

学习笔记

图 16-20　螺纹进退刀方式参数表

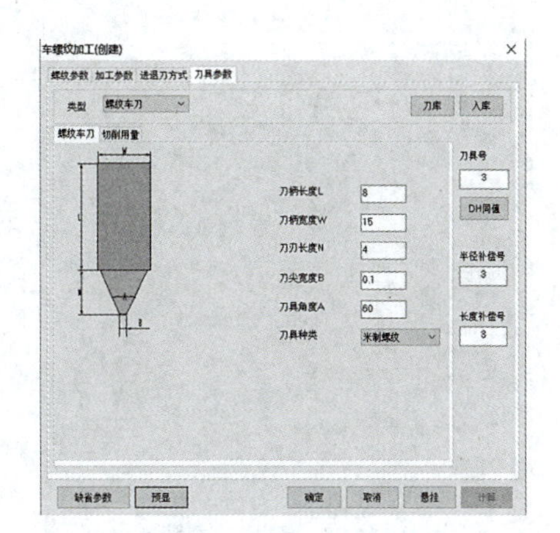

图 16-21　螺纹刀具参数表

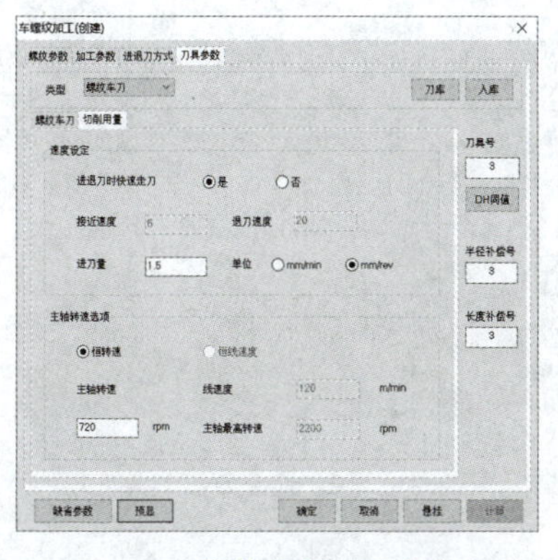

图 16-22　螺纹切削用量参数表

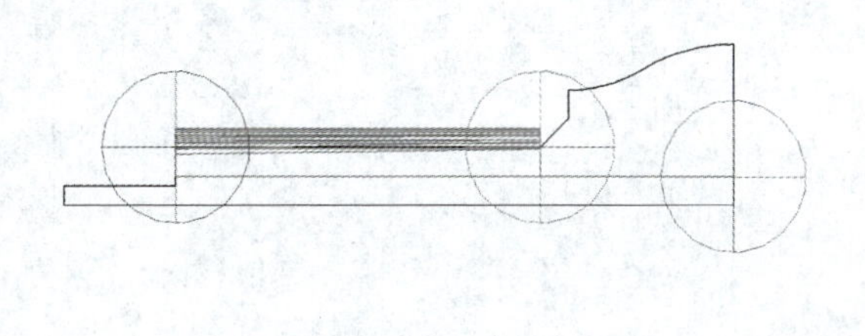

图 16-23　内螺纹 M30×1.5 的加工轨迹

(5) 粗精加工左端外轮廓。

1) 零件左端外轮廓加工造型，如图 16-24 所示。

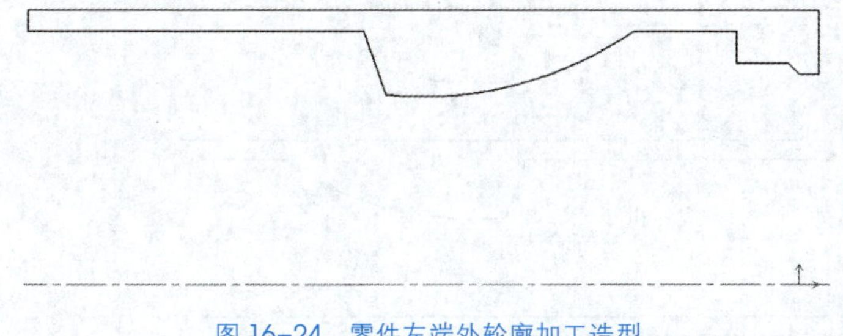

图 16-24　零件左端外轮廓加工造型

2) 左端外轮廓粗加工。

单击车削粗加工按钮，填写粗加工参数表，如图 16-25 所示；填写进退刀方式表，如图 16-26 所示；填写轮廓车刀参数表，如图 16-27 所示；填写切削用量参数表，如图 16-28 所示。

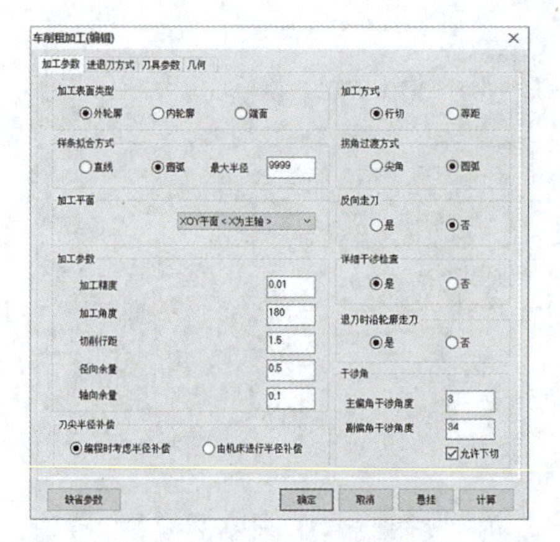

图 16-25　粗加工参数表

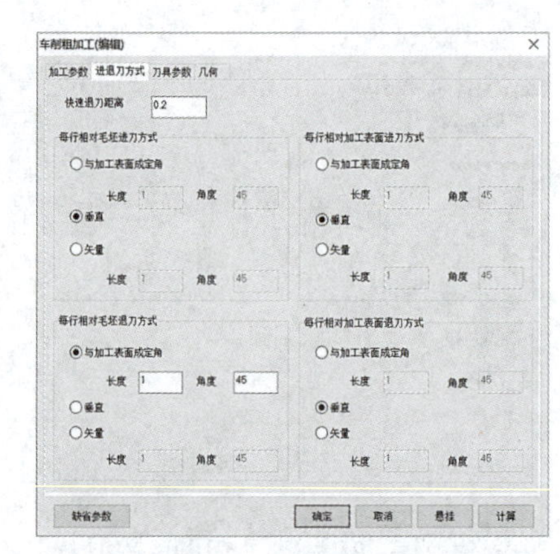

图 16-26　进退刀方式参数表

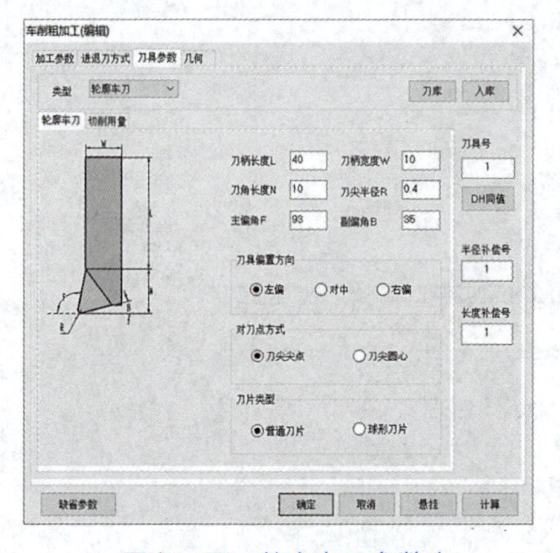

图 16-27　轮廓车刀参数表

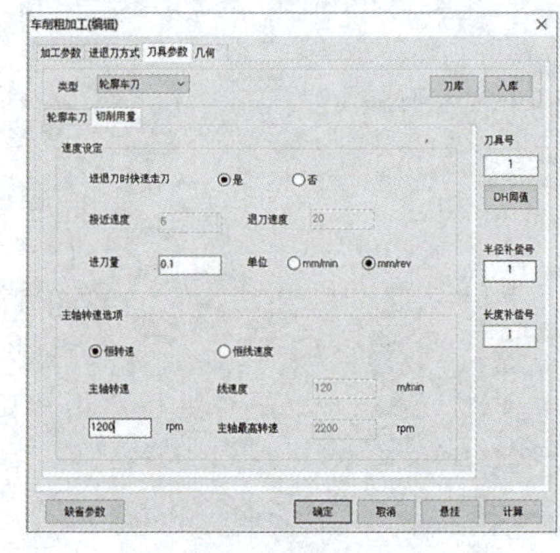

图 16-28　切削用量参数表

依次拾取左端外轮廓曲线、毛坯轮廓曲线以及进退刀点如图 16-29 所示，单击确定按钮，生成左端外轮廓粗加工轨迹，如图 16-30 所示。

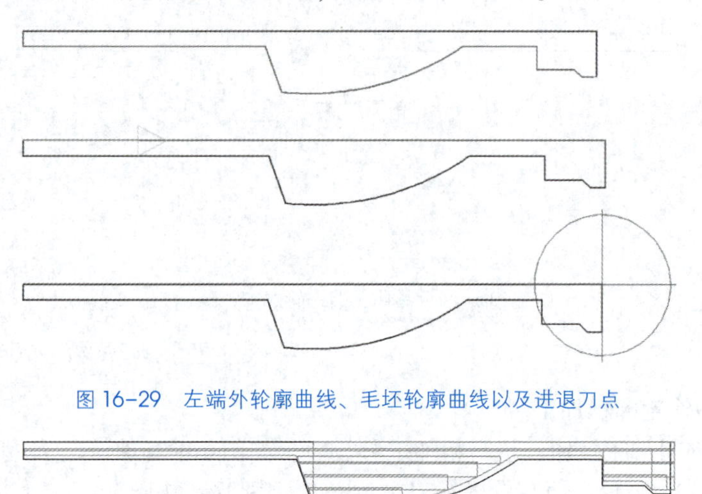

图 16-29　左端外轮廓曲线、毛坯轮廓曲线以及进退刀点

图 16-30　左端外轮廓粗加工轨迹

3）左端外轮廓精加工。

单击车削精加工按钮，填写加工参数表，如图 16-31 所示；填写进退刀方式表，如图 16-32 所示；填写轮廓车刀参数表，如图 16-33 所示；填写切削用量参数表，如图 16-34 所示。

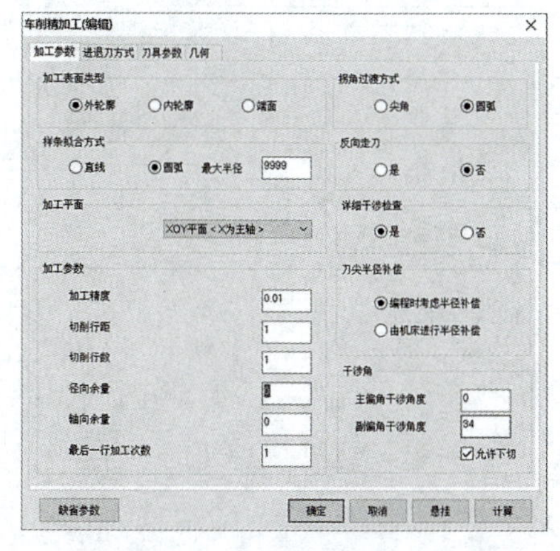

图 16-31　加工参数表

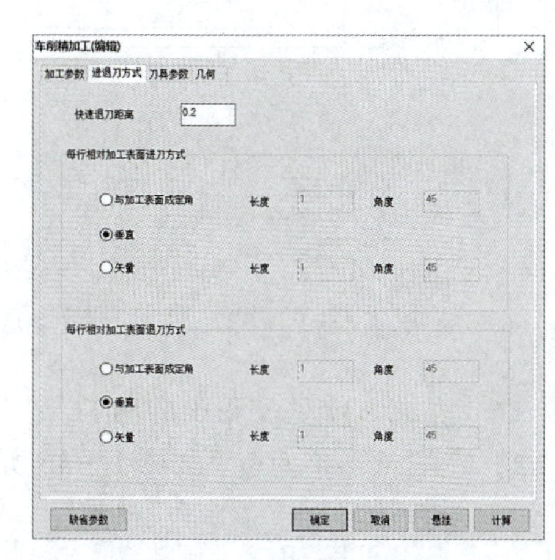

图 16-32　进退刀方式参数表

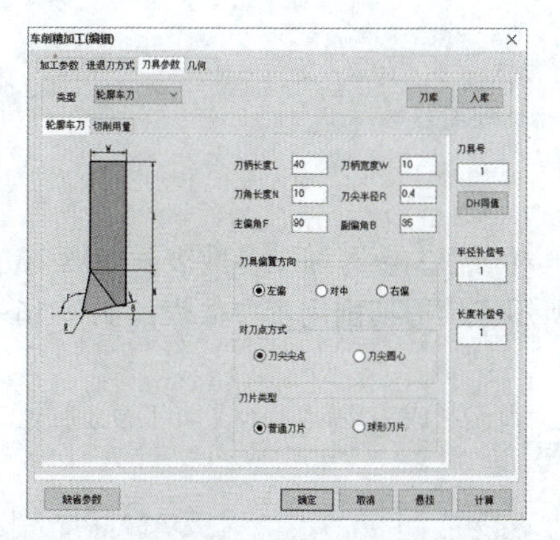

图 16-33　轮廓车刀参数表

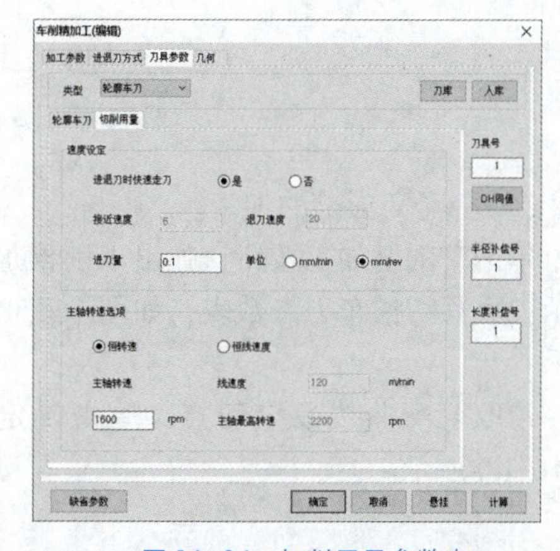

图 16-34　切削用量参数表

拾取轮廓曲线及定刀点，单击确定按钮，生成左端外轮廓精加工轨迹，如图 16-35。

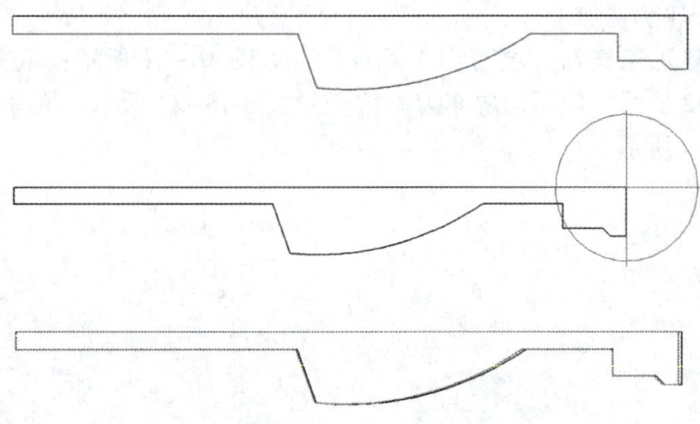

图 16-35　左端外轮廓精加工轨迹

(6) 左端 ϕ37 处 V 形槽的加工。

1) 左端 V 形槽的造型如图 16-36 所示。

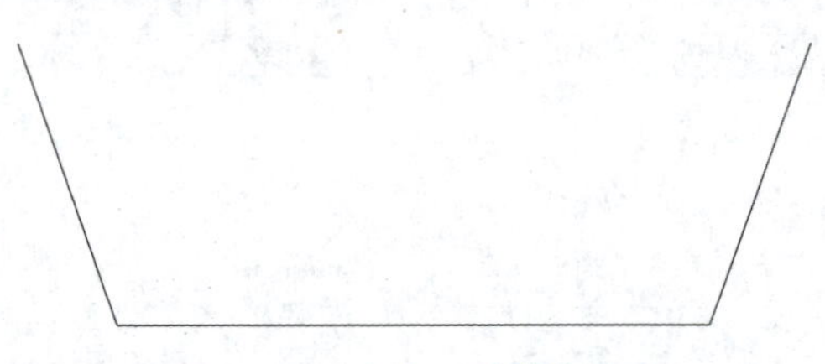

图 16-36　左端 V 形槽的造型

2) 左端 V 形槽的加工。

单击车削槽加工按钮，弹出车削槽加工对话框。填写加工参数表，如图 16-37 所示；填写切槽车刀参数表，如图 16-38 所示；填写切削用量参数表，如图 16-39 所示。

拾取轮廓曲线及定刀点，单击确定按钮，生成左端 V 形槽加工轨迹线，如图 16-40 所示。

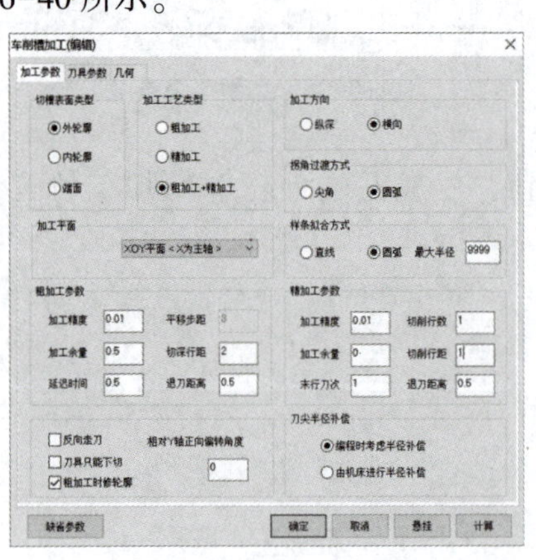

图 16-37　加工参数表

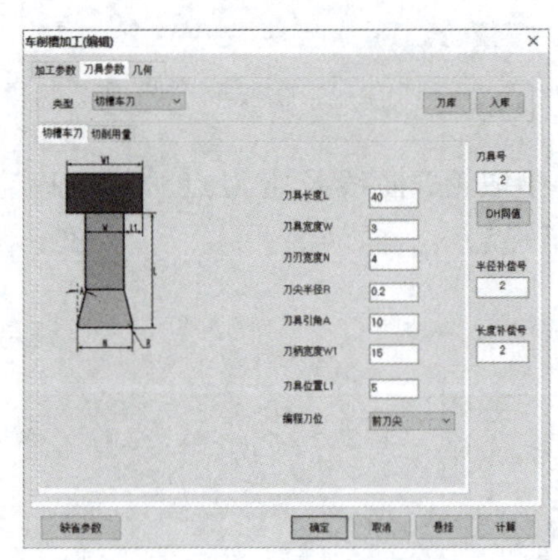

图 16-38　切槽车刀参数表

学习笔记

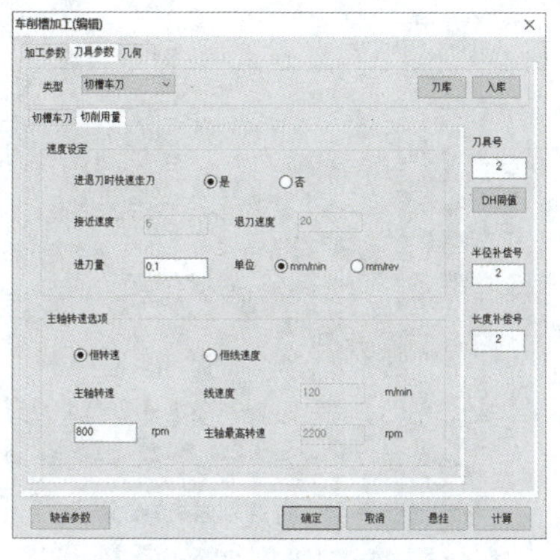

图 16-39 切削用量参数表

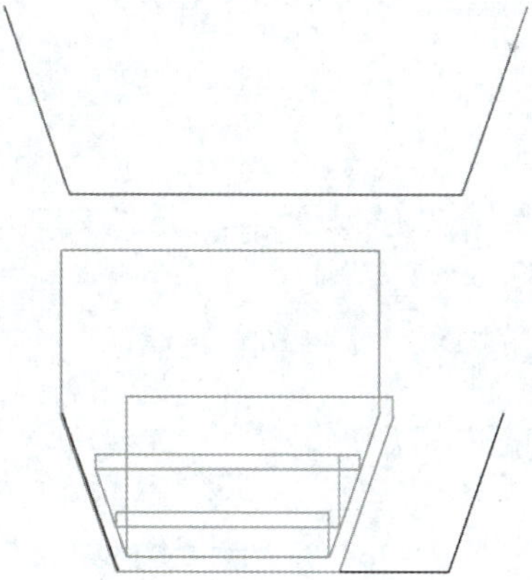

图 16-40 左端 V 形槽加工轨迹线

3. 右端轮廓建模

（1）绘制零件右端外轮廓的加工造型。

零件右端轮廓的加工造型如图 16-41 所示。

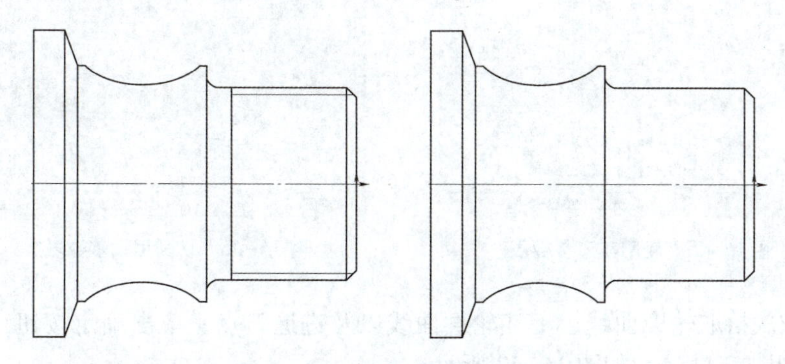

图 16-41 零件右端轮廓的加工造型

（2）零件右端轮廓粗加工。

1）绘制出零件右端外轮廓的加工造型，如图 16-42 所示。

2）单击车削粗加工按钮，填写粗加工参数表；如图 16-43 所示；填写进退刀方式参数表，如图 16-44 所示；填写轮廓车刀参数表，如图 16-45 所示；填写切削用量参数表，如图 16-46 所示。

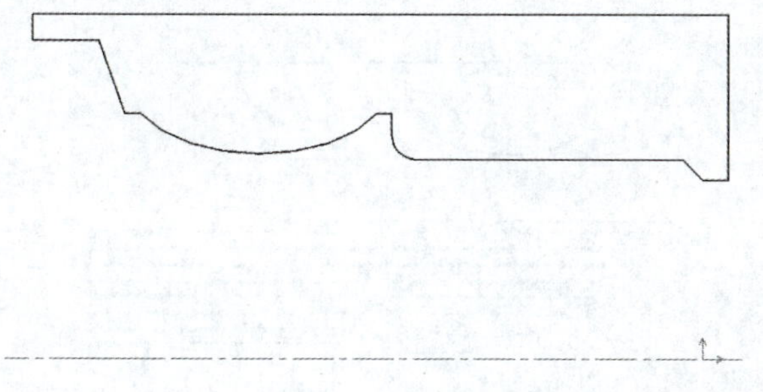

图 16-42 零件右端外轮廓的加工造型

学习笔记

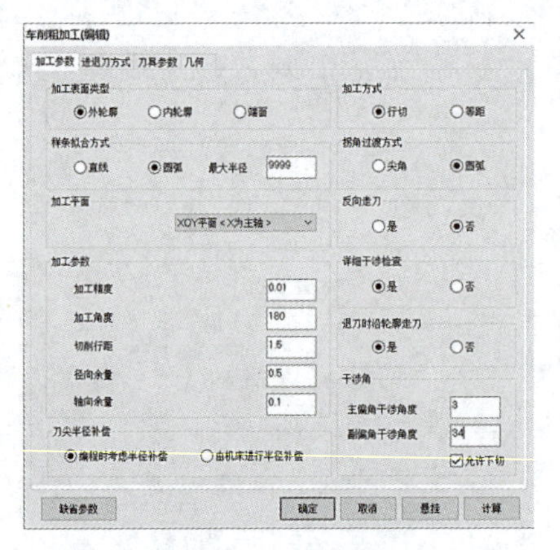

图 16-43　粗加工参数表

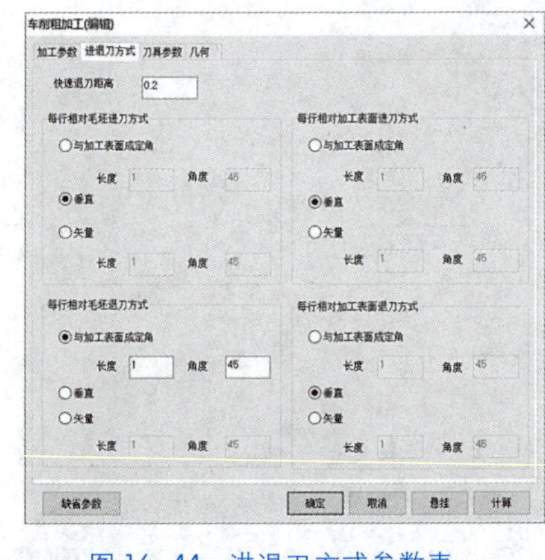

图 16-44　进退刀方式参数表

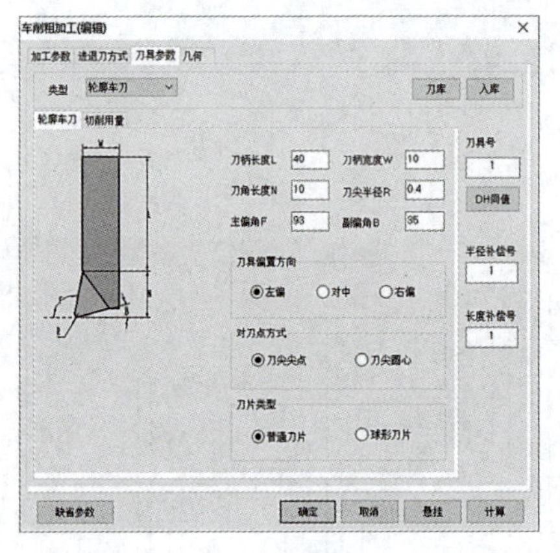

图 16-45　轮廓车刀参数表

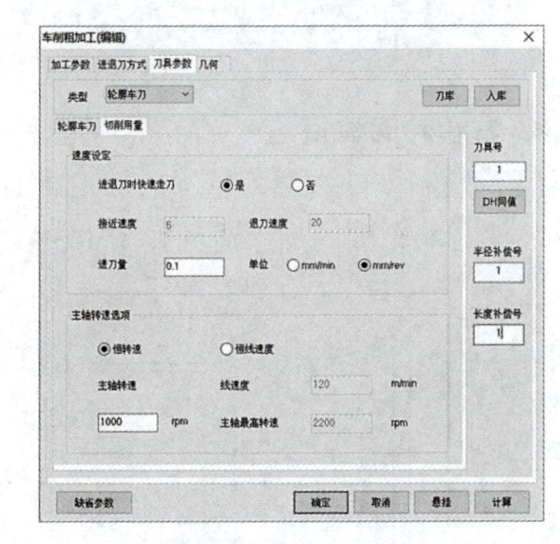

图 16-46　切削用量参数表

3）依次拾取轮廓曲线、毛坯轮廓曲线以及进退刀点，单击确定按钮，生成右端外轮廓粗加工轨迹，如图 16-47 所示。

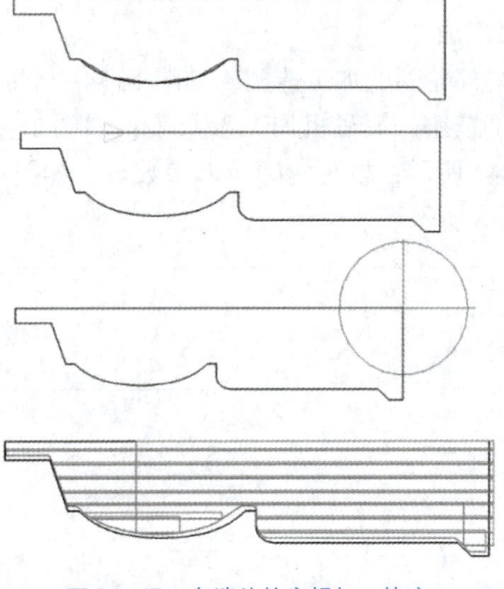

图 16-47　右端外轮廓粗加工轨迹

（3）零件右端轮廓精加工。

1）单击车削精加工按钮，填写加工参数表，如图 16-48 所示；填写切削用量参数表，如图 16-49 所示。进退刀方式和轮廓刀具相关参数和粗加工类似。

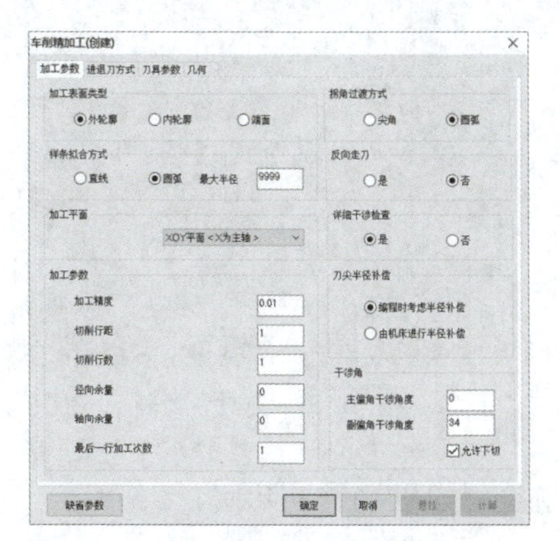

图 16-48　加工参数表

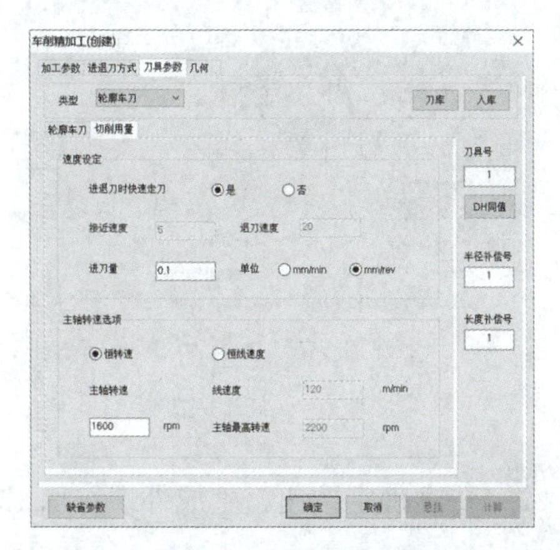

图 16-49　切削用量参数表

2）依次拾取轮廓曲线和进退刀点，单击确定按钮，生成右端外轮廓精加工轨迹，如图 16-50 所示。

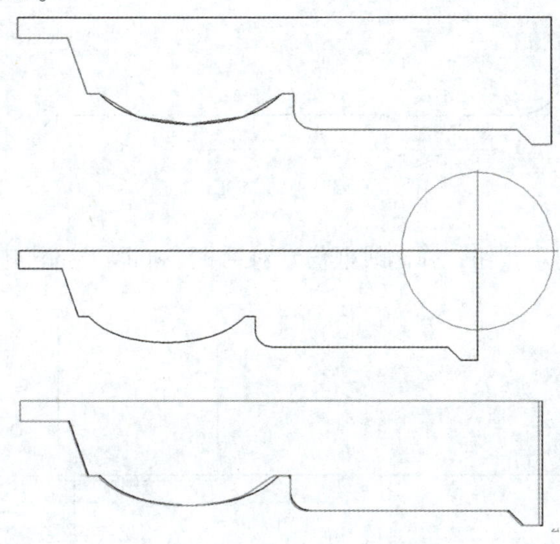

图 16-50　右端外轮廓精加工轨迹

（4）加工外螺纹 M30×1. 5。

1）单击车削螺纹固定循环按钮，填写加工参数表，如图 16-51 所示；填写刀具参数表，如图 16-52 所示。参照内螺纹切削用量参数表，填写外螺纹切削用量参数表。

学习笔记

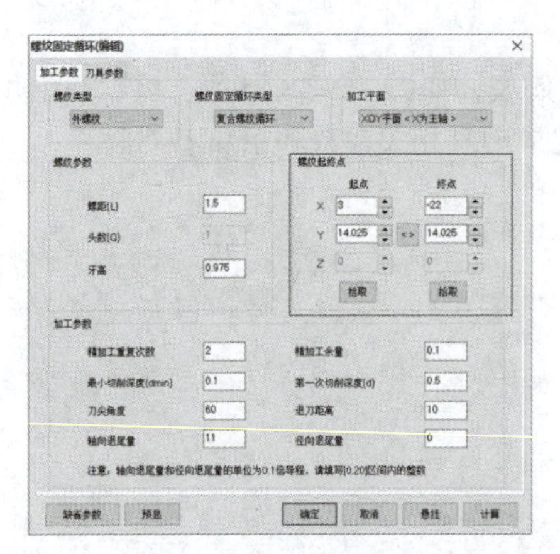

图 16-51　加工参数表

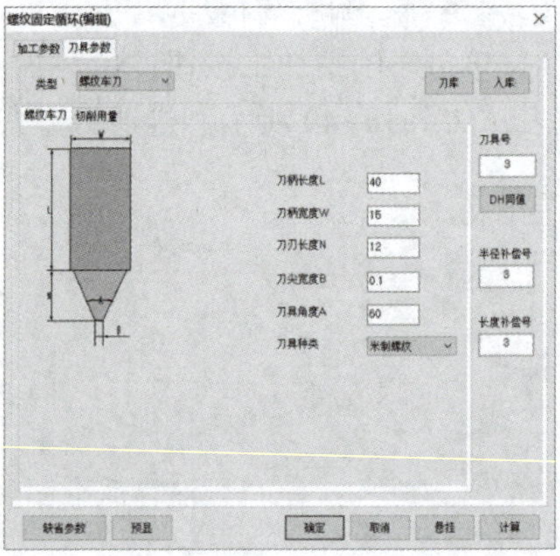

图 16-52　刀具参数表

2）单击确定按钮，生成外螺纹加工轨迹线，如图 16-53 所示。

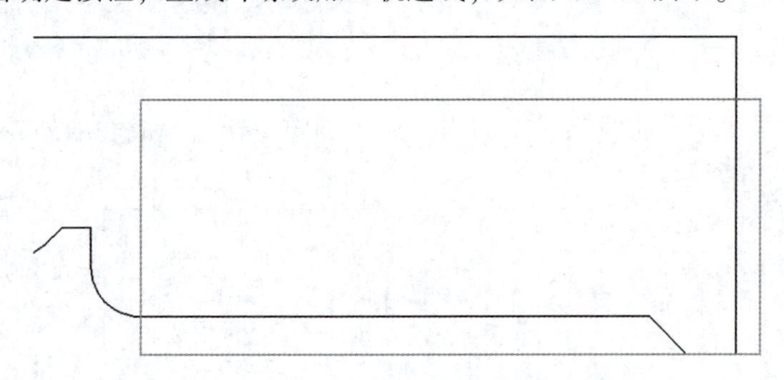

图 16-53　外螺纹加工轨迹

3）单击线框仿真按钮，弹出线框仿真对话框，拾取刀路轨迹可进行线框仿真，如图 16-54 所示。

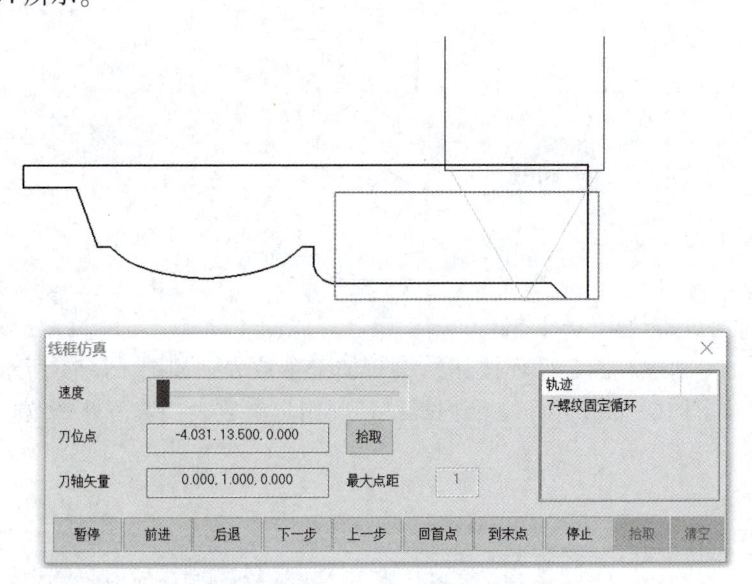

图 16-54　线框仿真对话框及刀路轨迹

4）生成 G 代码文件。

单击后置处理按钮，拾取刀路轨迹，生成数控加工 G 代码程序如图 16-55 所示。另外，文件后缀可设置为 txt 格式，以便其他仿真软件打开与导入文件。

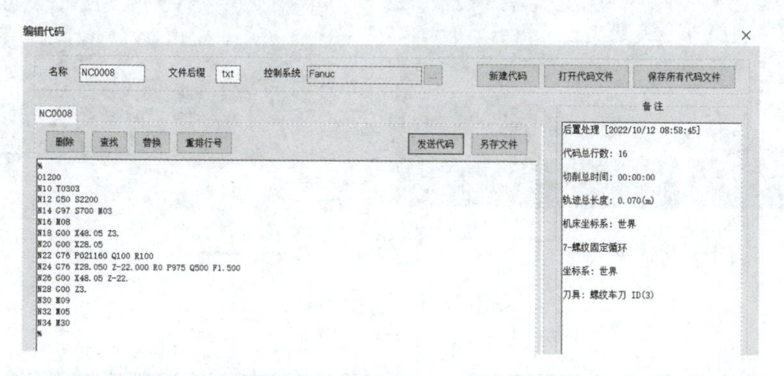

图 16-55　数控加工 G 代码程序

四、零件实体效果

以右端零件加工为例，依次将生成的数控加工 G 代码程序文件导入斯沃数控仿真中，完成零件的仿真加工。

1. 装夹刀具

如图 16-56 所示，选择机床操作，单击刀具管理按钮，弹出刀具库管理对话框，选择对应刀具，添加到刀盘里对应的刀具号；另外，双击刀具可完成刀具的添加、刀体类型与参数、刀片类型与参数的修改。

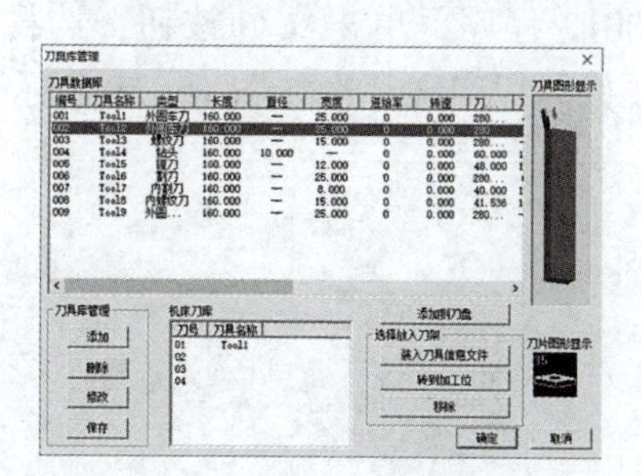
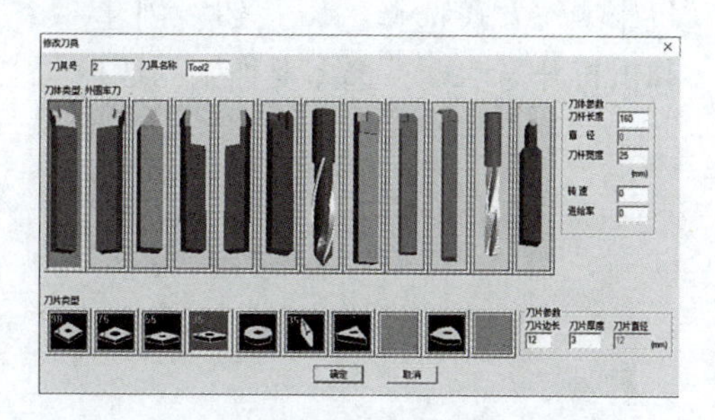

图 16-56　刀具库管理及修改刀具参数

2. 装夹毛坯

单击工件操作按钮，再单击设置毛坯按钮，弹出设置毛坯对话框，勾选棒料，填写工件直径和长度，单击确定按钮完成毛坯的装夹，如图 16-57 所示。

3. 快速定位

选择机床操作，单击快速定位按钮，弹出快速定位对话框。单击 [OFS/SET] 参数输入按钮，分别输入 X50、Z0，完成机床 *X* 轴、*Z* 轴的对刀操作，如图 16-58 所示。

学习笔记

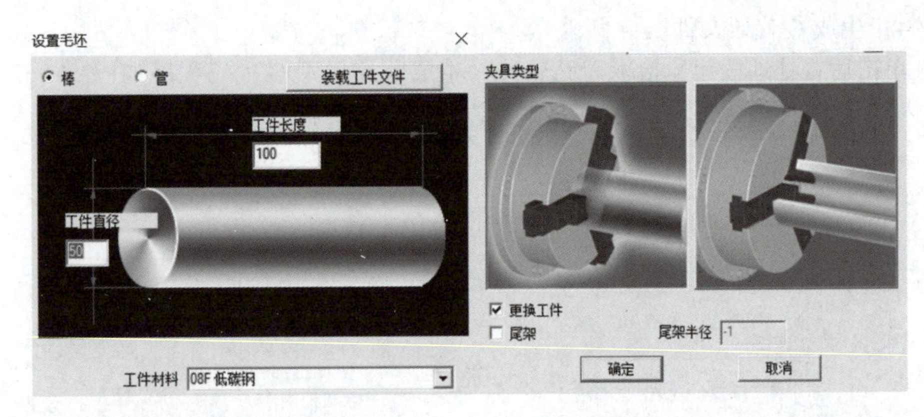

图 16-57　设置毛坯

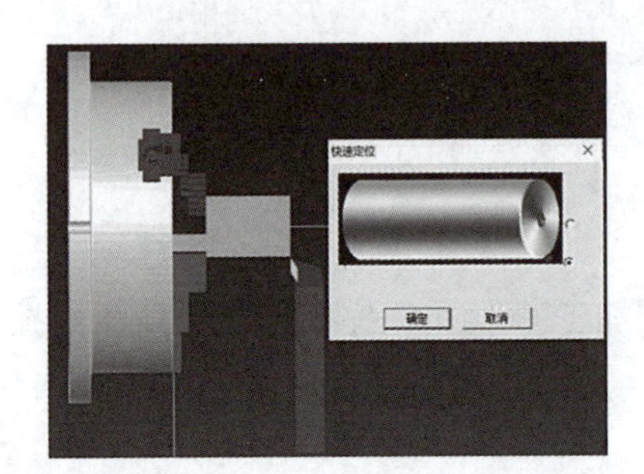
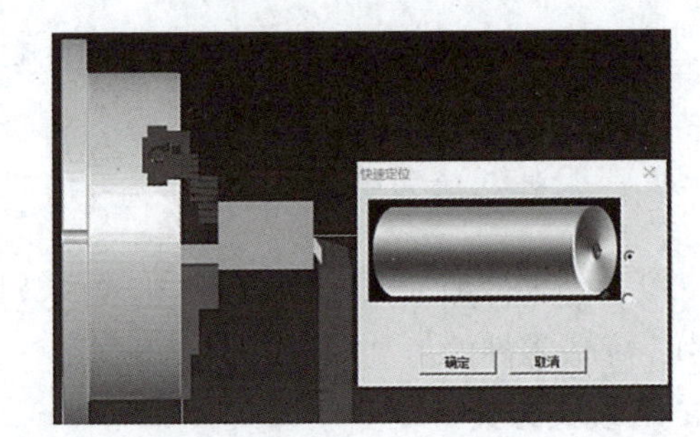

图 16-58　机床对刀操作（仿真）

4. 导入程序

机床工作方式选择编辑按钮，创建一个 O0012 程序，单击文件按钮，选择打开，弹出打开对话框，选择要加工的数控加工 G 代码程序文件，如图 16-59 所示。

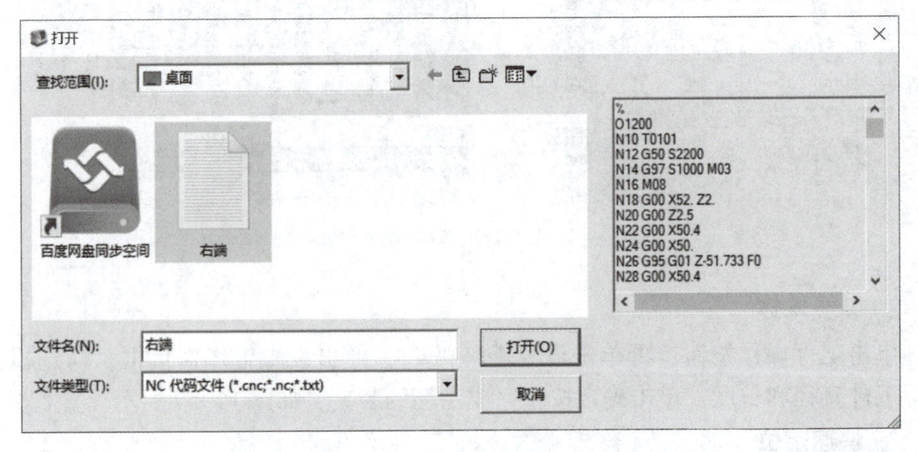

图 16-59　数控加工 G 代码程序文件导入到数控机床

CAXA 数控车自动编程

5. **机床仿真加工**

零件右端实体效果如图 16-60 所示。

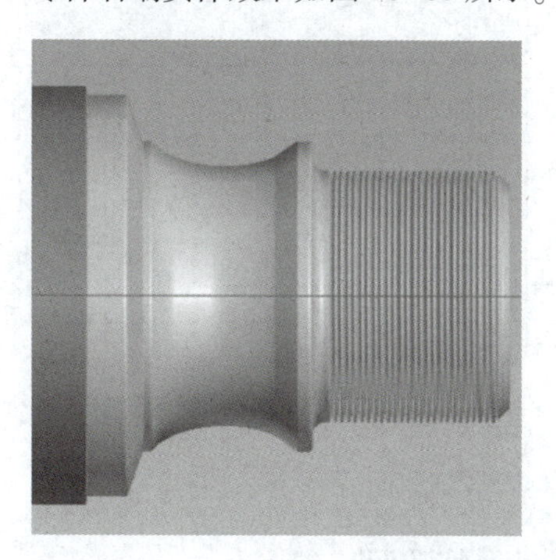

图 16-60　零件右端实体效果

五、拓展练习

图 16-61 所示为典型轴类零件的造型与加工，毛坯为 45 钢，直径为 50 mm，长度为 120 mm；图 16-62 所示为典型轴类零件的造型与加工，毛坯为 45 钢，直径为 60 mm，长度为 150 mm，结合自身情况，试完成任意零件的自动编程与仿真加工。

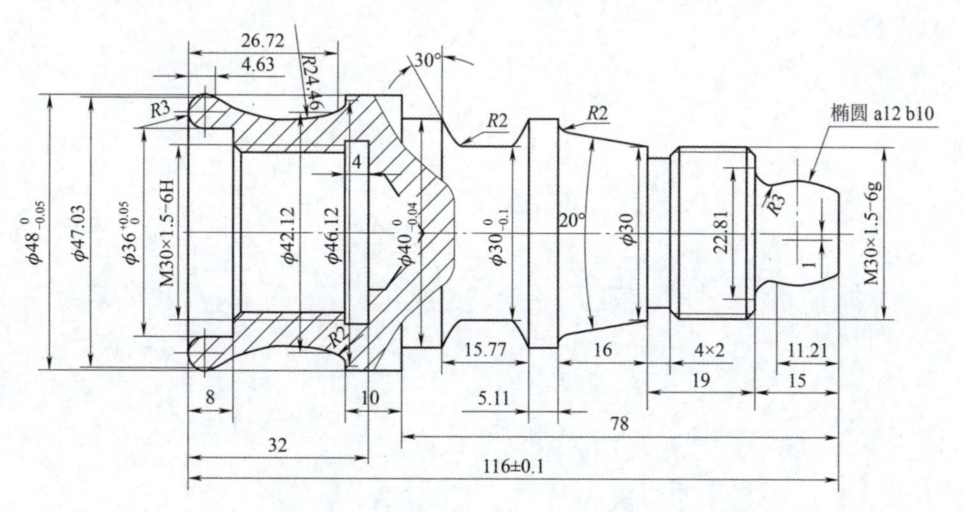

图 16-61　典型轴类零件的造型与加工（1）

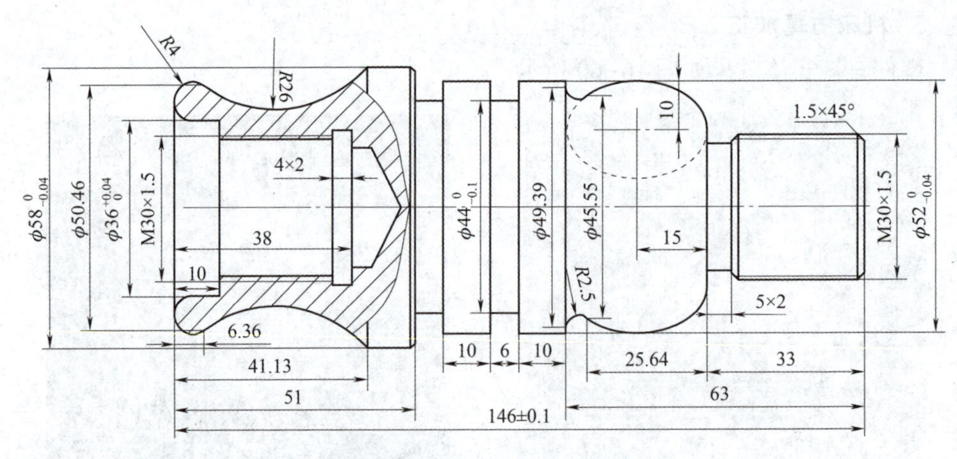

图 16-62　典型轴类零件的造型与加工（2）

粗加工轨迹生成

精加工轨迹

模块二

数控铣床编程与加工

数控铣床又称为 CNC（Computer Numerical Control）铣床，分为不带刀库和带刀库两大类，其中带刀库的数控铣床又称为加工中心。

走进数控铣床

数控铣床的运动轨迹可分为单轴运动、两轴联动、2.5 轴以及三轴联动，主要完成平面、斜面、槽、曲面、钻孔、镗孔、攻螺纹等加工，零件加工范围及刀具如下所示。

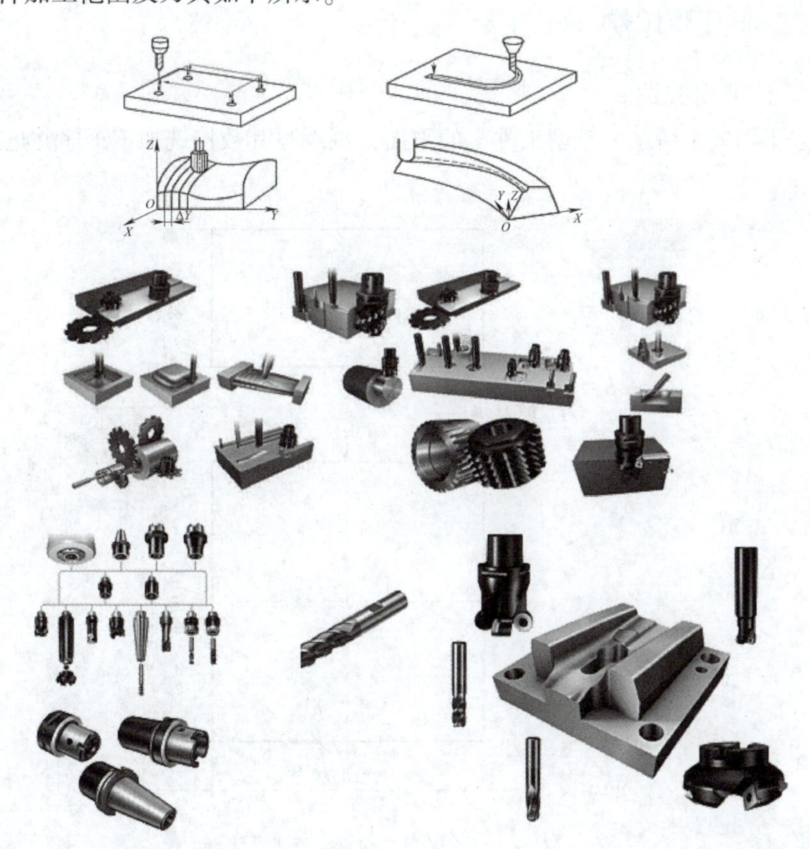

项目四　简单平面轮廓零件的加工

项目描述

本项目对平面轮廓零件进行铣削，通过学习、了解数控系统的性能、特点，掌握数控铣系统机床操作面板的使用方法；掌握数控编程中部分功能指令的作用、指令格式及参数含义，尤其是使用数控铣床加工平面类零件的方法，并使用刀具半径补偿进行编程。

任务 17　平面铣削训练

一、工作任务

1. 任务描述

图 17-1 所示为铣削工件上的平面，试编写其数控铣加工程序并进行加工。

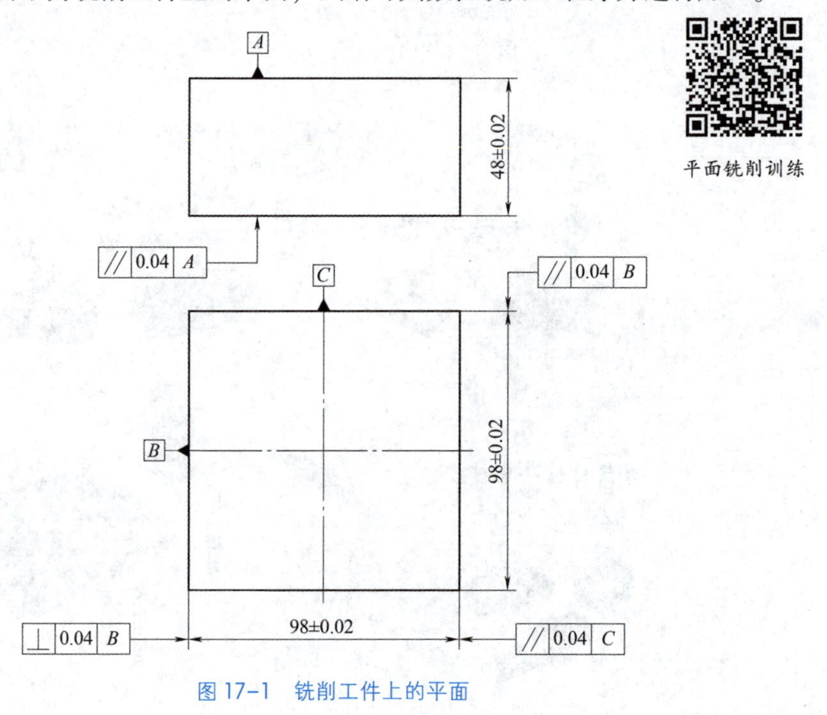

图 17-1　铣削工件上的平面

2. 学习目标

（1）掌握 FANUC 系统数控铣床的操作方法。熟练掌握对刀原理及方法。

铣床面板操作

（2）掌握平面铣削常用的铣削方法；掌握混合编程的方法。

（3）明确操作规范和实训室使用规范，使学生养成良好的工程职业习惯。

二、任务准备

1. 相对坐标值、绝对坐标值编程的方法

（1）指令格式。

G90/G91；

（2）指令说明。

G90——绝对值编程，每个编程坐标轴上的编程值是相对于程序原点；G91——绝对值编程值，是相对于前一位置而言的，等于沿轴移动的距离。

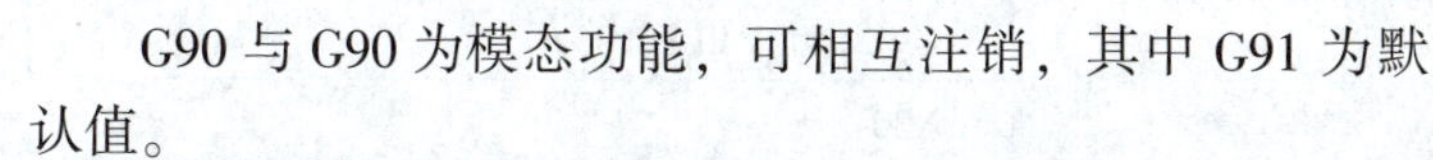

G90 与 G90 为模态功能，可相互注销，其中 G91 为默认值。

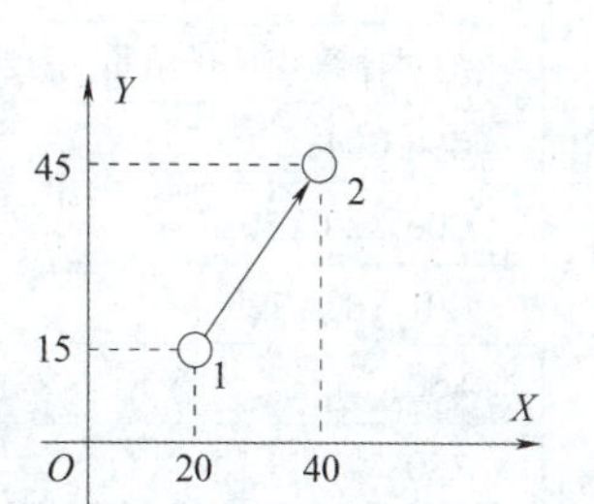

图 17-2　走刀轨迹

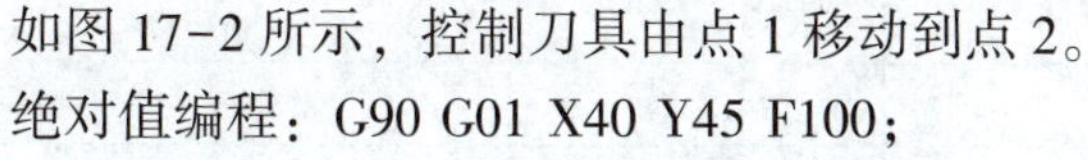

如图 17-2 所示，控制刀具由点 1 移动到点 2。

绝对值编程：G90 G01 X40 Y45 F100；

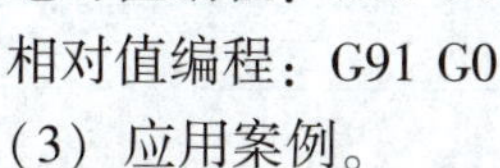

相对值编程：G91 G01 X20 Y30 F100；

（3）应用案例。

如图 17-3 所示，如何合理选用 G90 或 G91，提高编程效率？

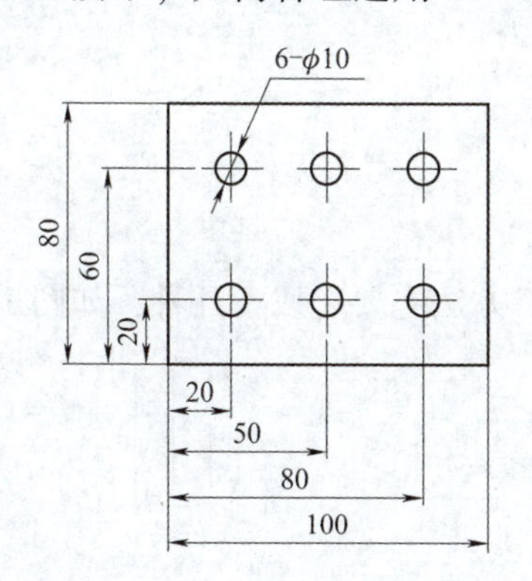

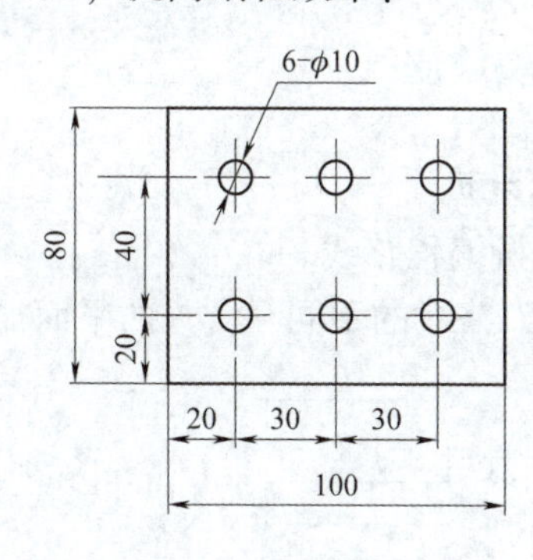

图 17-3　孔类零件图

2. 进给速度单位的设定

（1）指令格式。

G94/G95；

（2）指令说明。

G94——每分钟进给，单位为 mm/min；G95——每转进给，单位为 mm/r。

G94 与 G95 均为模态功能，可相互注销，其中 G94 为默认值。

平面铣削训练

3. 快速定位与直线插补

（1）指令格式。

G00 X_ Y_ Z_；

G01 X_ Y_ Z_ F_；

（2）指令说明。

X、Y、Z——终点，可相互注销，不运动的轴可不写对应的 X、Y、Z；

F——进给速度。

（3）应用案例。

如图 17-3 所示，控制刀具顺时针依次完成各个孔的点位移动，编程案例如表 17-1 所示。

表 17-1 编程案例

绝对值编程，进给量为 120 mm/min	相对值编程，进给量为 0.05 mm/r
G90 G94；	G91 G95；
G00 X20 Y20；	G00 X20 Y20；
G01 Y60 F120；	G91 G01 Y40 F0.05；
X50；	X30；
X80；	X30；
Y20；	Y-40；
X50；	X-30；
X20；	X-30；

三、任务实施

1. 工艺分析

（1）分析编程路线。

根据走刀路线的不同，常见的平面加工方法主要有以下几种，如图 17-4 所示。

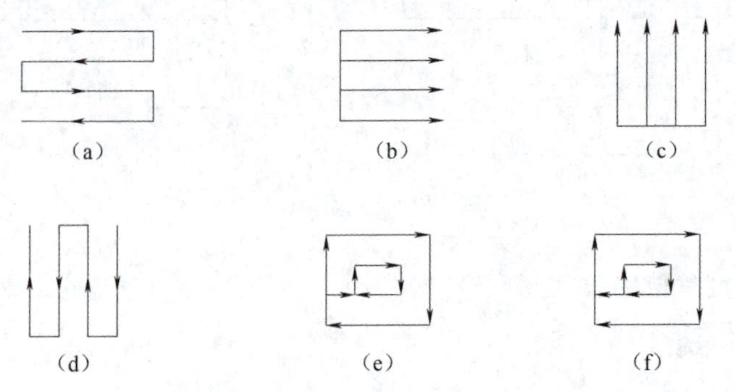

图 17-4 常见的平面加工方法

(a) 双向横坐标平行法；(b) 单向横坐标平行法；(c) 单向纵坐标平行法；(d) 双向纵坐标平行法；(e) 内向环切法；(f) 外向环切法

1）单向坐标平行法为刀具仅沿一个方向平行于横坐标或纵坐标加工，如图 17-4（b）、（c）所示。

2）双向坐标平行法为刀具沿平行于横坐标或纵坐标方向加工，并且可以变换方向，如图 17-4（a）、（d）所示。

3）内、外向环切法为刀具以矩形轨迹分别平行于纵坐标、横坐标由外向内或内向外加工，并且可以变换方向，如图 17-4（e）、（f）所示。

零件采用双向坐标平行法进行加工，$\phi40$ 端面铣刀及采用走刀轨迹如图 17-5、图 17-6 所示，平面加工的编程路线如表 17-2 所示。

图 17-5　$\phi40$ 端面铣刀

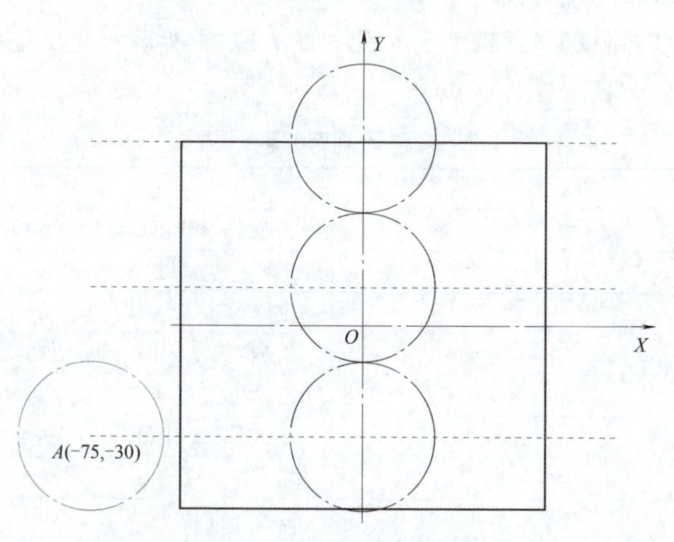

图 17-6　平面加工走刀轨迹

表 17-2 平面加工的编程路线

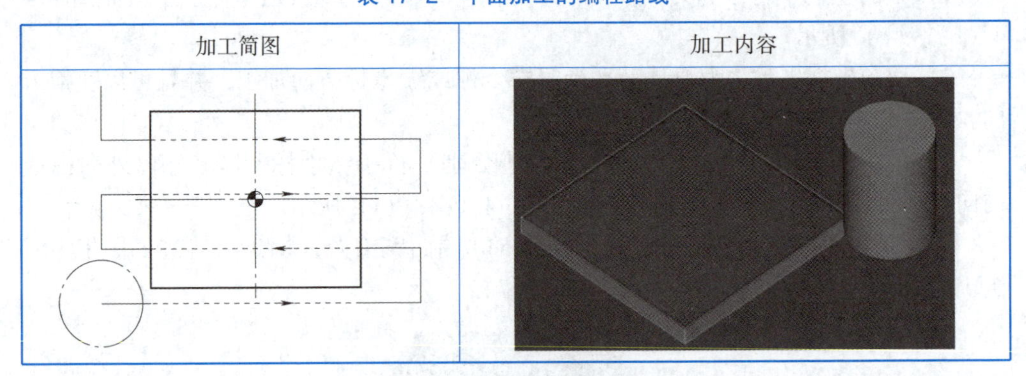

(2) 制定数控加工工序卡片。

本任务加工零件的数控加工工序卡片如表 17-3 所示。

表 17-3 数控加工工序卡片

加工步骤	程序号	加工内容	刀具	切削要素		
				n/(r·min^{-1})	f/(mm·min^{-1})	a_p/mm
1	O0001	粗加工 98 mm×98 mm 轮廓平面	ϕ40 端面铣刀	2 000	200	0.3
2	O0002	精加工 98 mm×98 mm 轮廓平面	ϕ40 端面铣刀	2 600	150	0.1

2. 编制程序与仿真校验

本任务加工零件的平面铣削参考程序如表 17-4 所示，走刀轨迹仿真效果如图 17-7 所示。

表 17-4 平面铣削参考程序

%O0001	备注
G54 G90 G94;	工件坐标系选用 G54，绝对值编程，每分钟进给
M03 S2000;	主轴正转，转速 2 000 r/min
G0 X0 Y0	定位
Z10;	*Z* 方向下刀开始点，可依据实际情况选择
X-75 Y-30;	定刀点
G01 Z-0.3 F200;	控制下刀铣削深度，刀具进给速度
X75	第一刀
Y10;	变换方向
X-75;	第二刀
Y50;	变换方向
X75;	第三刀
G0 Z100;	抬刀
M5;	主轴停止
M30;	程序结束

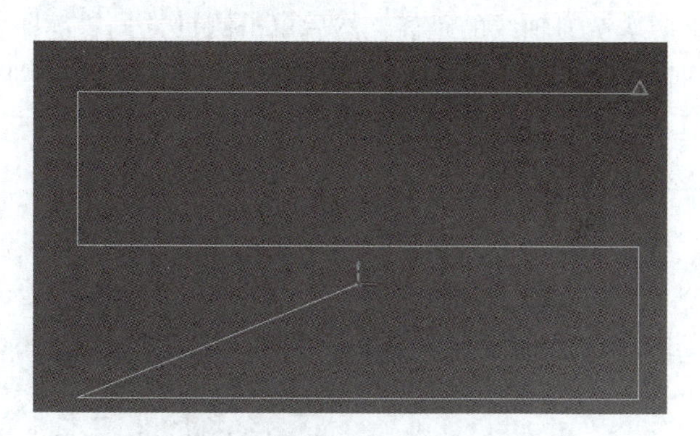

图 17-7　走刀轨迹仿真效果

3. 实践操作

（1）采用平口钳夹持毛坯并校正，确保工件夹紧。

（2）根据加工要求，主轴添加 ϕ40 mm 端面铣刀。

（3）确认工具放置原处。开机，进入 MDI 方式，输入 M03 2000，使主轴正转，按照完成对刀。对刀原理如下：

1）*X* 轴方向上的对刀。

①安装加工时主轴上所需的刀具，在手动工作方式下起动主轴，使主轴中速旋转。

②手动移动铣刀，沿 *X* 轴方向靠近被测边，并使刀具在 *Z* 轴方向靠近工件。

③在步进工作方式下低速移动铣刀，直到铣刀切削刃轻微接触工件侧表面。

④保持 *X* 坐标不变，沿 *Y* 轴方向切削工件被测边。

⑤将此时机床坐标系下的 *X* 坐标值记下来，根据刀具与工件被测边的位置关系加或减刀具半径值，计算结果就是被测边的 *X* 偏置值。

如果刀具在工件被测边左侧，则

X 偏置值=试切被测边所得机床坐标系下的 *X* 坐标值+刀具半径

如果刀具在工件被测边右侧，则

X 偏置值=试切被测边所得机床坐标系下的 *X* 坐标值-刀具半径

2）*Y* 轴方向上的对刀。

Y 轴方向的对刀方法与 *X* 轴方向的对刀方法相似，首先沿 *Y* 轴方向重复相同操作，记下试切被测边在机床坐标系下 *X* 轴方向的坐标值，通过加减刀具半径值得到计算结果，即被测边的 *X* 偏置值。

3）*Z* 轴方向上的对刀。

①手动移动铣刀，使刀具靠近被测工件上表面。

②在步进工作方式下用 0.01 mm/min 低速移动铣刀，直到铣刀切削刃轻微接触工件侧表面。

③保持 *Z* 坐标不变，将此时机床坐标系下的 *Z* 坐标值记下来，即被测边的 *Z* 偏置值。

数控铣床对刀操作

在实践加工中，对于 *X*、*Y* 轴的对刀操作，也可以通过获取

毛坯 X、Y 方向上两次铣刀轴线的距离，然后单击测量方式软键即可完成对刀。同理，对于 Z 轴方向上的对刀，输入 Z0，单击测量按钮即可完成 Z 轴对刀。铣床对刀原理及步骤如图 17-8 所示。

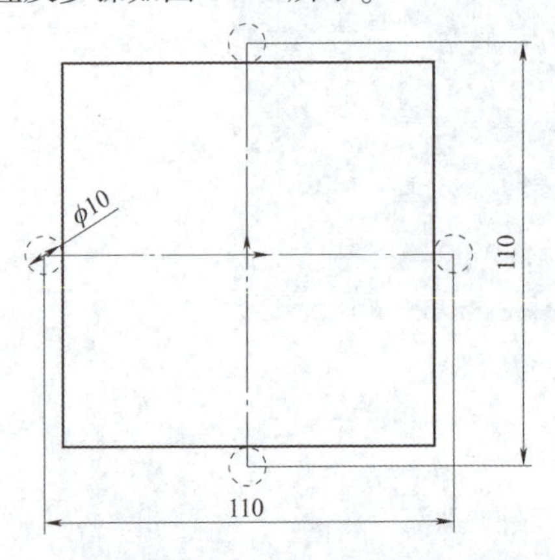

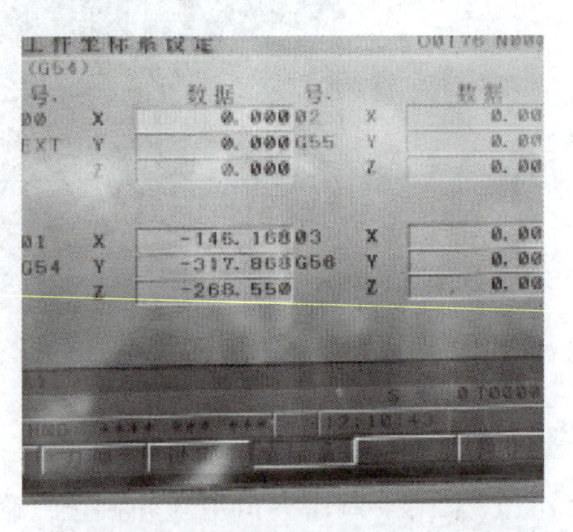

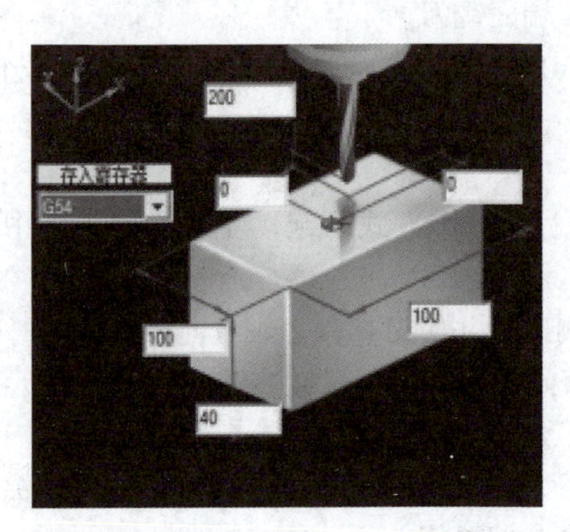

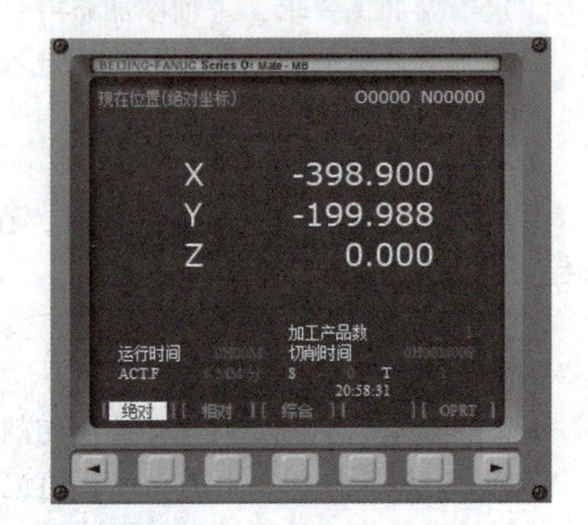

图 17-8　铣床对刀原理及步骤

（4）按照要求，输入程序后，完成本任务零件的加工。

（5）加工完毕，清理卫生，关闭各电源开关，填写完成附录表 1 实践过程记录表。

四、任务测评

见附录表 2 任务评测表。先自己检测完成任务的情况，再与同学互检，合格后交指导教师评分，教师签字后方可进行下一任务的实训。

五、拓展练习

利用上述所学，依据自身情况，试完成图 17-9 所示任意一个零件程序的编写。

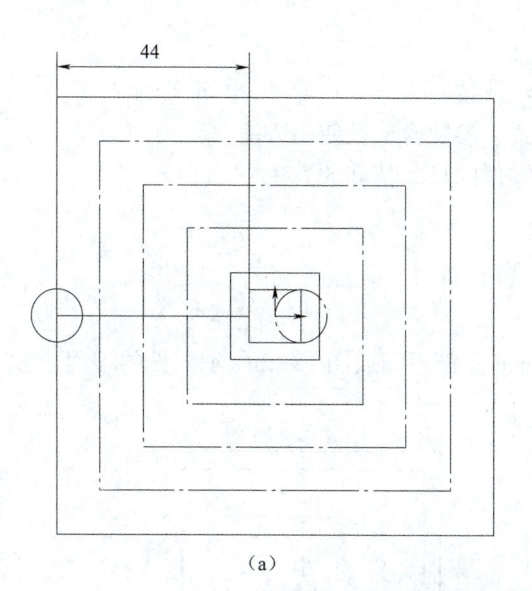

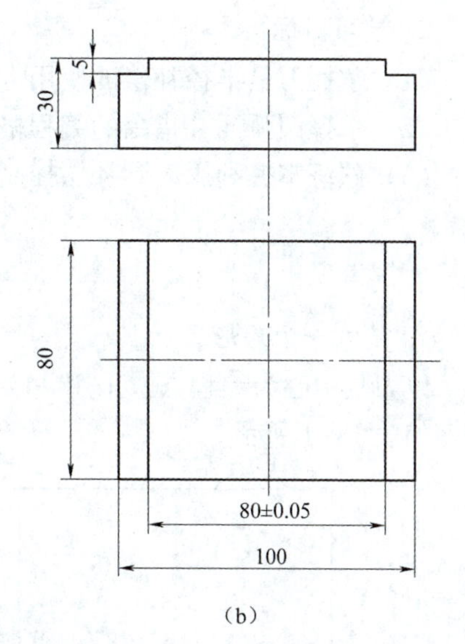

（a） （b）

图 17-9 数控铣床加工平面练习图
（a）基础题；（b）提高题

任务 18 台阶铣削训练

一、工作任务

1. 任务描述

承接某企业的外协加工产品，加工数量为 100，备品率为 5%，废品率不超过 2%，见图 18-1。

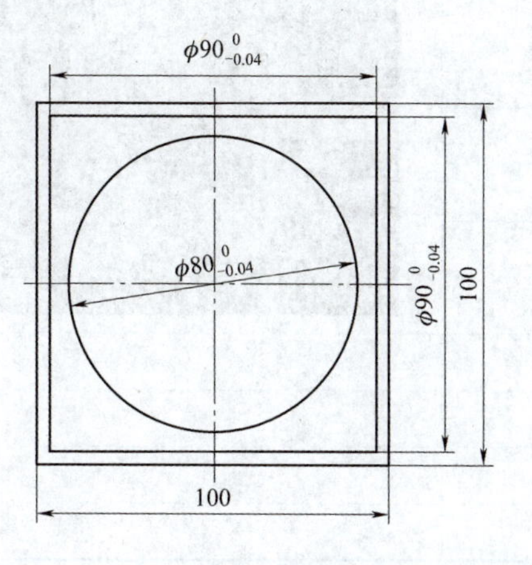

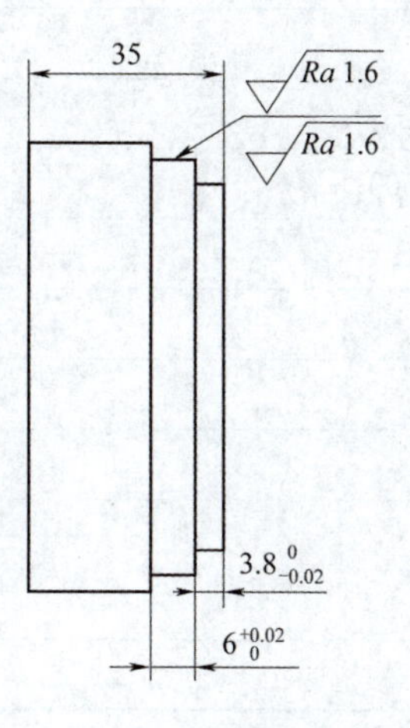

图 18-1 零件图

2. 学习目标

（1）掌握刀具半径补偿的使用方法及技巧。

（2）掌握圆弧插补指令的编程格式、参数含义及使用方法。

（3）熟练掌握利用刀具补偿控制零件的尺寸精度的方法。

二、任务准备

1. 铣削一个矩形

以刀具中心为编程点，采用 ϕ12 mm 立铣刀完成图 18-2 所示零件的编程，参考程序如表 18-1 所示。

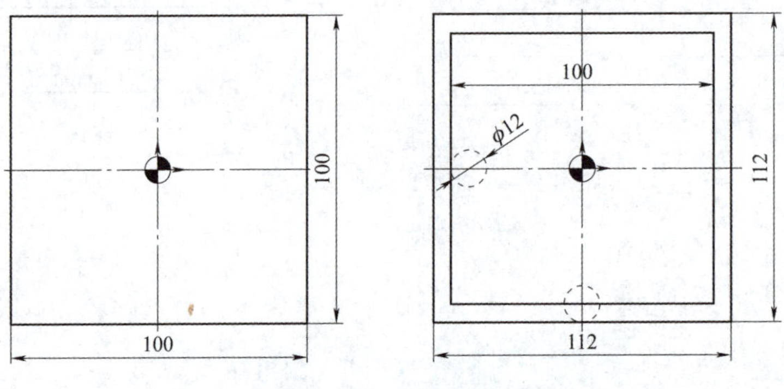

图 18-2　零件图

表 18-1　铣削 100 mm×100 mm 零件参考程序

程序	注释
%O0001；	ϕ12 mm 立铣刀
G90 G94 G54；	走刀轨迹及仿真效果如下：
M3 S2000 G0 X0 Y0；	
Z10；	
G0 X-50 Y-50；	
G01 Z-1 F500；	
Y50 F100；	
X50；	
Y-50；	
X-50；	
G0 Z100；	
M5；	
M30；	

从上述任务可知，在数控机床加工过程中，数控机床所控制的是刀具中心的轨迹。为了得到所需的零件轮廓，在进行外轮廓加工时，刀具中心必须向零件的外侧偏移一

个刀具半径值；同理，内轮廓加工也需要向内偏移一个刀具半径值，如图 18-3 所示，参考程序如表 18-2 所示。

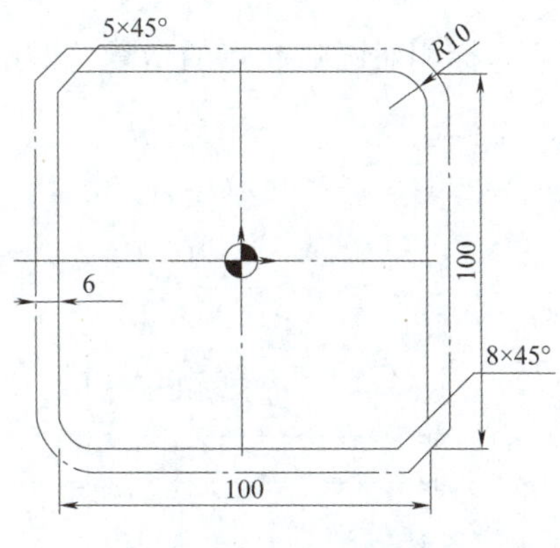

图 18-3　零件图

表 18-2　零件参考程序

程序	注释
…	
G0 X-56 Y-70；	下刀点
G01 Z-1 F500；	
Y56 C5；	
X56 R10；	
Y-56 C8；	
X-56 R10；	
Y0；	
…	

2. 圆弧指令

（1）指令格式。

G17{G02/G03}X_ Y_{(I_ J_)/R_ }F_；

G18{G02/G03}X_ Z_{(I_ K_)/R_ }F_；

G19{G02/G03}Y_ Z_{(J_ K_)/R_ }F_；

圆弧指令的应用如图 18-4 所示。

圆弧判别与加工

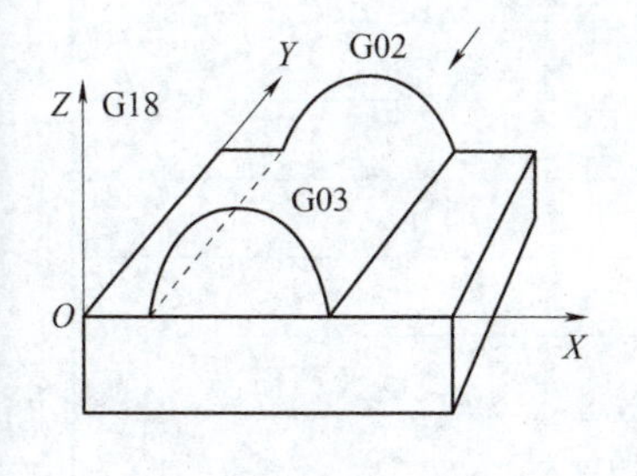

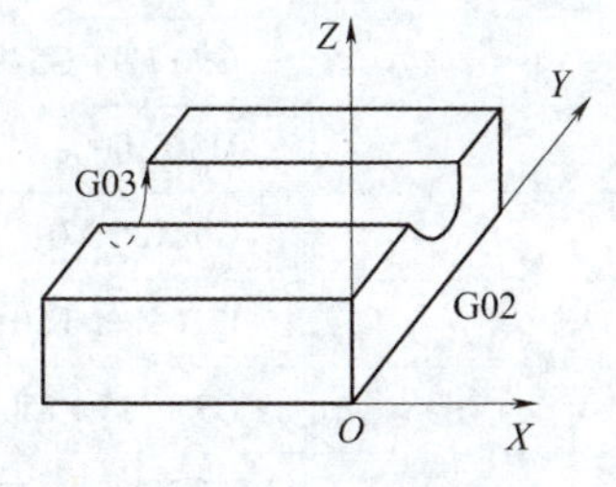

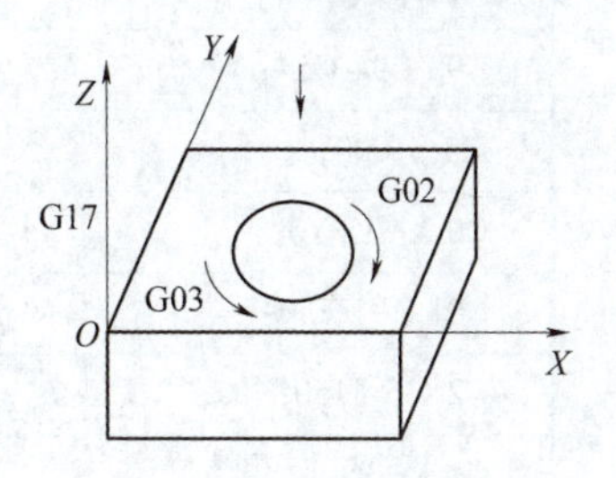

图 18-4　圆弧指令的应用

（2）指令说明。

1）圆弧判别：从垂直于圆弧加工平面第三轴的正方向看到的回转方向，顺时针为 G02，逆时针为 G03。

2）I、J、K：圆弧圆心坐标相对圆弧起点的增量，即用圆心坐标减去圆弧的起点坐标，如图 18-5 所示。

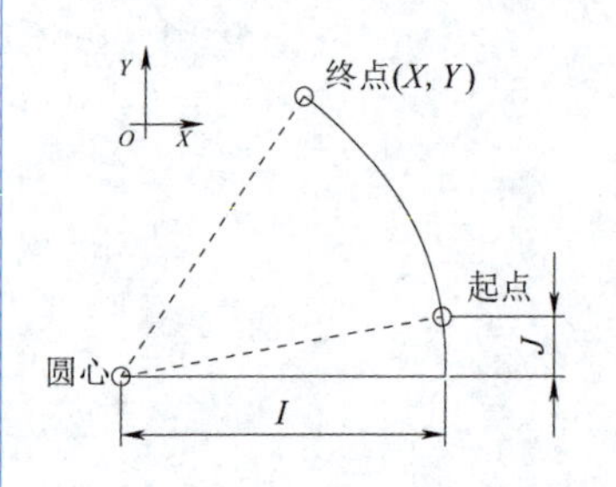

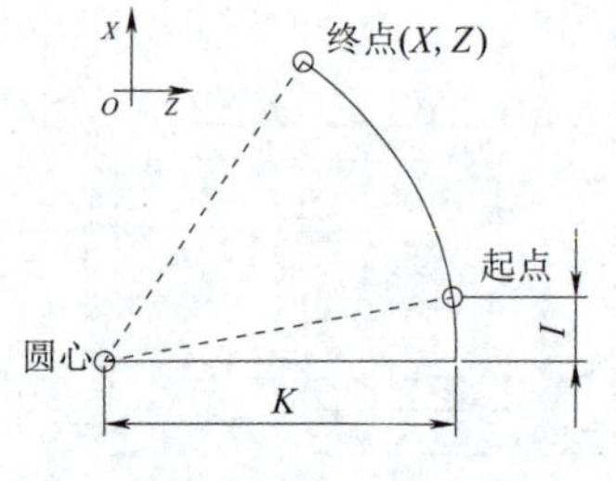

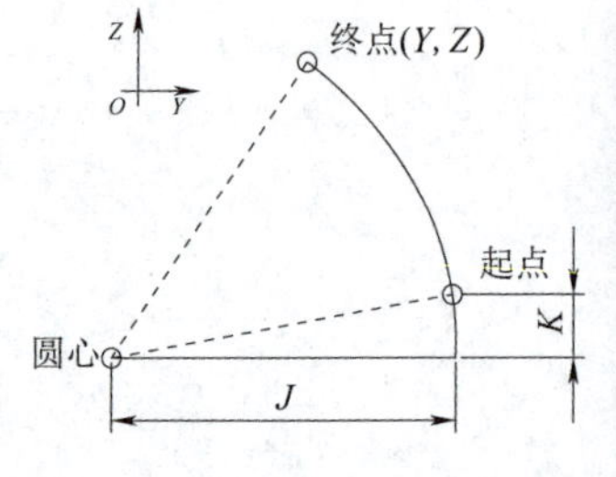

图 18-5　I、J、K 的用法

当圆弧圆心角小于 180°时，*R* 为正值，否则 *R* 为负值。在整圆编程时不可以使用 *R*，只能用 *I*、*J*、*K*，同时编入 *R* 与 *I*、*J*、*K* 时，*R* 有效。

（3）应用案例。

采用 ϕ10 mm 立铣刀，完成图 18-6 所示零件的程序编写，参考程序如表 18-3 所示。

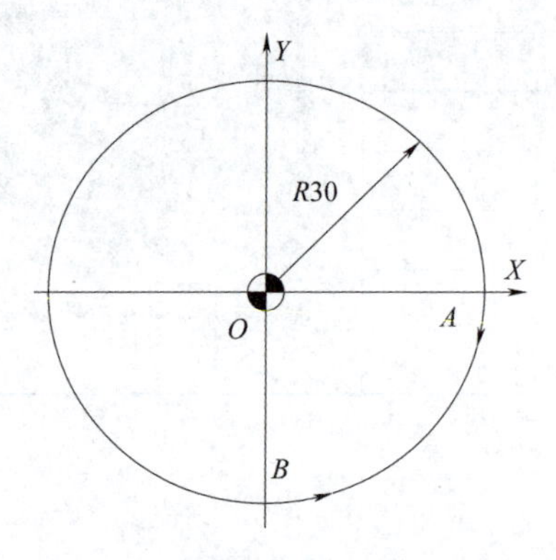

图 18-6　整圆的铣削

表 18-3　铣削整圆的参考程序

铣削外整圆	铣削内整圆
O0001;	O0002;
G90 G94 G54;	G90 G94 G54;
M3 S1000;	M3 S1000;
G0 X-35 Y0;	G0 X25 Y0;
G01 Z-1 F50;	G01 Z-1 F50;
G2 I35 F150;	G3 I-25 F150;
G1 X-36;	G1 X24;

续表

铣削外整圆	铣削内整圆
G0 Z10;	G0 Z10;
M5;	M5;
M30;	M30;

(4) 圆弧的切入和切出案例。

完成图 18-7 所示圆弧的切入和切出，参考程序如表 18-4 所示。

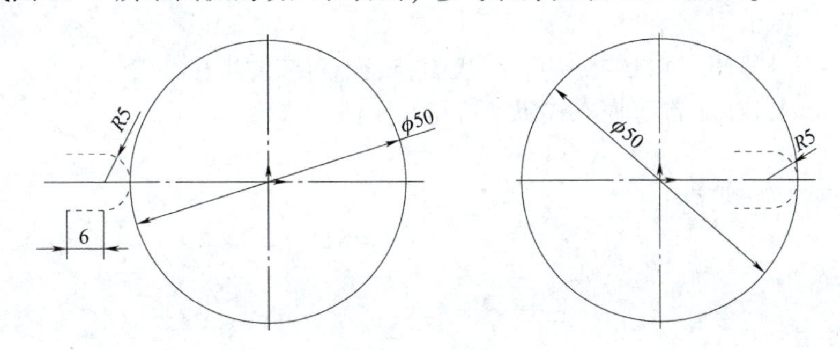

图 18-7　圆弧的切入和切出

表 18-4　圆弧的切入和切出的参考程序

铣削外整圆	铣削内整圆
O0001;	O0002;
G54 G90 G94 G40;	G54 G90 G94 G40;
M03 S2000;	M03 S2000;
G0 X0 Y0 Z10;	G0 X0 Y0 Z10;
G41 G01 X-36 Y-5 D01 F500;	G41 G01 X16 Y-5 D01 F500;
G01 Z-1 F500;	G01 Z-1 F500;
X-30 F200;	X20;
G3 X-25 Y0 R5；圆弧切入	G3 X25 Y0 R5 F200；圆弧切入
G2 I25;	I-25;
G3 X-30 Y5 R5；圆弧切出	X20 Y5 R5；圆弧切出
G01 Z-36;	G01 X16;
G40 G0 Z10;	G40 G0 Z10;
M5;	M5;
M30;	M30;

3. 加工刀具半径补偿

为了加工方便，按零件轮廓编制的程序和预先设定的偏置参数，数控装置能实时自动生成刀具中心轨迹的功能称为刀具半径补偿功能。由此解决刀具的磨损或因

换刀引起的刀具半径变化时，不必重新编程，只需修改相应的偏置参数即可，且粗、精加工只编制一个程序即可，从而大大提高了编程的效率。

(1) 指令格式。

G41/G42 G00/G01 X_ Y_ Z_ D_ ;

G40;

(2) 指令说明。

G41——左刀补（在刀具前进方向左侧补偿），如图 18-8（a）所示；

G42——右刀补（在刀具前进方向右侧补偿），如图 18-8（b）所示；

G40——取消刀具半径补偿；

D——刀补号码（D00~D99），代表刀补表中对应的半径补偿值。

G40、G41、G42 都是模态代码，可相互注销。

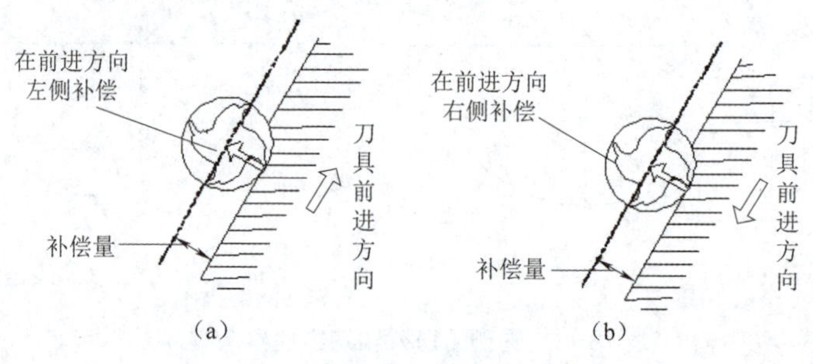

图 18-8　刀具半径补偿

(a) 左刀补；(b) 右刀补

(3) 应用案例。

如图 18-9 所示，试完成零件的编程，参考程序如表 18-5 所示。

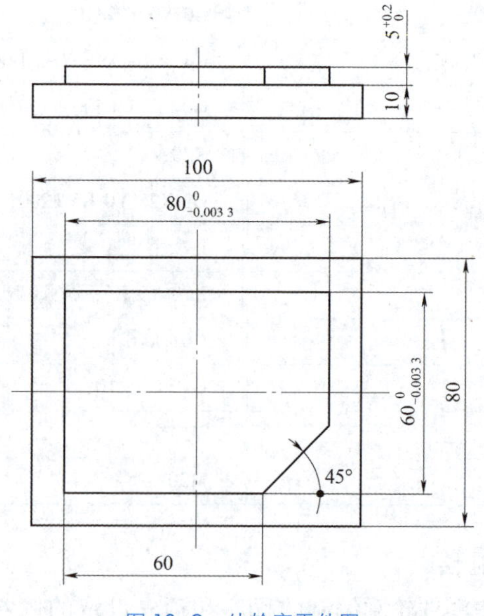

图 18-9　外轮廓零件图

表 18-5　案例参考程序

程序	注释
%O1234;	程序名
G54 G90 G94;	工件坐标系 G54，相对值编程，每分钟进给
M03 S3000;	主轴正转，转速 3 000 r/min
G0 X0 Y0 Z10;	定位
G41 X-40 Y-50 D01 F500;	建立刀补
Z-5 F200;	1(-40,-30) 2(20,-30) 3(40,-10) 4(40,30) 5(-40,30)
Y30;	
X40;	
Y-10;	
X20 Y-30;	
X-50;	
G40 G0 Z100;	取消刀补
M5;	主轴停止
M30;	程序结束

三、任务实施

1. 工艺分析

（1）分析编程路线。

见图 18-9，首先，采用完成 90 mm×90 mm 的矩形加工，然后完成ϕ80 mm 外整圆的加工，最后，在手动方式下，去除残料，平面的编程路线如表 18-6 所示。

表 18-6　平面的编程路线

序号	加工简图	加工内容
1		加工 90 mm×90 mm 的矩形，深度为 9. 8 mm
2		加工 ϕ80 mm 的外整圆，深度为 3. 8 mm

续表

序号	加工简图	加工内容
3		手动方式下，去除残料

（2）制定加工工序卡片。

铣削矩形零件的数控加工工序卡片如表 18-7 所示。

表 18-7　数控加工工序卡片

加工步骤	程序号	加工内容	刀具	切削要素		
				n/（r·min^{-1}）	f/（mm/min^{-1}）	a_p/（mm）
1		加工平面	ϕ80 端面铣刀	1 000	100	0.2
2	O0001	粗加工 90 mm×90 mm 矩形轮廓	ϕ12 立铣刀	2 000	200	2
3	O0001	精加工 90 mm×90 mm 矩形轮廓	ϕ12 立铣刀	3 000	200	0.1
4	O0002	粗加工 ϕ80 整圆	ϕ12 立铣刀	2 600	150	0.1
5	O0002	精加工 ϕ80 整圆	ϕ12 立铣刀	3 000	150	0.1

2. 铣削矩形编制程序与仿真校验

铣削矩形零件的参考程序如表 18-8、表 18-9 所示。

表 18-8　矩形轮廓加工的参考程序

程序	注释
%O0001;	程序名
G54 G90 G94;	工件坐标系选用 G54，绝对值编程，每分钟进给
M03 S2000;	主轴正转，转速 2 000 r/min
G0 X0 Y0;	定位
Z10;	
G41 G00 X-45 Y-60 D01 F500;	建立刀补
Z-9.8;	
G1 Y45 F200;	
X45;	
Y-45;	
X-60;	
G0 Z100;	

续表

程序	注释
G40 X0 Y0;	取消刀补
M5;	主轴停止
M30;	程序结束

表 18-9　ϕ80 外整圆加工的参考程序

程序	注释
%O0002;	程序名
G54 G90 G94 G40;	工件坐标系选用 G54，绝对值编程，每分钟进给
M03 S2000;	主轴正转，转速 2 000 r/min
G0 X0 Y0 Z10;	定位
G41 G01 X-52 Y-7 D01 F500;	建立左刀补
G01 Z-1 F500;	
X-47F200;	
G3 X-40 Y0 R7;	
G2 I40;	
G3 X-47 Y7 R7;	
G01 X-52;	
G0 Z100;	
G40 X0 Y0;	取消刀补
M5;	主轴停止
M30;	程序结束

3. 实践操作

（1）采用平口钳夹持毛坯并校正，确保工件夹紧。

（2）根据加工要求，主轴依次添加不同铣刀。

（3）确认工具放置原处。开机，进入 MDI 方式，输入 M03 2000，使主轴正转完成对刀。

（4）按照要求，输入程序完成台阶零件的加工。

（5）加工完毕，清理卫生，关闭各电源开关，填写完成附录表 1 实践过程记录表。

四、任务测评

见附录表 2 任务评测表。先自己检测完成任务的情况，再与同学互检，合格后交指导教师评分，教师签字后方可进行下一任务的实训。

五、拓展练习

利用上述所学，依据自身情况，试完成图 18-10 所示任意一个零件程序的编写。

（1）毛坯尺寸为 200 mm×110 mm×40 mm 的板料。

（2）工件坐标系点 O 为原点，对刀时 X84、Y54，或者 X-6、Y-6。

（3）顺铣方式，ϕ12 mm 立铣刀。

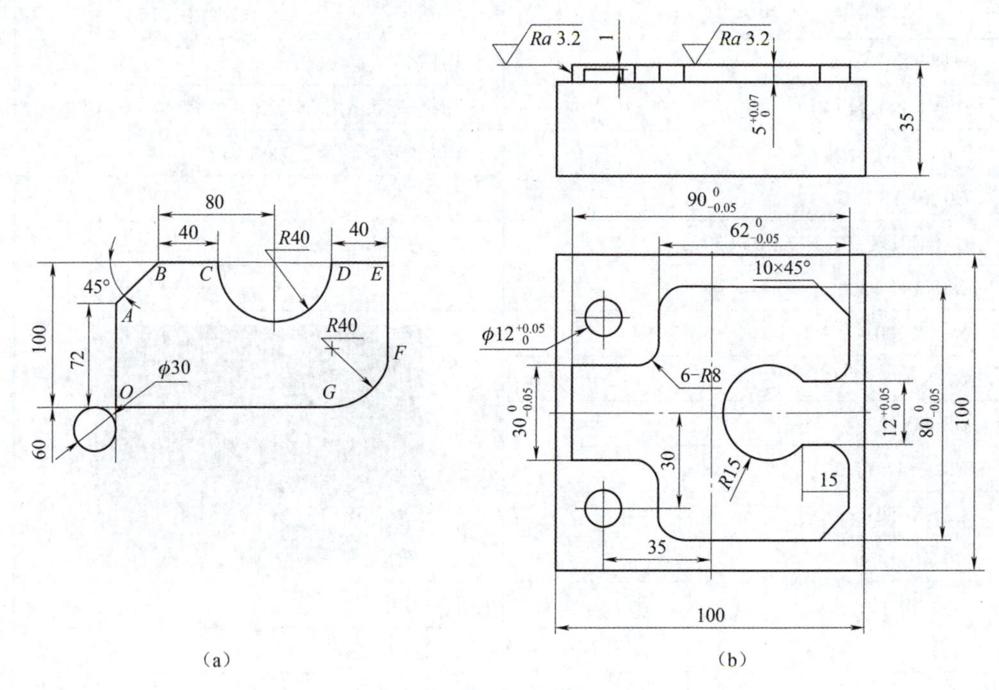

图 18-10　平面轮廓类零件

（a）基础题；（b）提高题

任务 19　型腔铣削训练

一、工作任务

1. 任务描述

承接某企业的外协加工产品，加工数量为 180，备品率为 5%，废品率不超过 2%，见图 19-1。

2. 学习目标

（1）掌握内轮廓铣削时进、退刀点的选择，掌握型腔的加工方法。

（2）能熟练利用刀具补偿控制零件的尺寸精度。

（3）明确操作规范和实训室使用规范，使学生养成良好的职业习惯。

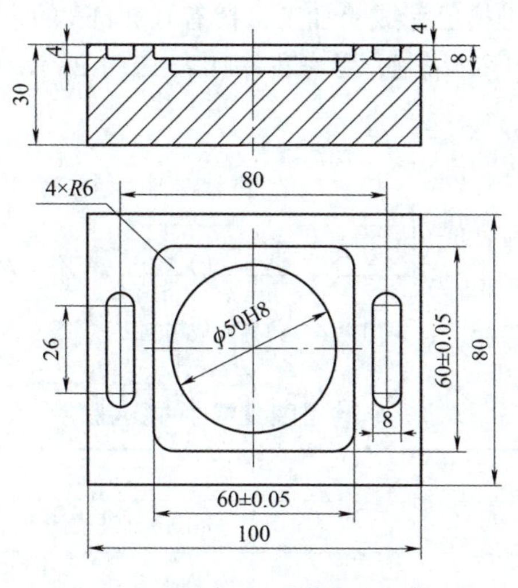

型腔铣削训练

图 19-1　零件图

二、任务准备

1. 键槽的加工工艺

（1）键槽的粗加工。

粗加工选用与键槽宽度尺寸相同的刀，按照下刀方式分为垂直下刀和斜插式下刀两种，如图 19-2 所示。

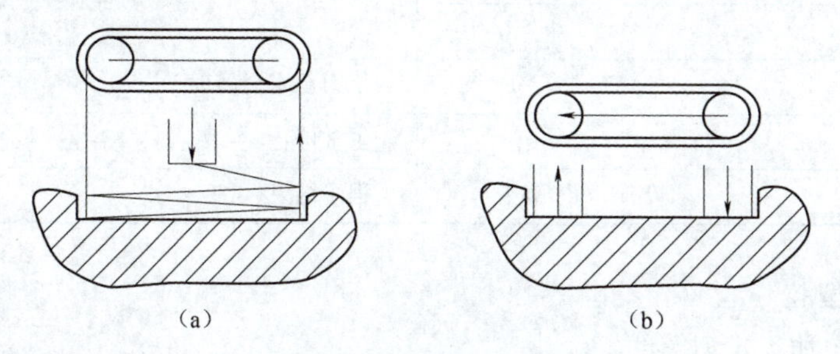

图 19-2　键槽的粗加工方式

（a）斜插式下刀；（b）垂直下刀

（2）键槽的精加工。

精加工时刀具直径要选择小于键槽宽度尺寸的，一般采用顺铣，精加工轨迹如图 19-3 所示。

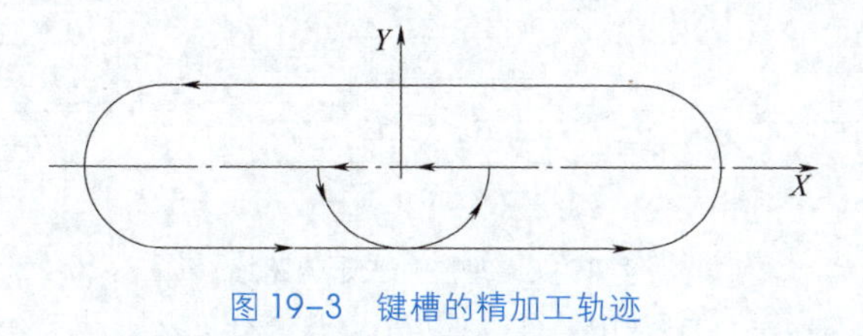

图 19-3　键槽的精加工轨迹

学习笔记

（3）编程案例。

如图 19-4 所示，键槽已完成粗加工，留有 0.2 mm 的余量，选用 ϕ10 mm 键槽铣刀，试完成精加工程序的编制，参考程序如表 19-1 所示。

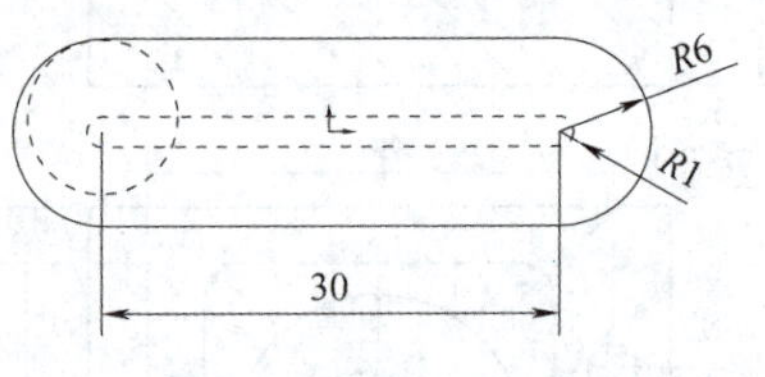

图 19-4　键槽完成粗加工

表 19-1　铣削键槽零件的参考程序

程序	注释
%O0001;	ϕ10 mm 键槽铣刀
G90 G94 G54;	走刀轨迹及仿真效果如下：
M3 S1000;	
G0 X-15 Y1;	
G01 Z-1 F50;	
G3 X-15 Y-1 R1 F100;	
G01 X15;	
G3 Y1 R1;	
G1 X-15;	
Y0;	
G0 Z100;	抬刀至安全高度
M5;	主轴停止
M30;	程序结束

2. 加工型腔

（1）型腔加工走刀路线。

型腔加工走刀路线一般方法为行切法、环切法以及综合切削法，如图 19-5 所示。

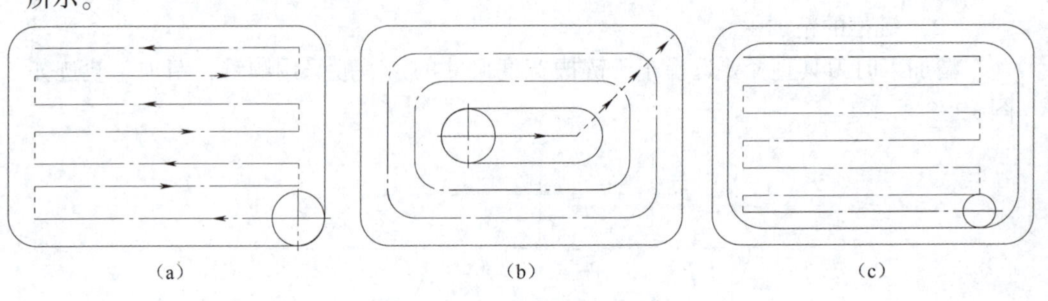

图 19-5　型腔加工走刀路线

（a）行切法；（b）环切法；（c）综合切削法

（2）型腔的加工工艺。

1）型腔下刀方式为键槽铣刀直接下刀；钻头钻孔，换立铣刀；螺旋下刀或者斜插式下刀。

2）型腔加工分为三步：型腔内部去余量、型腔轮廓粗加工、型腔轮廓精加工，如图 19-6 所示。

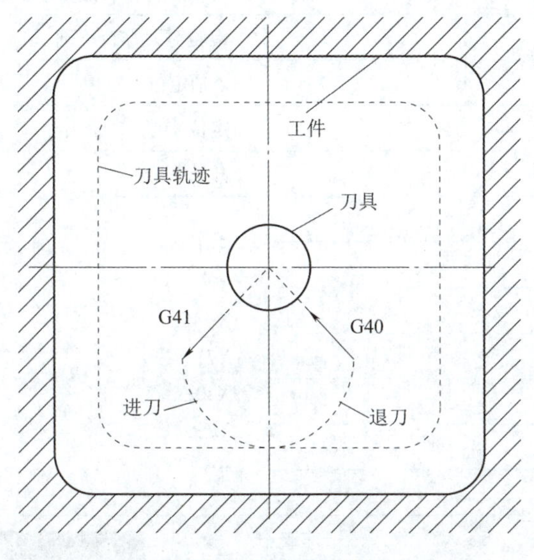

型腔轮廓加工

图 19-6　型腔加工步骤

（3）应用案例。

采用 ϕ10 mm 立铣刀，完成图 19-1 中矩形 60 mm×60 mm 轮廓去残料的程序编写，两种走刀轨迹方法如图 19-7 所示。

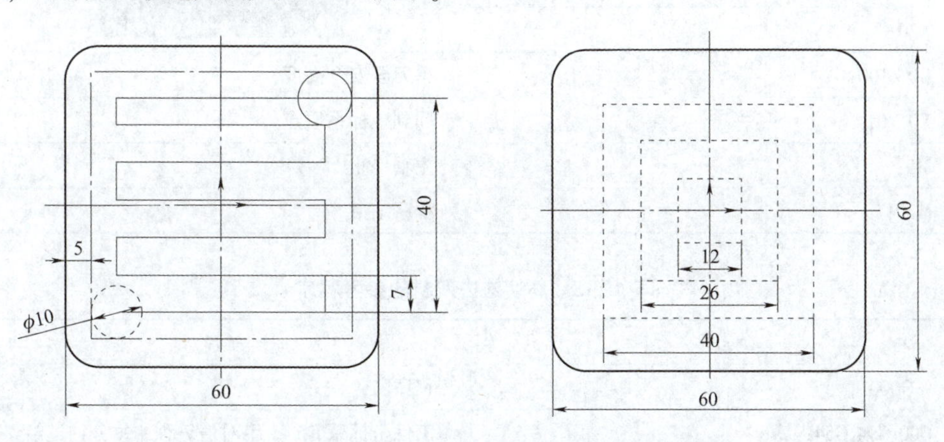

图 19-7　矩形 60 mm×60 mm 轮廓去残料两种走刀轨迹

（a）行切法；（b）环切法

采用行切法去残料的参考程序如表 19-2 所示；采用环切法去残料的参考程序如表 19-3 所示。

表 19-2　行切法去残料的参考程序

程序	注释
%O0001;	程序名
G90 G94 G54;	工件坐标系 G54，绝对值编程，每分钟进给
M3 S800;	主轴正转，转速 800 r/min
G0 X0 Y0;	检验对刀是否正确
Z2;	Z 轴定位
X-20 Y-20;	定位
G01 Z-2 F50;	开始下刀
X20 F150;	G91 X40;　　相对值编程 Y7; X-40; Y7; X40; Y7; …
Y-13;	
X-20;	
Y-6;	
X20;	
Y1;	
X-20;	
Y8;	
X20;	
Y15;	
X-20;	
Y20;	
X20;	
G0 Z100;	抬刀至安全高度
X0 Y0;	回到坐标系原点
M5;	主轴停止
M30;	程序结束

表 19-3　环切法去残料的参考程序

程序	注释
%O0001;	程序名
G90 G94 G54;	工件坐标系 G54，绝对值编程，每分钟进给
M3 S800;	主轴正转，转速 800 r/min
G0 X0 Y0;	检验对刀是否正确
Z2;	Z 轴定位
X6 Y6;	X、Y 轴定位
G01 Z-2 F50;	开始下刀

学习笔记

续表

程序	注释
X-6 F200；	仿真走刀轨迹：
Y-6；	
X6；	
Y6；	
X13 Y13；	
X-13；	
Y-13；	
X13；	仿真走刀轨迹：
Y13；	
X20 Y20；	
X-20；	
Y-20；	
X20；	
Y20；	
G0 Z10；	抬刀至安全高度
X0 Y0；	回到坐标系原点
M5；	主轴停止
M30；	程序结束

三、任务实施

1. 工艺分析

（1）分析编程路线，平面的编程路线如表 19-4 所示。

表 19-4　平面的编程路线

序号	加工简图	加工内容
1		铣削平面

续表

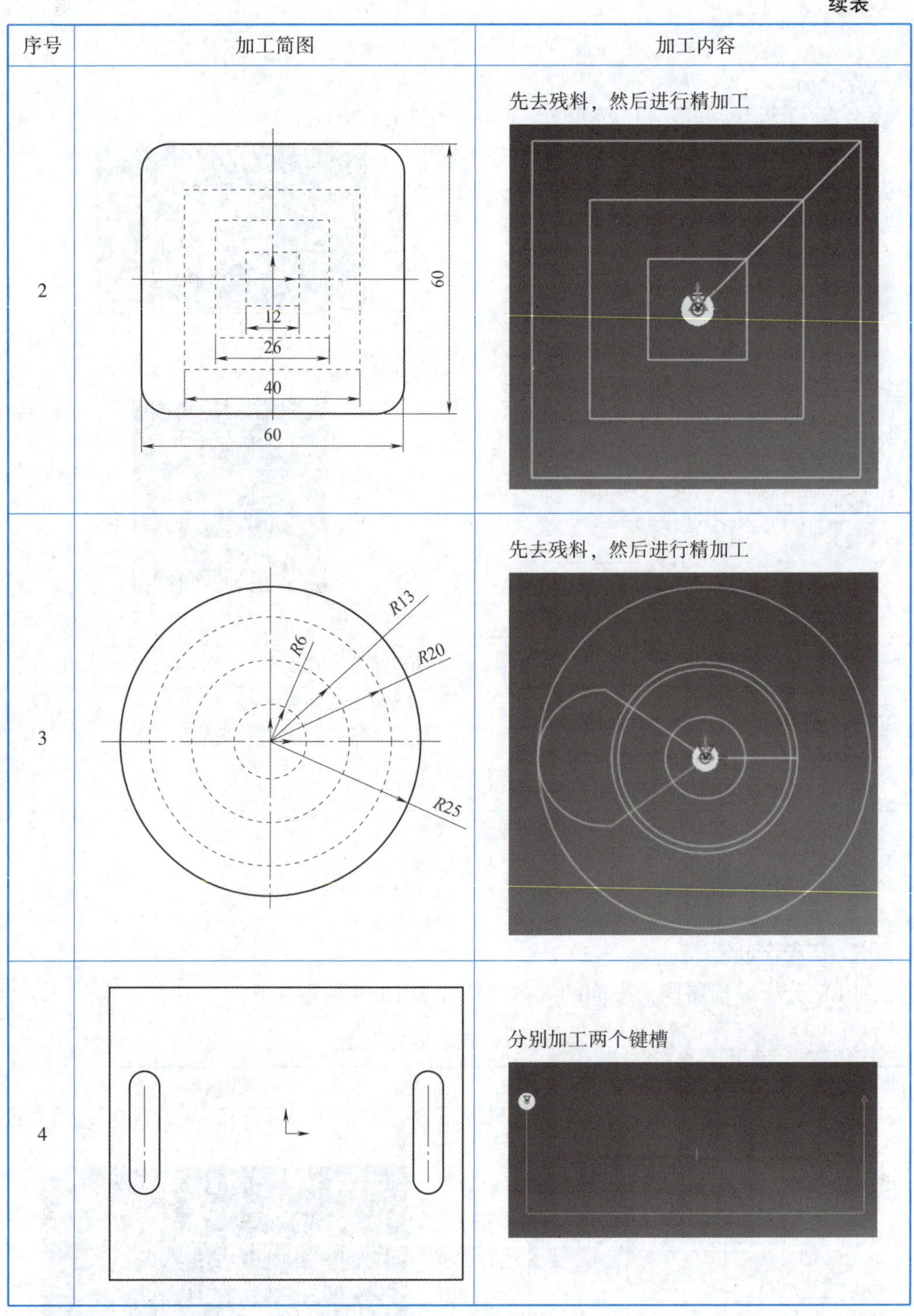

序号	加工简图	加工内容
2	12 26 40 60 60	先去残料，然后进行精加工
3	R6 R13 R20 R25	先去残料，然后进行精加工
4		分别加工两个键槽

（2）制定加工工序卡片。

图 19-1 所示零件的数控加工工序卡片如表 19-5 所示。

表 19-5　数控加工工序卡片

加工步骤	程序号	加工内容	刀具	切削要素		
				s/(r·min^{-1})	f/(mm·min^{-1})	a_p/mm
1	O0001	粗加工 60 mm×60 mm 型腔	ϕ12 键槽铣刀	800	120	2
2	O0002	精加工 60 mm×60 mm 型腔	ϕ12 立铣刀	1 000	100	0. 1
3	O0003	粗加工 ϕ50 mm 内圆	ϕ12 键槽铣刀	800	120	2
4	O0004	精加工 ϕ50 mm 内圆	ϕ12 立铣刀	1 000	100	0. 1
5	O0005	R4 键槽的加工	ϕ8 键槽铣刀	800	120	2

2. 编制程序与仿真校验。

图 19-1 所示零件的参考程序如表 19-6 所示。

表 19-6　零件的参考程序

程序	注释
%O0002;	程序名
G54 G90 G94;	工件坐标系选用 G54，绝对值编程，每分钟进给
M03 S2000;	主轴正转，转速 2 000 r/min
G0 X0 Y0;	定位
Z10;	
G41 G01 X-20 Y10 D01 F500;	走刀轨迹如下： 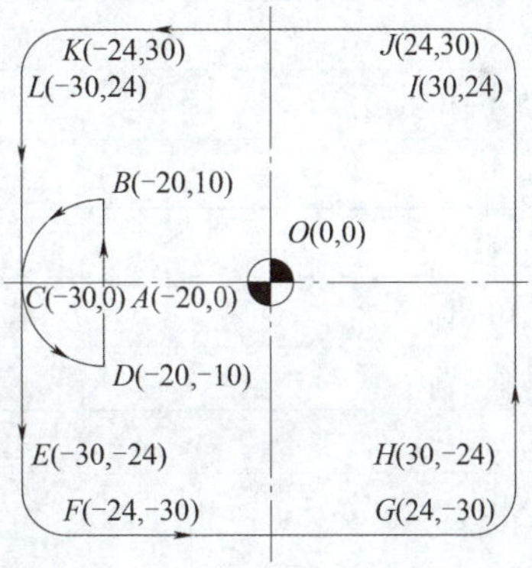 K(-24,30) J(24,30) L(-30,24) I(30,24) B(-20,10) O(0,0) C(-30,0) A(-20,0) D(-20,-10) E(-30,-24) H(30,-24) F(-24,-30) G(24,-30)
Z-2 F50;	
G3 X-30 Y0 Z0 R10 F120;	
G01 Y-30 R6 F200;	
X30 R6;	
Y30 R6;	
X-30 R6;	
Y0;	
G3 X-20 Y-10 R10;	
G01 X-18;	
G0 Z100;	抬刀至安全高度
G40 X0 Y0;	取消刀补
M5;	主轴停止
M30;	程序结束
%O0003;	程序名
G90 G94 G54;	工件坐标系选用 G54，绝对值编程，每分钟进给

学习笔记

续表

程序	注释
M3 S800 G0 X0 Y0 Z2;	主轴正转，转速 800 r/min
G01 Z-2 F50;	依次控制下刀深度
X6 F120;	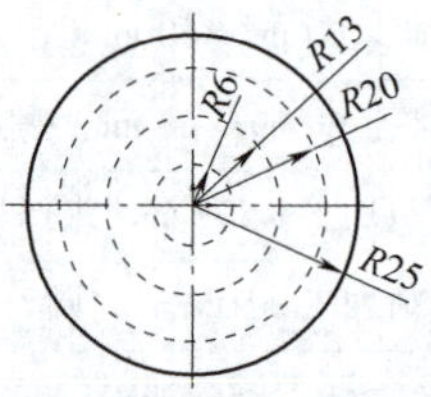 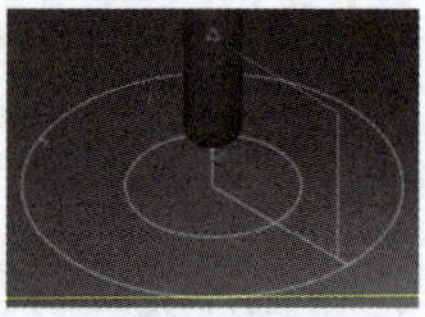
G3 I-6;	
G1 X13;	
G3 I-13;	
G1 X12;	
G0 Z100;	抬刀至安全高度
X0 Y0;	回到坐标系原点
M5;	主轴停止
M30;	程序结束
%O0004;	程序名
G90 G94 G54;	工件坐标系选用 G54，绝对值编程，每分钟进给
M3 S1000 G0 X0 Y0;	主轴正转，转速 1 000 r/min
Z2;	定位
G1 Z-2 F100;	开始下刀
G41 G1 X-15 Y10 D01;	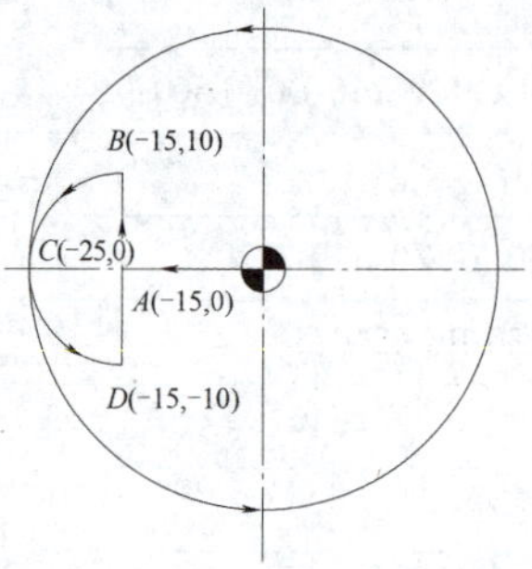
G3 X-25 Y0 R10;	
I25;	
X-15 Y-10 R10;	
X-14;	
G0 Z100;	
G40 X0 Y0;	
M5;	主轴停止
M30;	程序结束
%O0005;	程序名
G90 G94 G54;	工件坐标系选用 G54，绝对值编程，每分钟进给
M3 S800 G0 X0 Y0;	主轴正转，转速 8 000 r/min
Z10;	
G0 X-40 Y13;	定位
G01 Z-1 F50;	依次控制 Z 轴的切削深度
Y-13 F120;	加工左端键槽
G0 Z2;	抬刀
X40;	定位

续表

程序	注释
G01 Z-1 F50;	依次控制 Z 轴的切削深度
Y13;	加工右端键槽
G0 Z100;	回到坐标系原点
M5;	主轴停止
M30;	程序结束

3. 实践操作

（1）零件加工步骤。

1）按照工具、刀具、量具清单领取相应的工具、刀具、量具。

2）开机上电，包括机床电源及操作面板电源。

3）复位并返回机床参考点。

4）装夹工件毛坯。

5）装夹刀具并找正。

6）对刀，建立工件坐标系。

7）输入程序。

8）校验程序。

9）加工零件。

10）测量零件。

11）校正刀具磨损值。

12）零件加工合格后，对机床进行相应的清理及保养。

13）按照工具、刀具、量具清单归还相应的工具、刀具、量具。

14）填写工作日志并关闭操作面板及机床电源。

（2）零件加工注意事项。

1）一定要严格按照零件加工步骤进行操作。

2）切记先对刀，然后输入程序再进行程序校验。

3）运行程序时先用单段方式进行，起刀点或循环起点无误的情况下方可切换到行模式。

4）在加工过程中，注意将防护罩关闭。

5）出现紧急情况马上按下急停按钮。

6）注意进给倍率的控制。

四、任务测评

见附录表 2 任务评测表。先自己检测完成任务的情况，再与同学互检，合格后交指导教师评分，教师签字后方可进行下一任务的实训。

五、拓展练习

利用上述所学，依据自身情况，试完成图 19-8 所示任意一个零件程序的编写。

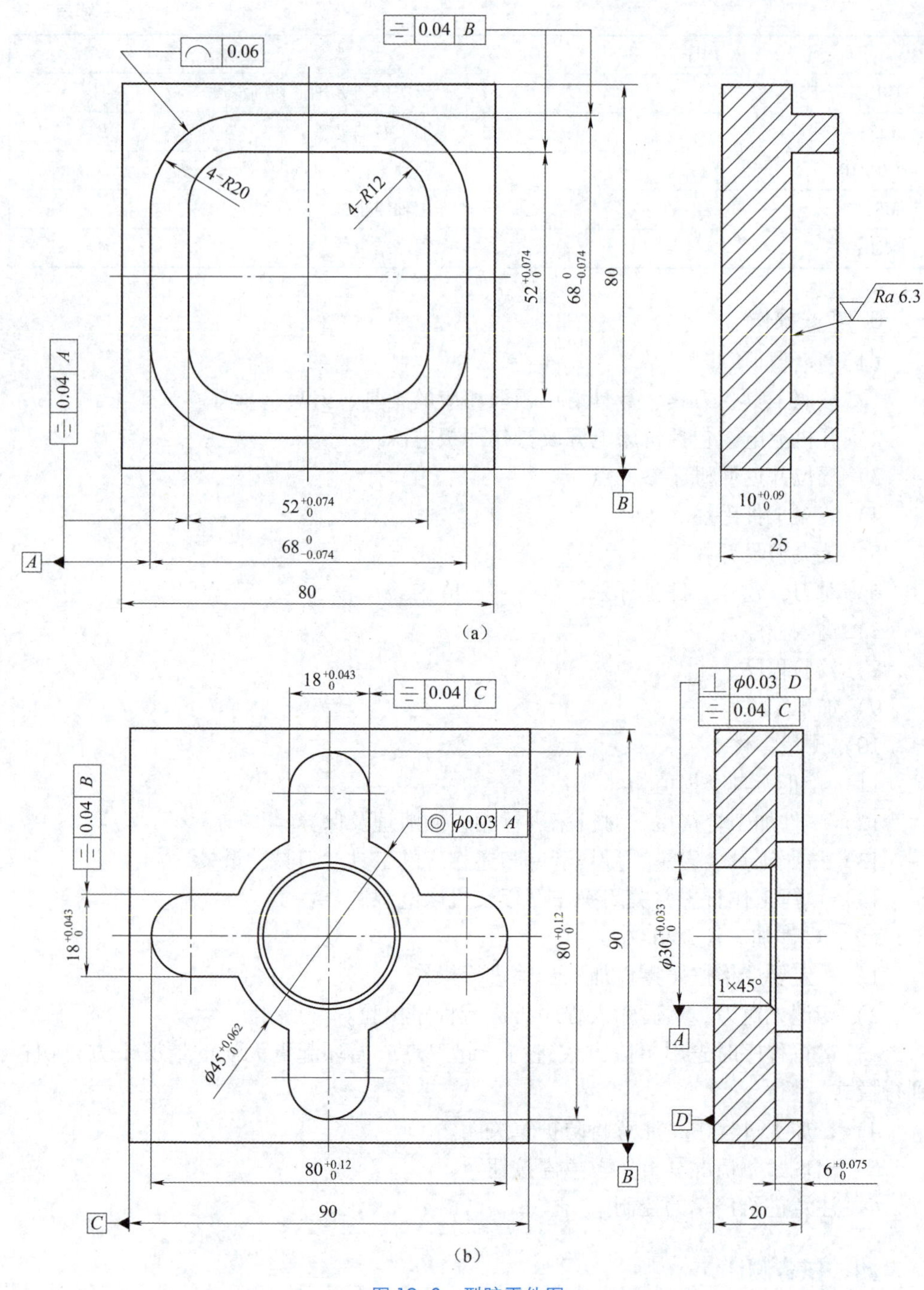

图 19-8 型腔零件图

（a）基础题；（b）提高题

小提示：在控制深度方向时，控制每次下刀深度为 2 mm，采用调用子程序的方式完成深度方向上内轮廓的加工。

学习笔记

项目五　综合类零件的加工

项目描述

零件的铣削加工中会出现相同元素的对称加工、旋转加工和缩放加工，本项目通过典型任务的学习，掌握数控编程中镜像功能指令、旋转功能指令和缩放功能指令的作用及编程方法等，以便更好地加工复杂零件。

对孔系零件进行加工，通过学习进一步掌握数控铣床系统操作面板的使用方法和程序编制方法，尤其应熟练掌握数控铣床加工孔系零件的方法，并使用固定循环指令进行编程。

对适合数控铣床加工的综合零件进行分析和加工，通过学习进一步熟悉数控铣床编程方法、步骤及指令的灵活应用；熟练操作数控铣床，包括对刀、程序编辑及输入、刀补设置、程序校验、零件加工、故障排除等。

任务20　简化编程铣削训练

一、工作任务

1. 任务描述

承接某企业的外协加工产品，加工数量为180，备品率为5%，废品率不超过2%，见图20-1。

2. 学习目标

（1）熟悉镜像、旋转、缩放等简化编程指令的格式与用法。

（2）能熟练利用简化编程指令完成对应零件的编程与加工。

（3）明确操作规范和实训室使用规范，使学生养成良好的职业习惯。

二、任务准备

1. 镜像命令

（1）指令格式。

G51.1 X Y;

……

G50.1 X Y;

简化编程铣削训练

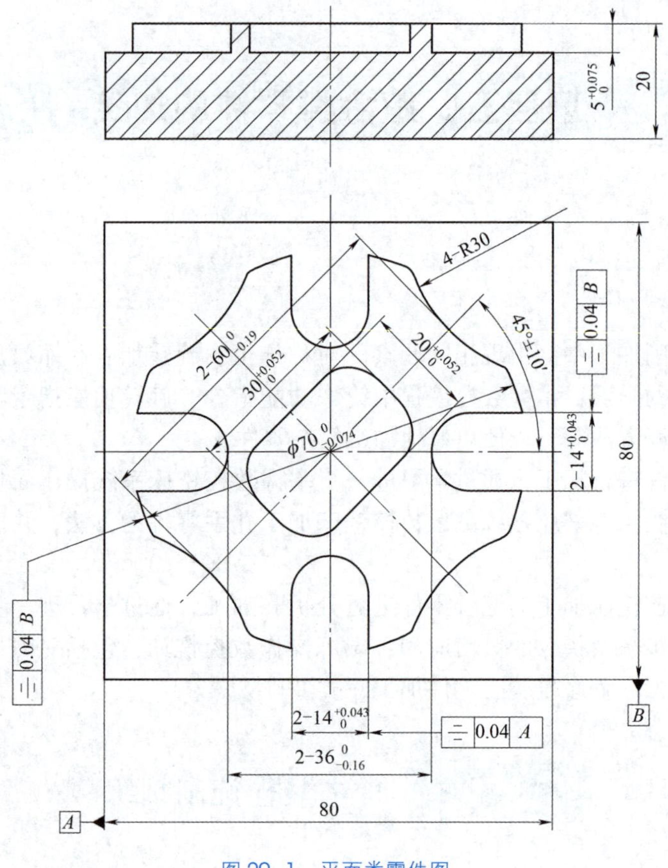

图 20-1　平面类零件图

（2）指令说明。

G51. 1——开启镜像功能；

G50. 1——关闭镜像；

X、Y——指定镜像对称中心的位置或对称轴位置。

如图 20-2 所示，1 和 2 关于 *Y* 轴对称或镜像，G51. 1 X0；

1 和 4 关于 *X* 轴对称或镜像，G51. 1 Y0；

1 和 3 关于原点镜像，G51. 1 X0 Y0；G50. 1 X0 Y0；为取消镜像

（3）编程案例。

如图 20-3 所示，选用 ϕ12 mm 键槽铣刀，试完成精加工程序编制，参考程序如表 20-1 所示。

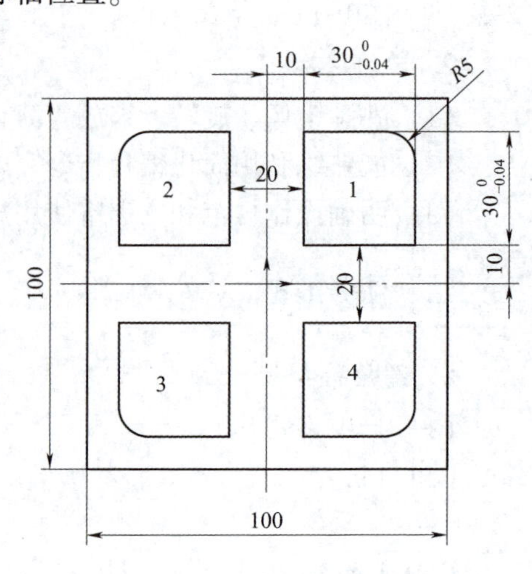

图 20-2　镜像指令练习题

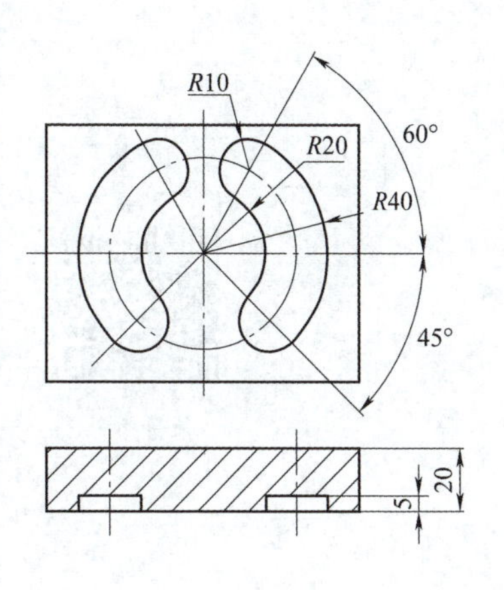

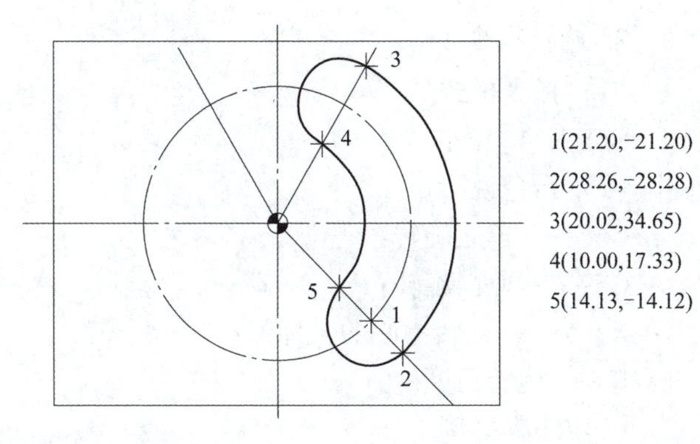

图 20-3　键槽零件加工

表 20-1　铣削键槽零件的参考程序

程序	注释
%O0001;	ϕ10 mm 键槽铣刀，主程序
G90 G94 G54 G40;	
M3 S1000;	
G50. 1 X0 Y0;	走刀轨迹及仿真效果如下：
G0 X0 Y0;	
Z10;	
M98 P0002;	
G50. 1 X0 Y0;	
G51. 1 X0;	
M98 P0002;	
G50. 1 X0 Y0;	
M5;	
M30;	
%O0002;	子程序
G00 X21. 20 Y-21. 20;	
G01 Z-5 F200;	
G41 X28. 26 Y-28. 26 D1;	
G03 X20 Y34. 65 R40;	
G03 X10 Y17. 33 R10;	
G02 X14. 13 Y-14. 12 R20;	
G03 X28. 26 Y-28. 26 R10;	
G00 Z100;	
G40 X0 Y0;	
M99;	

学习笔记

2. 旋转指令

（1）指令格式。

G68 X_Y_R_；

（2）指令说明。

旋转指令

G68——建立旋转；

G69——取消旋转；

X、Y——旋转中心的坐标值；

R——旋转角度。

（3）编程案例。

采用旋转指令完成图 20-2 所示镜像指令的参考程序，如表 20-2 所示。

表 20-2 旋转指令的参考程序

程序	注释
%O0001；	程序名
G90 G94 G40；	相对值编程、每分钟进给
G54 M3 S2000；	主轴正转，转速 2 000 r/min
G68 X0 Y0 R45；	工件坐标旋转 45°
G41 G01 X-30 Y-30 D01 F500；	
Z-1 F200；	
Y20；	
X30；	
Y-20；	
X-32；	
G0Z 100；	
G40 X0 Y0；	
M5；	主轴停止
M30；	程序结束

三、任务实施

1. 工艺分析

（1）分析编程路线。

图 20-1 所示平面类零件的编程路线如表 20-3 所示。

表 20-3　平面类零件的编程路线

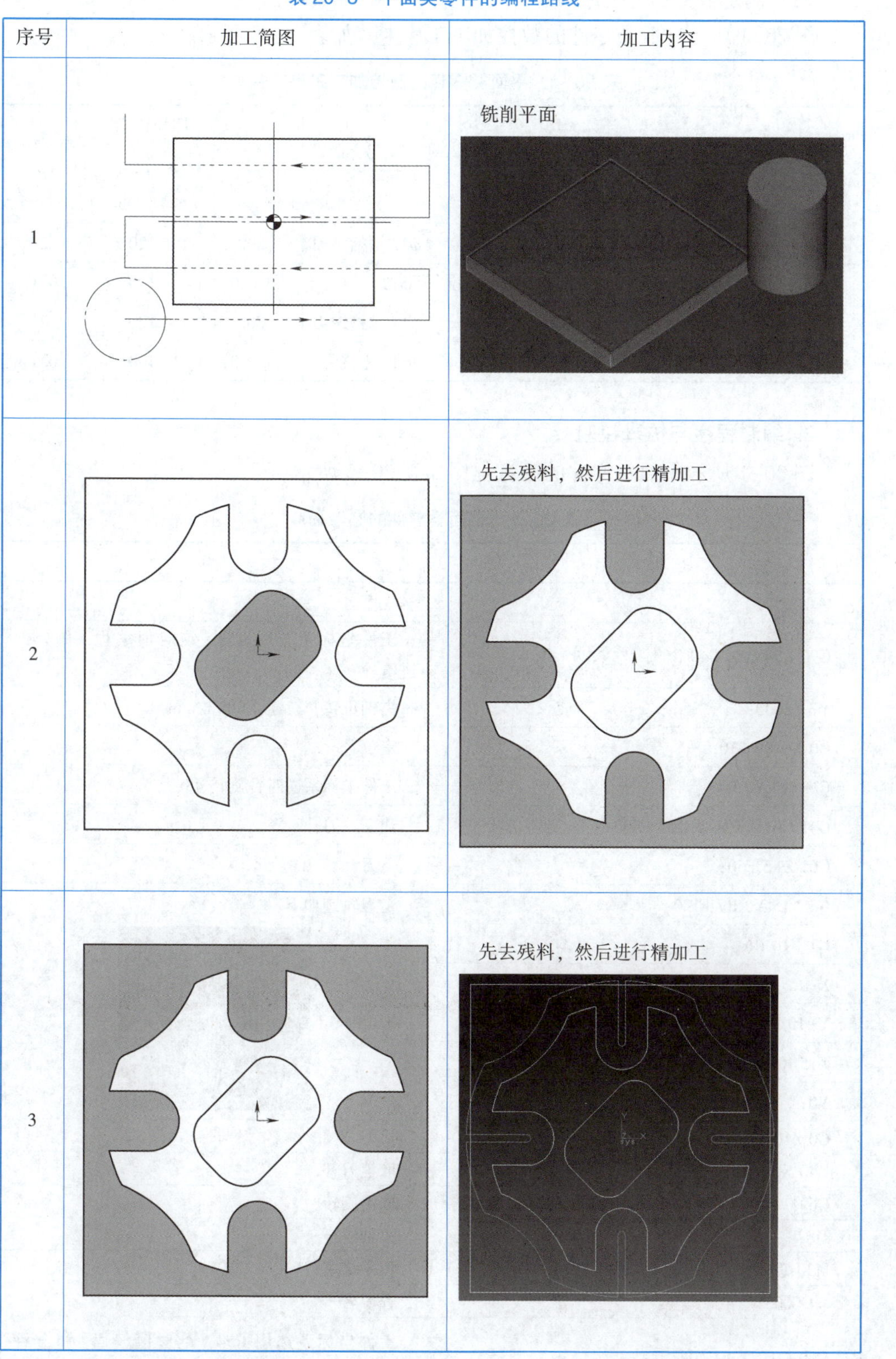

序号	加工简图	加工内容
1		铣削平面
2		先去残料，然后进行精加工
3		先去残料，然后进行精加工

（2）制定数控加工工序卡片。

图 20-1 所示平面类零件的数控加工工序卡片如表 20-4 所示。

表 20-4　平面类零件的数控加工工序卡片

加工步骤	程序号	加工内容	刀具	切削要素		
				n/（r·min^{-1}）	f/（mm·min^{-1}）	a_p/mm
1	00001	粗加工 30 mm×20 mm 型腔	ϕ12 键槽铣刀	800	120	2
2	00002	精加工 30 mm×20 mm 型腔	ϕ12 立铣刀	1 000	100	0. 1
3	00003	粗加工槽轮轮廓	ϕ12 键槽铣刀	800	120	2
4	00004	精加工槽轮轮廓	ϕ12 立铣刀	1 000	100	0. 1

2. 编制程序与仿真校验

图 20-1 所示平面类零件的参考程序如表 20-5 所示。

表 20-5　平面类零件的参考程序

程序	注释
%O0001;	程序名
G90 G94 G54 G40 G69;	工件坐标系选用 G54，绝对值编程，每分钟进给
M3 S8000;	主轴正转，转速 2 000 r/min
G0 X0 Y0 Z10;	定位
G68 X0 Y0 R45;	工件坐标系逆时针旋转 45°
G41 G01 X8 Y-7 D01 F500;	建立左刀补
G01 Z-5 F50;	下刀
G3 X15 Y0 R7 F120;	走刀轨迹如下： 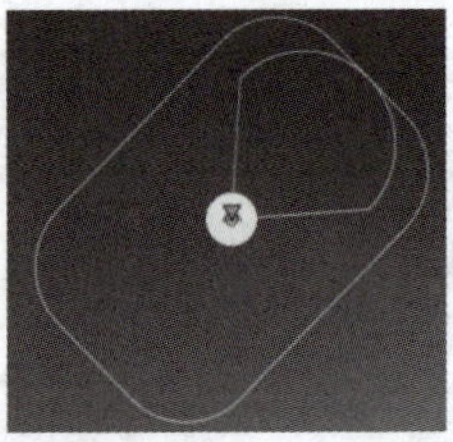
G1 Y10 R6;	
X-15 R6;	
Y-10 R6;	
X15 R6;	
Y0;	
G0 Z10;	抬刀
G40 X0 Y0;	取消刀补
G69;	取消旋转
M5;	主轴停止
M30;	程序结束
%O0003;	程序名
G90 G94 G54 G40;	工件坐标系选用 G54，绝对值编程，每分钟进给

续表

程序	注释
M3 S2000;	主轴正转，转速 800 r/min
%O0003;	程序名
G0 X0 Y0;	定位
Z10;	
G68 X0 Y0 R0;	刀路轨迹图如下： 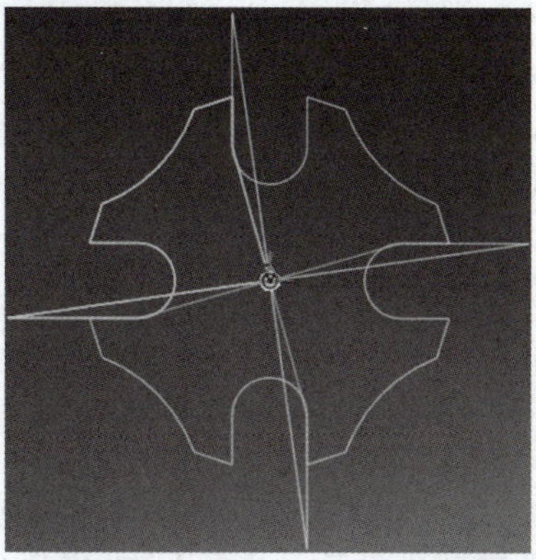
M98 P1234;	
G68 X0 Y0 R90;	
M98 P1234;	
G68 X0 Y0 R180;	
M98 P1234;	
G68 X0 Y0 R270;	
M98 P1234;	
G68 X0 Y0 R360;	
M98 P1234;	
G69;	
M5;	主轴停止
M30;	程序结束
%O1234;	槽轮加工子程序
G41 G01 X-50 Y-7 D01 F500;	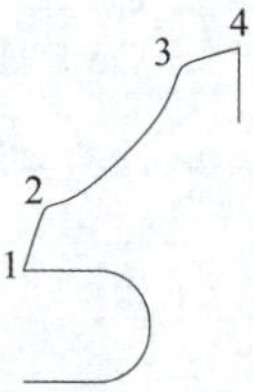 第1个点坐标：X=-34.293 Y=7.000 第2个点坐标：X=-31.936 Y=14.320 第3个点坐标：X=-14.320 Y=31.936 第4个点坐标：X=-7.000 Y=34.293
G01 Z-5 F50;	
X-25 F120;	
G3 Y7 R7;	
G1 X-34.293;	
G2 X-31.936 Y14.32 R35;	
G3 X-14.32 Y31.936 R30;	
G2 X-7 Y34.293 R35;	
G1 Y25;	
G0 Z10;	抬刀
G40 X0 Y0;	取消刀补
G69;	取消旋转
M99;	返回主程序
%O1006;	采用镜像命令完成槽轮轮廓加工
G90 G94 G54 G40 G69 G50.1 X0 Y0;	
M3 S2000;	主轴正转，转速 2 000 r/min
G0 X0 Y0;	定位
Z10;	
%O0003;	程序名

续表

程序	注释
M98 P1235；	刀路轨迹： 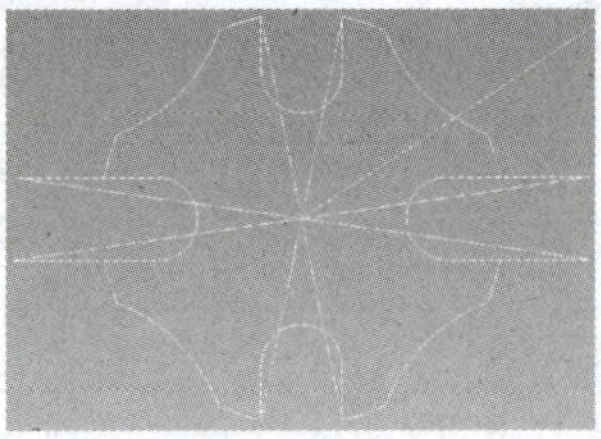
G51.1 X0；	
M98 P1235；	
G51.1 Y0；	
M98 P1235；	
G51.1 X0 Y0；	
M98 P1235；	
M5；	
M30；	
%O1235；	槽轮加工子程序
G41 G01 X-50 Y-7 D01 F500；	建立左刀补
G01 Z-5 F50；	
X-25 F120；	走刀轨迹如下： 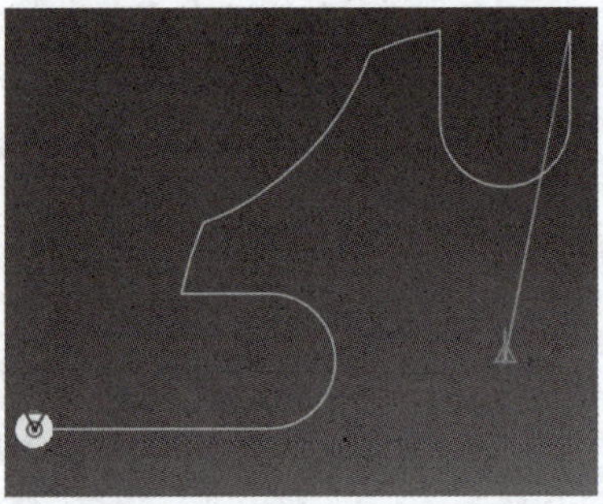
G3 Y7 R7；	
G1 X-34.293；	
G2 X-31.936 Y14.32 R35；	
G3 X-14.32 Y31.936 R30；	
G2 X-7 Y34.293 R35；	
G1 Y25；	
G3 X7 R7；	
G1 Y34.29；	
G0 Z10；	
G40 X0 Y0；	取消刀补
G50.1 X0 Y0；	取消镜像指令
M99；	子程序

3. 实践操作

（1）零件加工步骤。

1）按照工具、刀具、量具清单领取相应的工具、刀具、量具。

2）开机上电，包括机床电源及操作面板电源。

3）复位并返回机床参考点。

4）装夹工件毛坯。

5）装夹刀具并找正。

6）对刀，建立工件坐标系。

7）输入程序。

8）校验程序。

9）加工零件。

10）测量零件。

11）零件加工合格后，对机床进行相应的清理及保养。

12）按照工具、刀具、量具清单归还相应的工具、刀具、量具。

13）填写工作日志并关闭操作面板及机床电源。

（2）零件加工注意事项。

1）一定要严格按照零件加工步骤进行操作。

2）切记先对刀，然后输入程序再进行程序校验。

3）运行程序时先用单段方式进行，起刀点或循环起点无误的情况下方可切换到行模式。

4）在加工过程中，注意将防护罩关闭。

5）出现紧急情况马上按下急停按钮。

6）注意进给倍率的控制。

四、任务测评

见附录表2任务评测表。先自己检测完成任务的情况，再与同学互检，合格后交指导教师评分，教师签字后方可进行下一任务的实训。

五、拓展练习

利用上述所学，依据自身情况，试完成图20-4所示任意一个零件程序的编写。

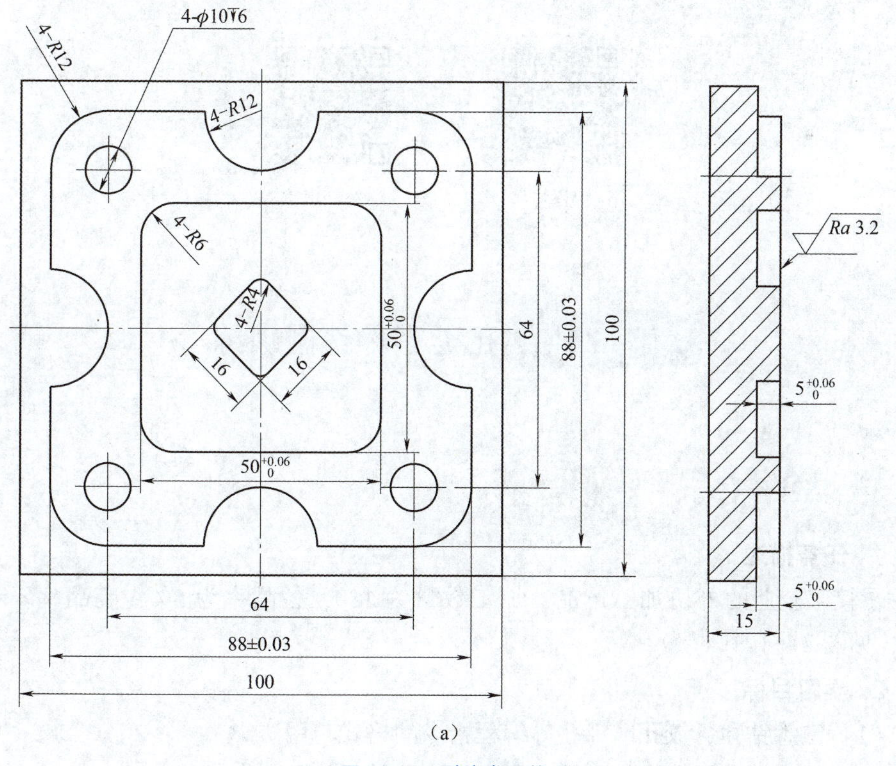

图20-4　型腔类零件

（a）基础题

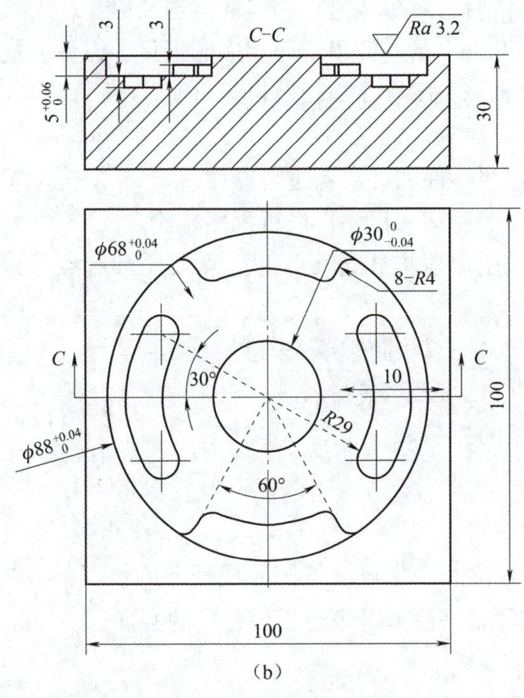

（b）

图 20–4　型腔类零件（续）

（b）提高题

镜像指令

极坐标指令

任务 21　孔类零件铣削训练

一、工作任务

1. 任务描述

承接某企业的外协加工产品，加工数量为 180，备品率为 5%，废品率不超过 2%，见图 21–1。

2. 学习目标

（1）熟悉钻孔、铰孔、镗孔等编程指令的格式与用法。

（2）能熟练利用孔类加工编程指令完成零件的编程与加工。

（3）明确操作规范和实训室使用规范，使学生养成良好的职业习惯。

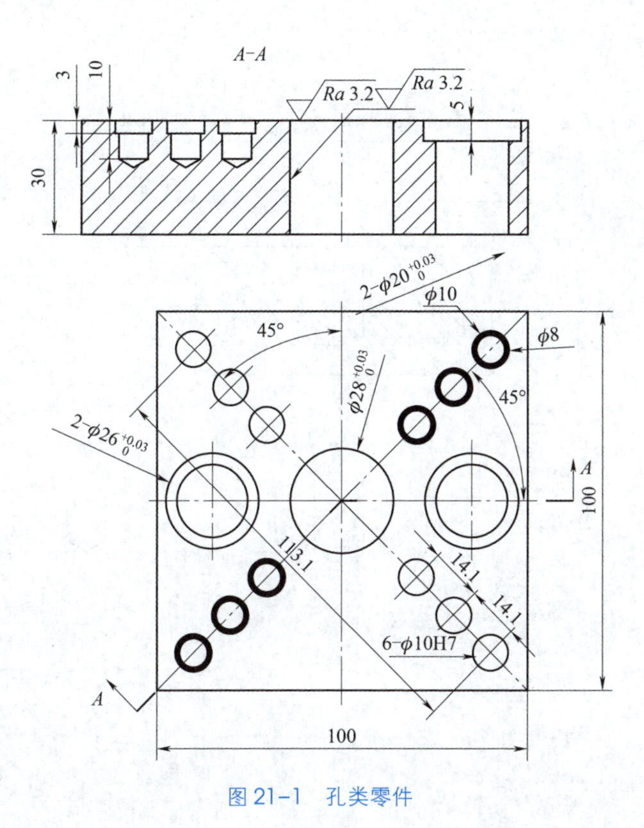

图 21–1　孔类零件

二、任务准备

1. 钻孔命令

（1）指令格式。

G98/G99 G81 X_ Y_ Z_ R_ K_ F_ ;

（2）指令说明。

X_ Y_ ——孔的位置；

Z_ ——孔底深度；

R_ ——参考平面位置；

F_ ——进给速度；

G80——取消钻孔循环；

G98——默认值，返回初始平面；

G99——返回 *R* 点平面。

孔类零件铣削训练

G81 指令

根据刀具的运动位置可分为四个平面，如图 21–2 所示。钻孔的运动轨迹按照 *X*、*Y* 轴定位→定位到 *R* 点→加工孔→在孔底的动作→退回到 *R* 点（参考点）→快速返回到初始点，然后进行运动，如图 21–3 所示。

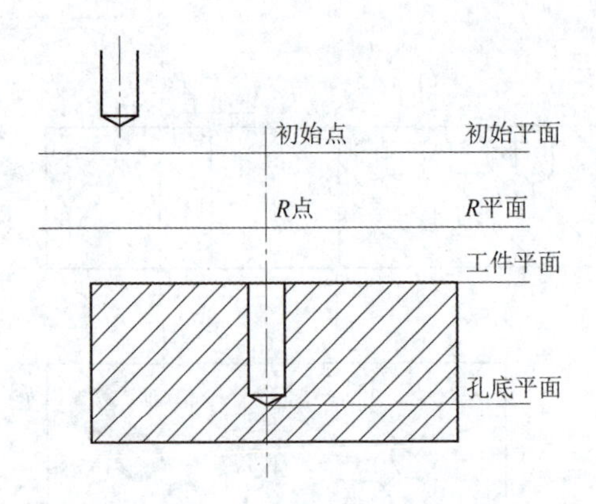

图 21-2　钻孔加工四个平面

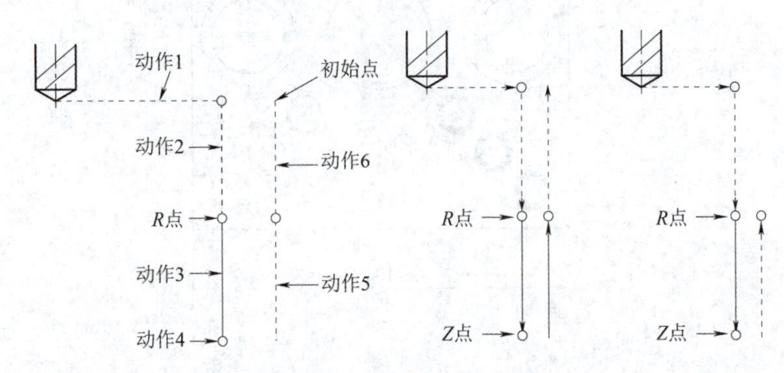

图 21-3　G81 指令走刀轨迹

（3）编程案例。

如图 21-4 所示，选用 ϕ9. 8 mm 钻头完成孔类加工程序的编制，参考程序如表 21-1 所示。

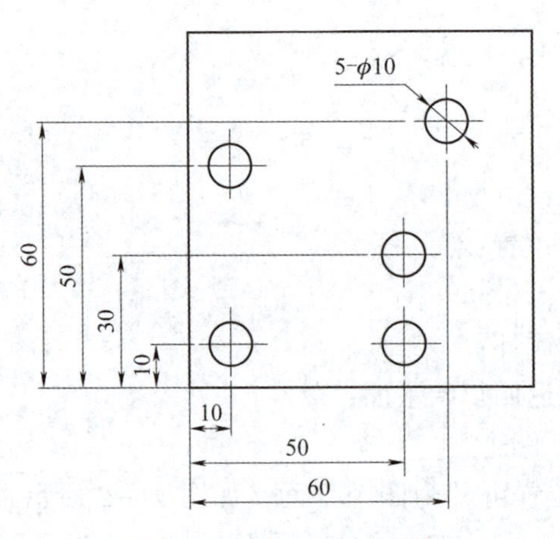

图 21-4　孔类零件加工实例

表 21-1　孔类零件加工的参考程序

程序	注释
%O0001;	程序名
G54 G90 G94 M03 S800;	主轴正转，转速 800 r/min
G0 X0 Y0;	定位
Z10;	
G99 G81 X10 Y10 Z-10 R2 F5;	
X50;	
Y30;	
X10 Y50;	
X60 Y60;	
G0 Z10;	
G80 X0 Y0;	
M5;	主轴停止
M30;	程序结束

2. 极坐标指令

（1）指令格式。

G16;

（2）指令说明。

G15——极坐标取消，极坐标系变为直角坐标系，如图 21-5（a）；

G16——极坐标生效，直角坐标系变为极坐标系，如图 21-5（b）。

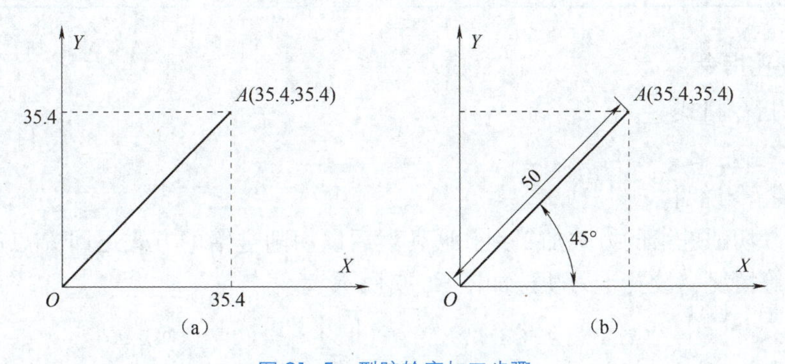

图 21-5　型腔轮廓加工步骤

（a）G0 X35.4 Y35.4；指令；（b）G16 G0 X50 Y45；指令

（3）应用案例。

完成图 21-6 所示钻孔零件加工程序的编写，参考程序如表 21-2 所示。

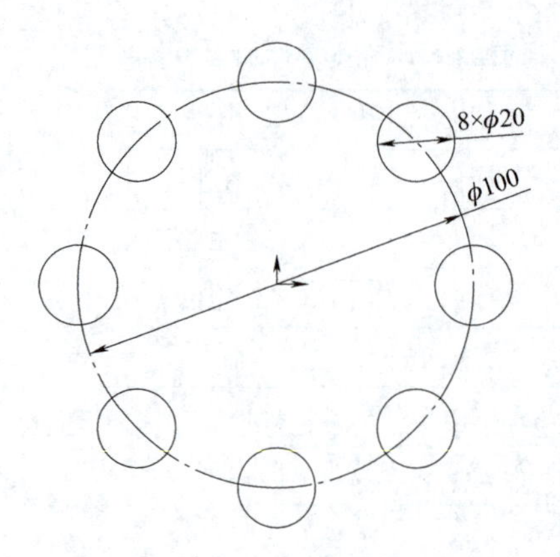

图 21-6　钻孔零件加工

表 21-2　钻孔零件加工的参考程序

程序	注释
%O0001；	程序名
G54 G90 G94 M03 S800 G15；	主轴正转，转速 800 r/min
G0 X0 Y0；	定位
Z10；	
G99 G16 G81 X50 Y0 Z-10 R2 F80；	采用极坐标加工第一个孔
G91 Y45 K7；	采用相对值方式依次加工 7 个孔
G80 G0 Z10；	取消钻孔循环
G15；	取消极坐标
M5；	主轴停止
M30；	程序结束

3. 铰孔指令

（1）指令格式。

G85 X_ Y_ Z_ R_ F_；

（2）指令说明。

刀具以切削进给的方式加工到孔底，然后以切削进给的方式返回 R 点平面，适用于铰孔等情况，铰孔走刀轨迹如图 21-7 所示。

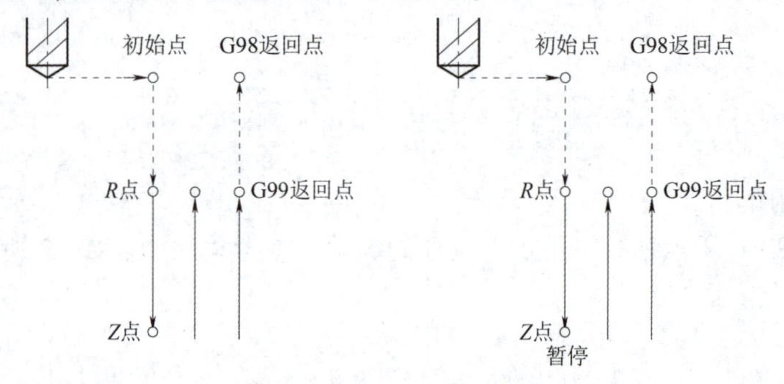

图 21-7　铰孔走刀轨迹

可在孔底增加暂停，提高表面加工质量。扩孔所用指令和走刀轨迹路线跟铰孔类似。

(3) 应用案例。

采用 ϕ9. 8 mm 麻花钻钻完孔，采用 ϕ10 mm 铰刀完成图 21-8 所示钻孔程序的编写，参考程序如表 21-3 所示。

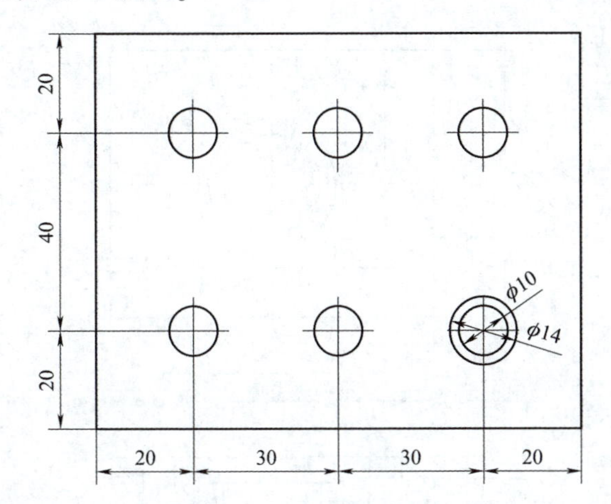

图 21-8　铰孔零件练习图

表 21-3　铰孔零件的参考程序

程序	注释
%O0001;	程序名
G54 G90 G94 M03 S200;	主轴正转，转速 800 r/min
%O0001;	程序名
G0 X0 Y0;	定位
Z10;	
G99 G85 X20 Y20 Z-14 R2 F60;	铰孔，第一个
Y60;	铰孔，第二个
X50;	铰孔，第三个
Y20;	铰孔，第四个
X80;	铰孔，第五个
Y60;	铰孔，第六个
G0 Z100;	抬刀
G80 X0 Y0;	取消钻孔循环
M5;	主轴停止
M30;	程序结束

4. 镗孔指令

(1) 指令格式。

G86 X_ Y_ Z_ R_ F_;

镗孔

（2）指令说明。

采用 G01 指令速度到孔底，主轴停止，迅速 G0 返回安全平面或 *R* 平面（G99），主轴在转动，跟 G81 指令类似。

（3）应用案例。

采用镗孔指令完成图 21-9 零件的孔加工，参考程序如表 21-4 所示。

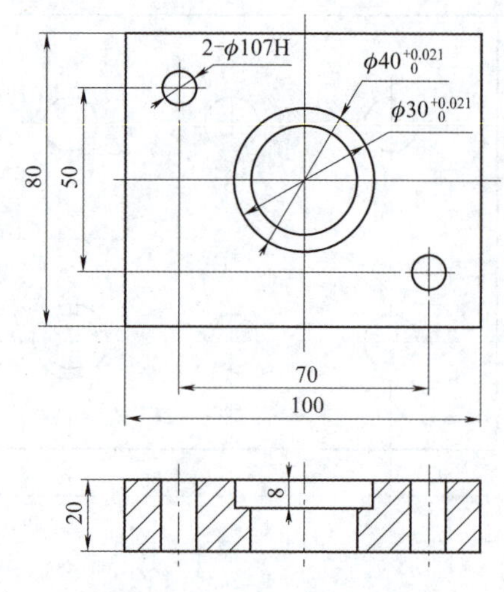

图 21-9　镗孔加工零件图

表 21-4　镗孔加工参考程序

程序	注释
%O0001;	程序名
G54 G90 G94 M03 S200;	主轴正转，转速 200 r/min
G0 X0 Y0;	
Z10;	
G98 G86 Z-10 R5 F50;	
G80 G0 Z10;	
M5;	
M30;	主轴停止
%O0002;	程序结束
M3 S500;	主轴正转，转速 500 r/min
G54;	
G0 X0 Y0;	
Z10;	
G98 G86 Z-22 R5 F50;	
G80 G0 Z10;	
M5;	主轴停止
M30;	程序结束

三、任务实施

1. 工艺分析

（1）分析编程路线，平面的编程路线如表 21-5 所示。

表 21-5 平面的编程路线

序号	加工简图	加工内容
1		铣削平面
2	中心钻打定位孔	
3	使用 $\phi9.8$ mm 麻花钻进行钻孔	
4	先后使用 $\phi7.8$ mm 和 $\phi10$ mm 麻花钻进行钻孔	
5	使用与 $\phi10$H7 铰刀进行铰孔	
6	使用立铣刀铣削台阶孔	
7	使用镗孔刀加工 $\phi28$ mm 孔至尺寸要求	

（2）制定数控加工工序卡片如表 21-6 所示。

表 21-6 数控加工工序卡片

加工步骤	程序号	加工内容	刀具	切削要素		
				n/(r·min^{-1})	f/(mm·min^{-1})	a_p/mm
1	O0001	钻 6－$\phi10$H7 孔、$\phi26$、$\phi28$ 孔	$\phi9.8$ mm 麻花钻	800	120	2
2	O0002	钻 6-$\phi8$ 孔，钻 6-$\phi10$ 孔	$\phi7.8$ mm、$\phi10$ mm 麻花钻	1 000	100	0.1
3	O0003	对 $\phi10$H7 孔进行铰孔	$\phi10$h7 铰刀	800	120	2
4	O0004	使用立铣刀铣削 $\phi28$ mm 孔	$\phi12$ mm 立铣刀	1 000	100	0.1

续表

加工步骤	程序号	加工内容	刀具	切削要素		
				n/(r·min^{-1})	f/(mm·min^{-1})	a_p/mm
5	00005	镗孔刀加工 ϕ28 mm 孔	镗孔刀	1 000	100	0.2
6	00006	铣削 ϕ20 mm 和 ϕ26 mm 孔	ϕ12 mm 立铣刀	1 000	100	2

2. 编制程序与仿真校验

图 21-1 所示孔类零件加工的参考程序及仿真加工效果如表 21-7 所示。

表 21-7　孔类零件加工的参考程序及仿真加工效果

程序	注释
%00001;	程序名（钻孔）
G54 G90 G94 G15;	
M03 S800;	
G0 X0 Y0 Z10;	
G99 G16 G81 X56.55 Y135 Z-12 R2 F80;	
G91 X-14.1 K2;	
G90 X56.55 Y-45;	
G91 X-14.1 K2;	
G90 X0 Y0;	
X-35;	
X35;	
G0 Z100;	抬刀
G80 X0 Y0;	取消钻孔循环
G15;	取消极坐标
M5;	主轴停止
M30;	程序结束
%00002;	程序名
G54 G90 G94 M03 S800;	
G0 X0 Y0;	
Z10;	
G99 G16 G81 X56.55 Y45 Z-12 R2 F80;	
G91 X-14.1 K2;	
G90 X56.55 Y225;	
G91 X-14.1 K2;	
G0 Z100;	

续表

程序	注释
G80 X0 Y0;	取消钻孔循环
G15;	取消极坐标
M5;	主轴停止
M30;	程序结束
%O0003;	铰孔
G54 G90 G94 G15;	
M03 S800;	
G0 X0 Y0;	
Z10;	
G99 G16 G85 X56.55 Y135 Z-12 R2 F80;	铰孔程序
G91 X-14.1 K2;	
G90 X56.55 Y-45;	
G91 X-14.1 K2;	
G0 Z100;	抬刀
G80 X0 Y0;	取消钻孔循环
G15;	取消极坐标
M5;	主轴停止
M30;	程序结束
%O0004;	铣削 $\phi28$ mm 孔
G54 G90 G94 M03 S800;	
G0 X0 Y0;	
Z10;	
Z-30;	
G1 X4 F100;	
G2 I-4;	
G1 X0;	
G0 Z2;	
Z-30;	
G1 X7.8 F100;	
G2 I-7.8;	
G1 X0;	
G0 Z2;	

续表

程序	注释
M5;	主轴停止
M30;	程序结束
%O0005;	镗孔
M3 S500;	
G54;	
G0 X0 Y0;	
Z10;	
G98 G86 Z-32 R5 F50;	
G80 G0 Z10;	
M5;	主轴停止
M30;	程序结束
%O0006;	加工左端 ϕ20 mm、ϕ26 mm 的台阶孔
G54 G90 G94 M03 S800;	将工件坐标系偏移至（-35，0）
G0 X0 Y0;	
Z10;	
Z-30;	
G1 X4 F100;	
G2 I-4;	
G1 X0;	
G0 Z-5;	
G1 X7 F100;	
G2 I-7;	
G1 X0;	
G0 Z100;	抬刀
X0 Y0;	返回原点
M5;	主轴停止
M30;	程序结束

3. 实践操作

（1）采用平口钳夹持毛坯并校正，确保工件夹紧。

（2）根据加工要求，主轴依次添加不同铣刀。

（3）确认工具放置原处。开机，进入 MDI 方式，输入 M0 3800，使主轴正转，依次调用各类型孔加工刀具，按照先后顺序完成对刀。

（4）按照要求，输入程序完成孔类零件的加工。

（5）加工完毕，清理卫生，关闭各电源开关，填写完成附录表 1 实践过程记录表。

四、任务测评

见附录表 2 任务评测表。先自己检测完成任务的情况，再与同学互检，合格后交指导教师评分，教师签字后方可进行下一任务的实训。

五、拓展练习

利用上述所学，依据自身情况，试完成图 21-10 所示任意一个零件程序的编写。

提示：攻左旋螺纹 G74 指令、攻右旋螺纹 G84 指令与 G81 钻孔指令轨迹相似，G84 指令主轴正转进，反转出；G74 指令主轴反转进，正转出，孔底一般可暂停，进给速度等于主轴转速与导程的乘积。

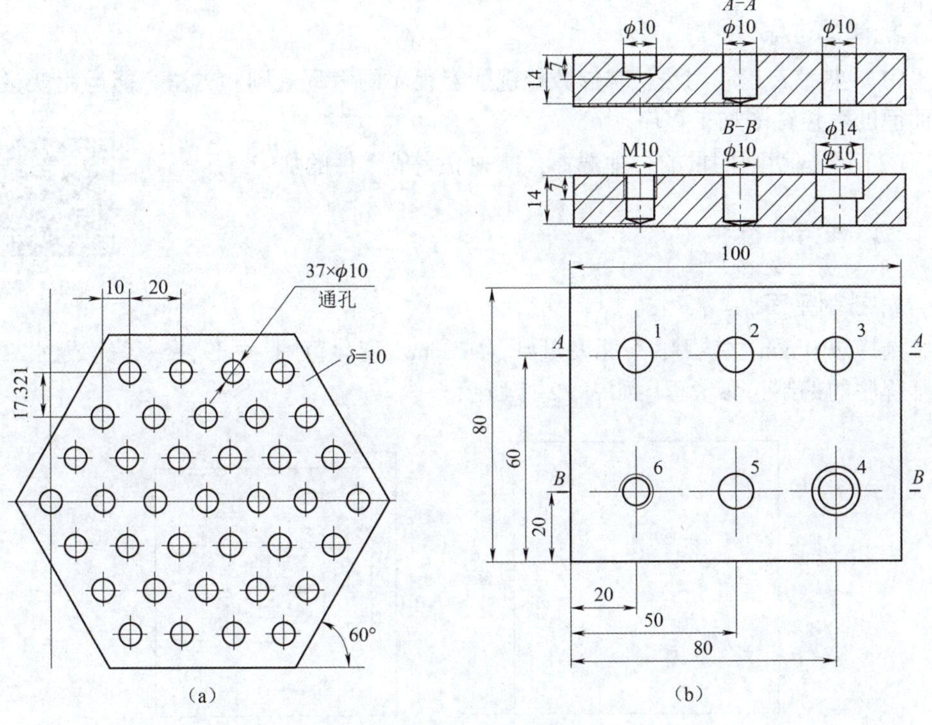

图 21-10　滑板零件

（a）基础题；（b）提高题

任务 22　三维曲面铣削训练

一、工作任务

1. 任务描述

相贯线是两个立体表面的共有线，孔周沿的一圈曲线就是相贯线。如图 22-1 所示，试编写相贯线倒圆角零件的数控铣削加工程序并进行加工。

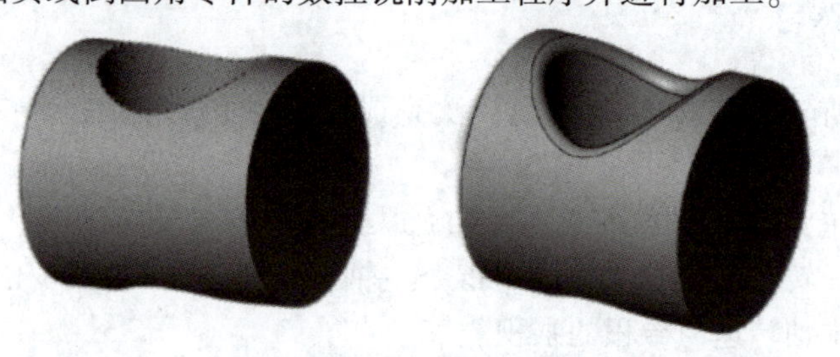

图 22-1　相贯线倒圆角零件图

2. 学习目标

（1）熟悉宏程序用法，掌握数控铣削宏程序的编程规则和方法，能运用变量编制曲面的数控铣削加工程序。

（2）掌握切削用量的合理选择，能独立完成零件的加工。

三维曲面铣削训练

二、任务准备

1. 铣削平面

选择 ϕ10 mm 立铣刀，行距变量#1 为 7 mm，变化范围［-49，-5］，完成图 22-2 所示程序的编制，参考程序如表 22-1 所示。

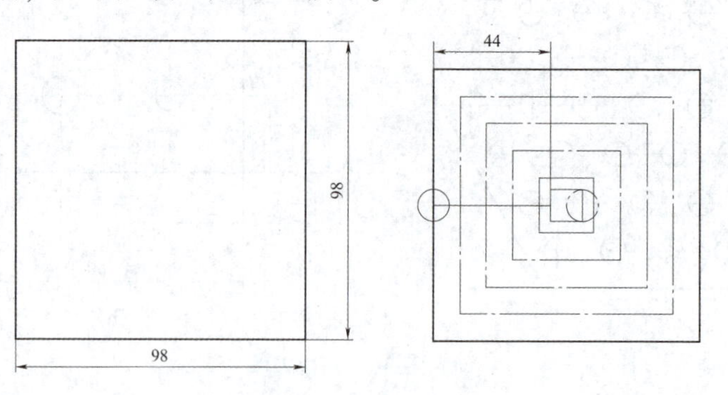

图 22-2　铣削平面

表 22-1　铣削平面的参考程序

程序	注释
%O0001;	
G54 G90 94 G40;	
M3 S1000;	
G0 X0 Y0;	
Z10;	
G0 X-49 Y-49;	
#1=-49;	
N1 G01 X#1 Y#1 F500;	
Z-3 F100;	
Y-#1;	思考：如何加工双向平行法？
X-#1;	
Y#1;	
X#1;	
#1=#1+7;	
IF［#1LE0］GOTO 1;	
G0 Z10;	
M5;	
M30;	

2. 整圆型腔铣削

选择 ϕ10 mm 键槽铣刀，起点坐标为（-5，0），行距变量#1 为 7 mm，完成图 22-3 所示参考程序的编制，参考程序如表 22-2 所示。

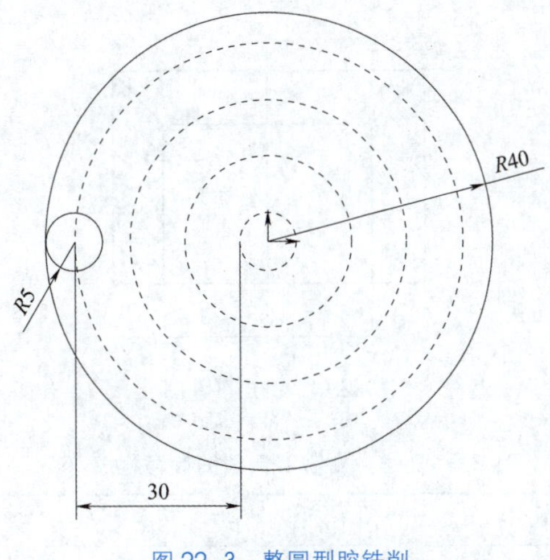

图 22-3　整圆型腔铣削

表 22-2　整圆型腔铣削的参考程序

程序	注释
%O0001；	
G54；	
M3 S1000；	
G0 X0 Y0；	
Z10；	
G01 Z-1 F50；	
#1=-5；	
#2=-7；	
N1 G01 X#1 F200；	
G2 I-#1；	
IF［#1EQ-33］THEN #2=-2；	
#1=#1+#2；	
IF［#1GE-35］GOTO 1；	
G0 Z10；	
M5；	
M30；	

3. 倒角铣削

选择 ϕ10 mm 立铣刀，完成图 22-4 所示零件的倒角加工。倒角的加工思路为 Z 轴每下降一个深度（#1），X 轴跑一个整圆（半径为#3），直到 Z 轴到达指定的深度，参考程序如表 22-3 所示。

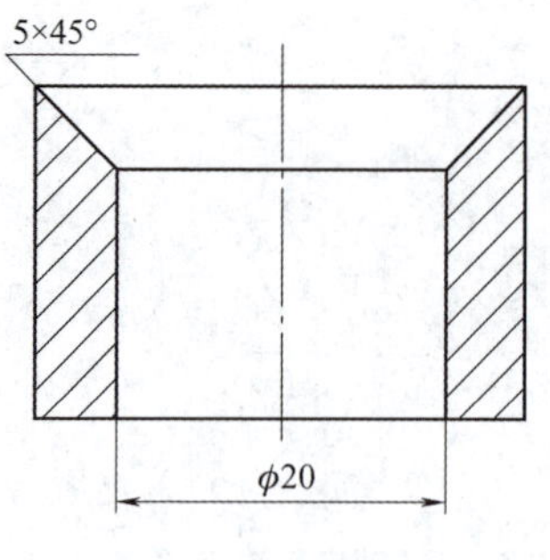

图 22-4　倒角零件图

表 22-3　立铣刀倒角的参考程序

程序	注释
%O0001；	
G54 G90 G94 M03 S800 G15；	

续表

程序	注释
G0 X0 Y0;	
Z10;	
#1=0;	倒角起点
#2=-5;	倒角终点
WHILE [#1GE#2] DO 1;	
#3=15+#1 * TAN [45];	
G0 X#3;	
Z2;	
G1 Z [#1] F100;	
G2 I-#3 F500;	
#1=#1-0.1;	
END1;	
G0 Z100;	
X0 Y0;	
M5;	
M30;	

采用 ϕ10 mm 球头刀完成图 22-4 零件的倒角加工，参考程序如表 22-4 所示。

表 22-4　球头铣刀倒角的参考程序

程序	注释
%O0001;	
G54 G90 G94 M03 S800 G15;	
G0 X0 Y0;	
Z10;	
G0 Z1;	
#1=0;	每次控制下刀深度
#8=5;	倒角宽度
#10=5 * TAN [45];	倒角的深度
#6=10;	孔的半径
#7=5;	球刀半径
WHILE [#1LE#10] DO 1;	
#2=#1/TAN [45];	X 轴随 Z 值下刀的变化量，理论值
#3=5-5 * SIN [45];	X 方向补偿量
#4=5-5 * COS [45];	Z 方向补偿量
#5=#1-#4;	实际每次 Z 方向下刀量，实际值
#9=#6+#8-#2+#3;	实际每次 X 方向变化量，实际值
G01 X#9 Y0 F500;	定位

续表

程序	注释
Z-#5 F200;	
G03 I-#9 F1000;	
#1=#1+0.1;	
END1;	
G0 Z100;	
X0 Y0;	
M5;	
M30;	

4. 含椭圆轮廓铣削

选择 ϕ12 mm 立铣刀，利用椭圆参数方程 $x=a\times\cos\theta$；$y=b\times\sin\theta$；完成图 22-5 所示含椭圆轮廓零件的编程，参考程序如表 22-5 所示。

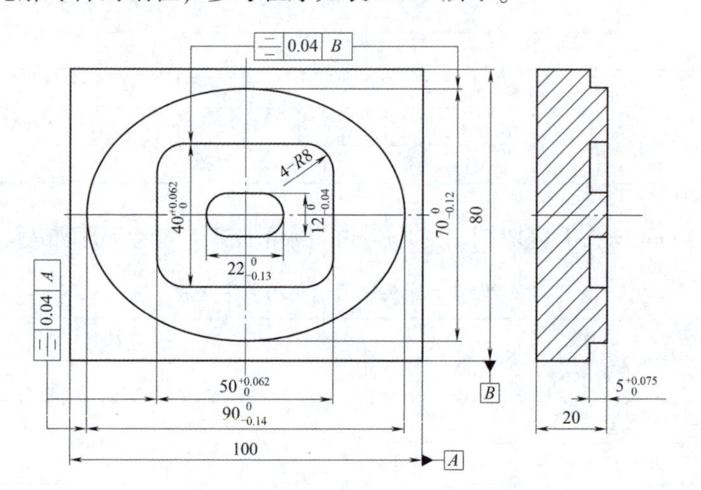

图 22-5　含椭圆轮廓的零件图

表 22-5　含椭圆轮廓零件的参考程序

程序	注释
%O0001;	
G54 G90 G94 M03 S800 G15;	
G0 X0 Y0 Z10;	
G41 G1 X-58 Y-7 D01 F1000;	建立刀补
Z-5 F500;	下刀
X-52 F100;	
G3 X-45 Y0 R7 F100;	圆弧切入
#1=-180;	椭圆的起点角度-180°
#2=180;	椭圆的终点角度 180°

续表

程序	注释
WHILE [#1LE#2] DO 1;	如果#1≤#2，则满足循环条件
#3=45*COS [#1];	控制 X 轴坐标
#4=35*SIN [#1];	控制 Y 轴坐标
G01 X#3 Y#4 F200;	拟合加工椭圆轮廓
#1=#1+1;	每执行一次，角度增加 1°
END 1;	
G3 X-52 Y7 R7;	圆弧切入
G0 Z10;	
G40 X0 Y0;	
M5;	
M30;	

5. 可编程数据输入

（1）指令格式。

G10 L2 P_ X_ Y_ Z_;

（2）指令说明。

G10——可编程数据输入；

G11——关闭编程数据的输入。

例如，P=0 为外部，P1-6 为坐标系 1-6，P1 为 G54，P2 为 G55。

G10 L2 P0 X32；为在 G54 坐标系中朝 X 轴正方向偏移 32 mm。

利用 G10 指令，试完成图 22-6 凹槽零件程序的编程，参考程序如表 22-6 所示。

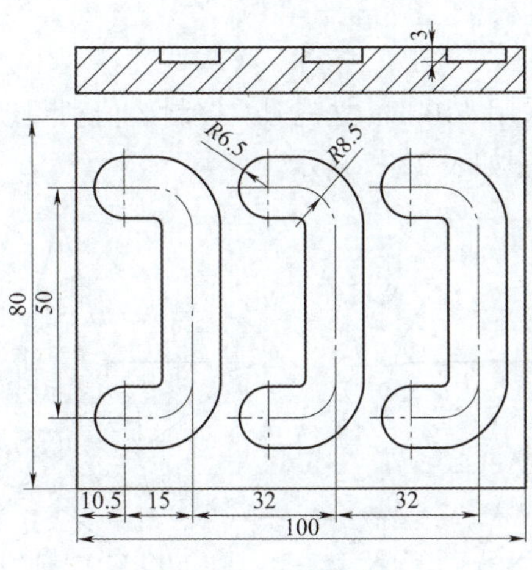

图 22-6　凹槽零件

表 22-6　凹槽零件的参考程序

程序	注释
%O0001;	
G54 G90 G94 M03 S800 G15;	
G0 X0 Y0 Z10;	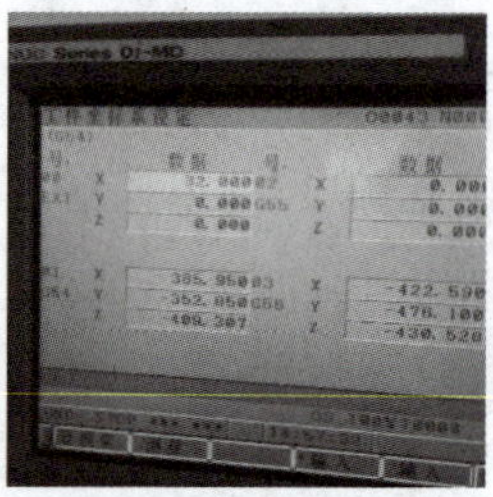
G54 M3 S2000 G0 X0 Y0 Z10;	
#1=0;	
WHILE［#1LE64］DO 1;	
G90 G10 L2 P0 X#1 Y0;	
G42 G01 X6.5 Y0 D01 F100;	
Z-2.5 F50;	
G1 Y-31.5 R15 F500;	
X-15;	
G02 X-15 Y-18.5 R6.5;	
G1 X-6.5 R2;	
Y18.5 R2;	
X-15;	
G02 X-15 Y31.5 R6.5;	
G01 X6.5 R15;	
Y-1;	
G0 Z10;	
#1=#1+32;	
END 1;	
G40 G0 Z100;	
G11;	
M5;	
M30;	

6. 五角星轮廓铣削

如图 22-7 所示，采用 $\phi 10$ mm 立铣刀，控制 Z 值利用极坐标指令逐层完成五角星轮廓的加工，参考程序如表 22-7 所示。

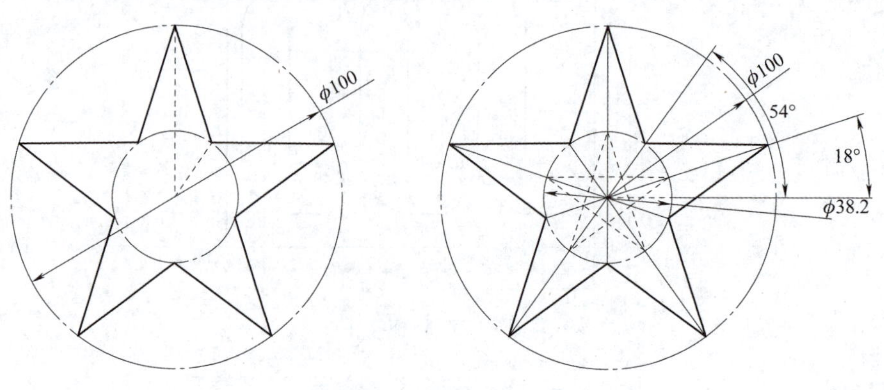

图 22-7　五角星轮廓零件

学习笔记

表 22-7　铣削五角星轮廓的参考程序

程序	注释
%O0001;	
G54 G90 G94 M03 S200;	
G0 X0 Y0;	
Z10;	
#1=0;	
#2=ATAN［10/19.1］;	
#3=ATAN［10/50］;	
WHILE［#1LE10］DO 1;	
#4=#1/TAN［#2］; 控制内半径;	
#5=#1/TAN［#3］; 控制外半径;	
G0 X0 Y50;	
G01 Z-#1 F50;	
G16 G01 X#4 Y54 F200;	
X#5 Y18;	
X#4 Y-18;	
X#5 Y-54;	
X#4 Y-90;	
X#5 Y-126;	
X#4 Y-162;	
X#5 Y-198;	
X#4 Y-234;	
X#5 Y-270;	
G15;	
#1=#1+0.5;	
END 1;	
G0 Z100;	
G15;	
M5;	
M30;	

7. 椭圆球曲面加工

采用 ϕ10 mm 球铣刀，加工一个长轴为 40 mm，短轴为 30 mm 的凹椭圆球曲面，如图 22-8 所示，粗、精加工参考程序如表 22-8 所示。

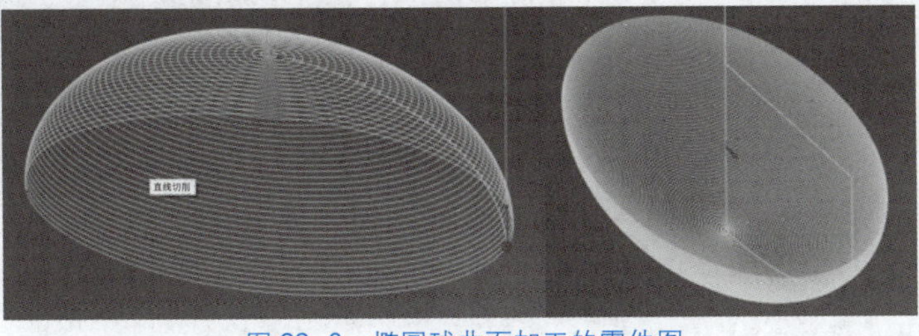

图 22-8　椭圆球曲面加工的零件图

表 22-8　加工椭圆球曲面零件的参考程序

程序	注释
%O0001;	
G54 G90 G94 M03 S200;	
G0 X0 Y0;	
Z10;	*a* 轴的长度 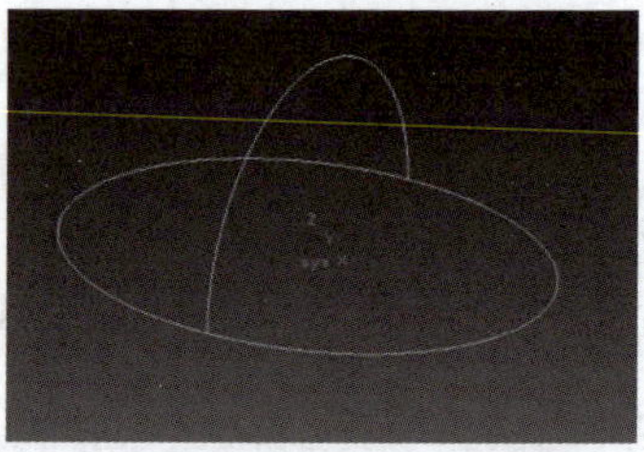
#1=90;	
WHILE [#1GE0] DO 1;	
#2=15 * SIN [#1];	
#4=10 * COS [#1];	
G01 X#2 F500;	
Z-#4 F50;	开粗循环 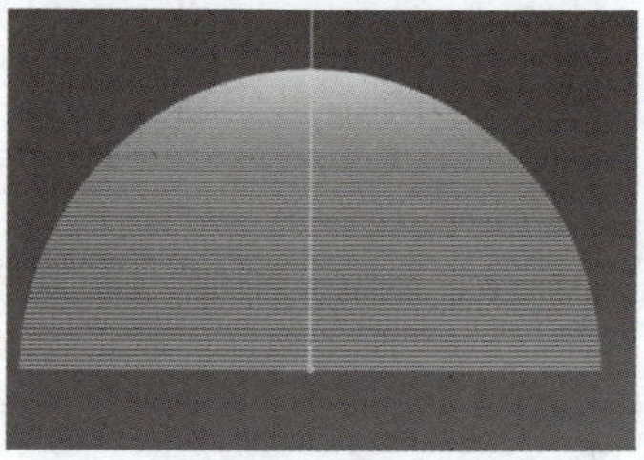
#8=#2;	
WHILE [#8GE0] DO 2;	
#5=0;	
WHILE [#5LE360] DO 3;	
#6=#8 * COS [#5];	
#7=#8 * 10/15 * SIN [#5];	长短轴的比例 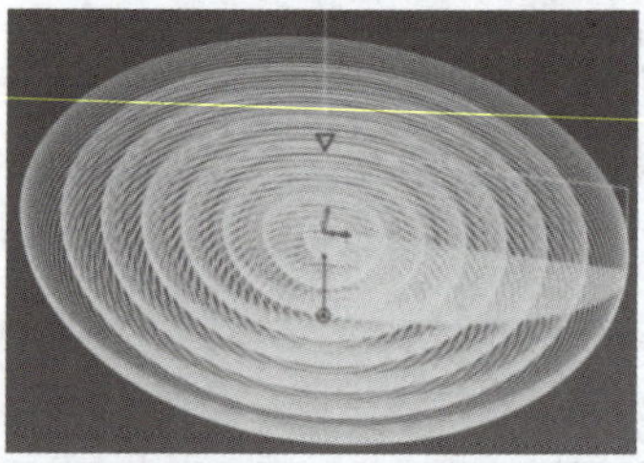
G01 X#6 Y#7 F200;	
#5=#5+2;	
END 3;	
#8=#8-1;	
END 2;	
#1=#1-1;	
END 1;	控制椭圆 *a* 尺寸，控制椭圆 *b* 尺寸 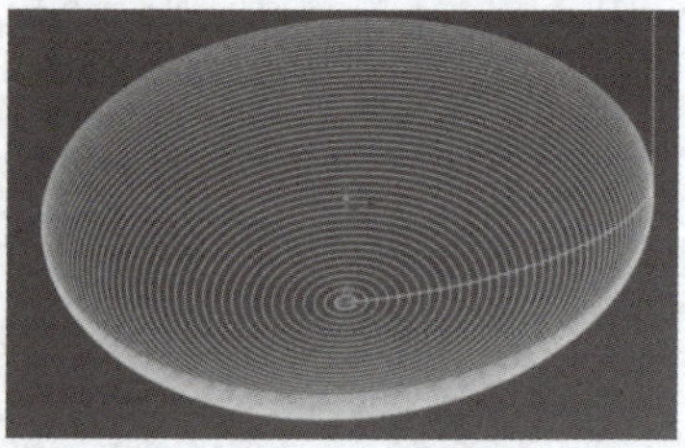
G0 X0;	
Z10;	
#1=90;	
WHILE [#1GE0] DO 4;	
#2=15 * SIN [#1];	

续表

程序	注释
#3=10 * SIN [#1];	控制下刀深度
#4=10 * COS [#1];	
G01 X#2 F500;	
Z-#4 F50;	修改 Z#4-10 即为凸椭圆
#5=0;	
WHILE [#5LE360] DO 5;	
#6=#2 * COS [#5];	*X* 轴
#7=#3 * SIN [#5];	*Y* 轴，控制每一层的椭圆
G01 X#6 Y#7 F200;	
#5=#5+1;	
END 5;	
#1=#1-1;	
END 4;	
G0 Z100;	
M5;	
M30;	

三、任务实施

1. 工艺分析

(1) 倒直角。

假设倒角为 1.5 mm，应采用倒角刀，只走一个三维轮廓即可；当采用立铣刀时，*X*、*Z*、*Y* 三个点的坐标每次变化，此时刀具走多个三维轮廓即可，如表 22-9 序号 1~3 所示。

(2) 倒圆角。

倒直角是一条斜率为 1 的直线，倒圆角只要把 *X* (*Y*) 和 *Z* 在截面内形成一个四分之一的圆弧即可，或者说增加一个控制走倒圆角的循环语句，如表 22-9 序号 4~5 所示。

表 22-9　倒直角的编程思路

序号	加工简图	加工内容
1	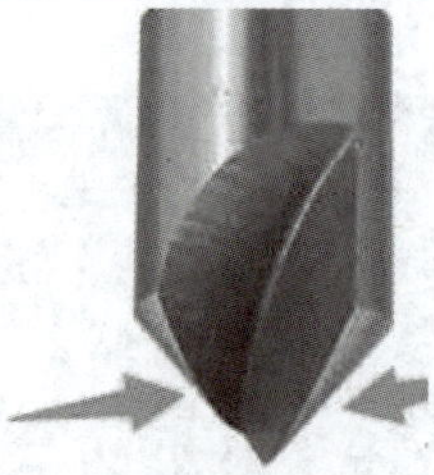	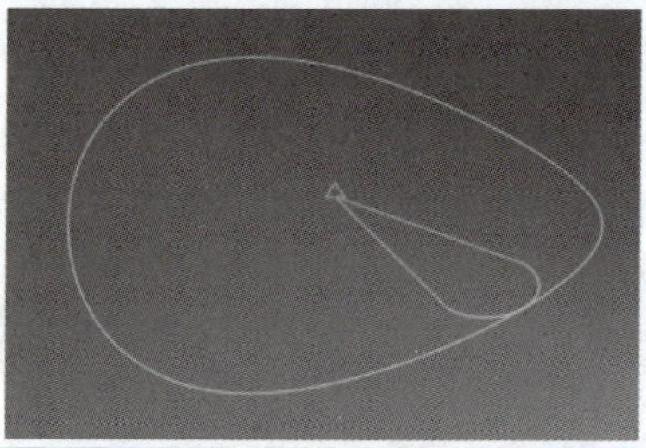
2	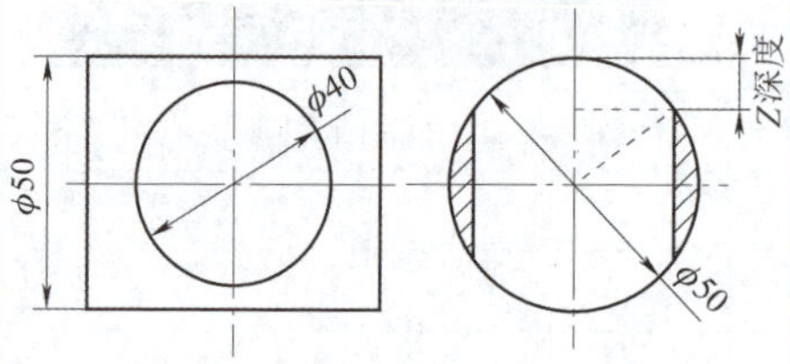 $\phi 50$　$\phi 40$　Z深度　$\phi 50$ $X=20\times\cos(\theta)$ $Y=20\times\sin(\theta)$ $Z=\sqrt{25^2-y^2}$	首先，X、Y 方向为整圆，也就是说 X、Y 的空间各个坐标采用圆的参数方程即可。Z 方向的坐标是随着角度的变化而变化，Z 值的坐标取决于 Y 轴的变化，并与直径为 50 mm 的圆柱体半径构成直角三角形，所以采用勾股定理即可控制 Z 值 在加工时采用 G03 或 G02 进行一个圆弧拟合即可
3	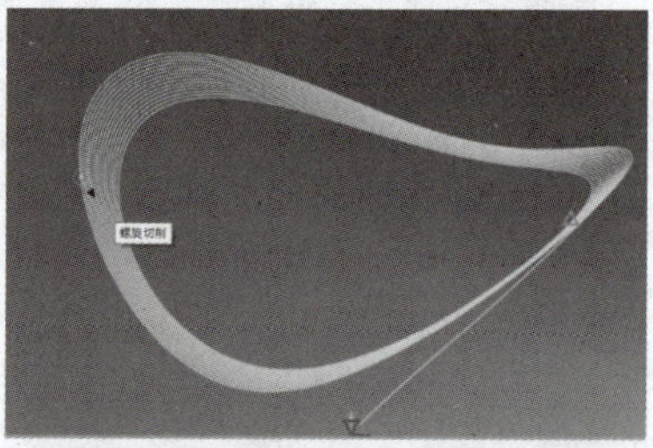	采用立铣刀进行倒角加工时，X、Z、Y 三个点的坐标每次变化，其中 X、Y 值每次变化量是相等的，但 Z 值的变化量与 X（Y）成正切关系，即 $X=Z\times\tan(45°)$ 因此，Z 值的变化需要额外增加一个循环语句
4	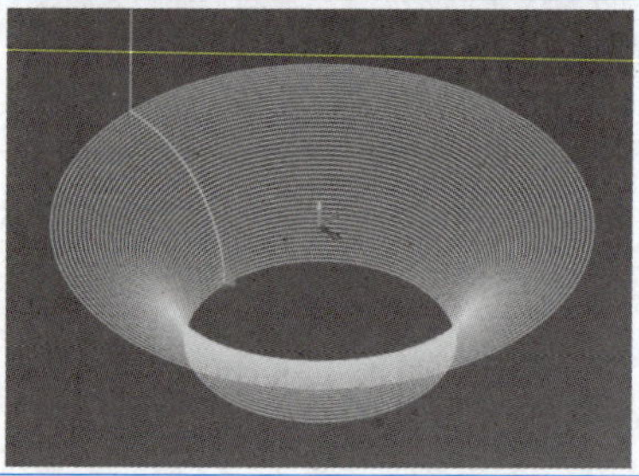	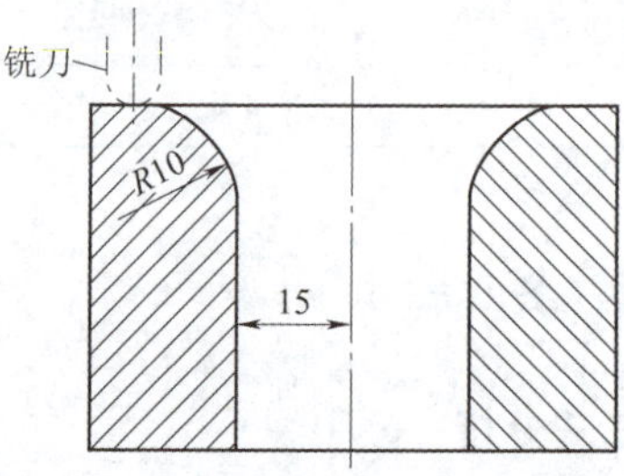 铣刀　R10　15
5	倒圆角 $R=5$ mm，铣刀 $R'=5$ mm #12=（$R+R'$）×cos（θ）$-R$；X 值 #13=$R-$（$R+R'$）×sin（θ）；Z 值 R5　#3(Z值)　#2(X值) 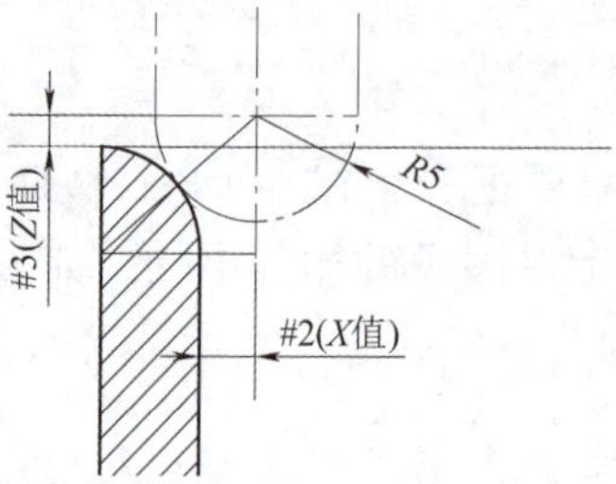	如果刀具从低往上加工，θ 的取值范围为［0，90］，否则［90，0］ #1=0; WHILE［#1LE360］DO 2; #2=［20-#12］×COS［#1］; #3=［20-#12］×SIN［#1］; #4=SQRT［25×25-#3 * #3］; G03 X#2 Y#3 Z［#4-#13］R20 F500; #1=#1+2; END 2;

2. 编制程序与仿真校验

参照倒直角的编程思路，将倒圆角的循环语句融入进去，刀具从下往上加工，最终的参考程序如表 22-10 所示。

表 22-10　倒圆角零件的参考程序

程序	注释
%O0001;	程序名
G54 G90 G94 G15;	
M03 S800;	
G0 X0 Y0;	
Z10;	
#6=0;	
WHILE [#6LE90] DO 1;	
#12=10*COS [#6] -5;	
#13=5-10*SIN [#6];	
G1 X[15-#12]Y-5 Z[25-#13] F500;	
G3 X[20-#12]Y0 R5;	
#1=0;	
WHILE [#1LE360] DO 2;	
#2= [20-#12] *COS [#1];	
#3= [20-#12] *SIN [#1];	
#4=SQRT [25*25-#3*#3];	
G03 X#2 Y#3 Z[#4-#13] R20 F500;	
#1=#1+2;	
END 2;	
G3 X[15-#12]Y5 R5;	
#6=#6+3;	
END 1;	
G0 Z30;	
G40 X0 Y0;	
M30;	

3. 实践操作

（1）采用平口钳夹持毛坯并校正，确保工件夹紧。

（2）根据加工要求，主轴依次添加各刀具。

（3）确认工具放置原处。开机，进入 MDI 方式，输入 M03 3000，使主轴正转，按照要求完成 Z 轴方向对刀。

（4）按照要求，输入程序完成倒圆角零件的加工。

（5）加工完毕，清理卫生，关闭各电源开关，填写完成附录 1 实践过程记录表。

四、任务测评

见附录表2任务评测表。先自己检测完成任务的情况，再与同学互检，合格后交指导教师评分，教师签字后方可进行下一任务的实训。

五、拓展练习

通过网上搜索比较FANUC与华中数控系统、西门子数控系统、新代数控系统等宏程序语法格式的区别，尝试选择上述案例进行宏程序编制与仿真加工。

任务23 凹槽的自动编程与加工

一、工作任务

1. 任务描述

采用CAXA制造工程师完成图23-1所示凹槽零件的数控铣削自动编程，并进行仿真加工。

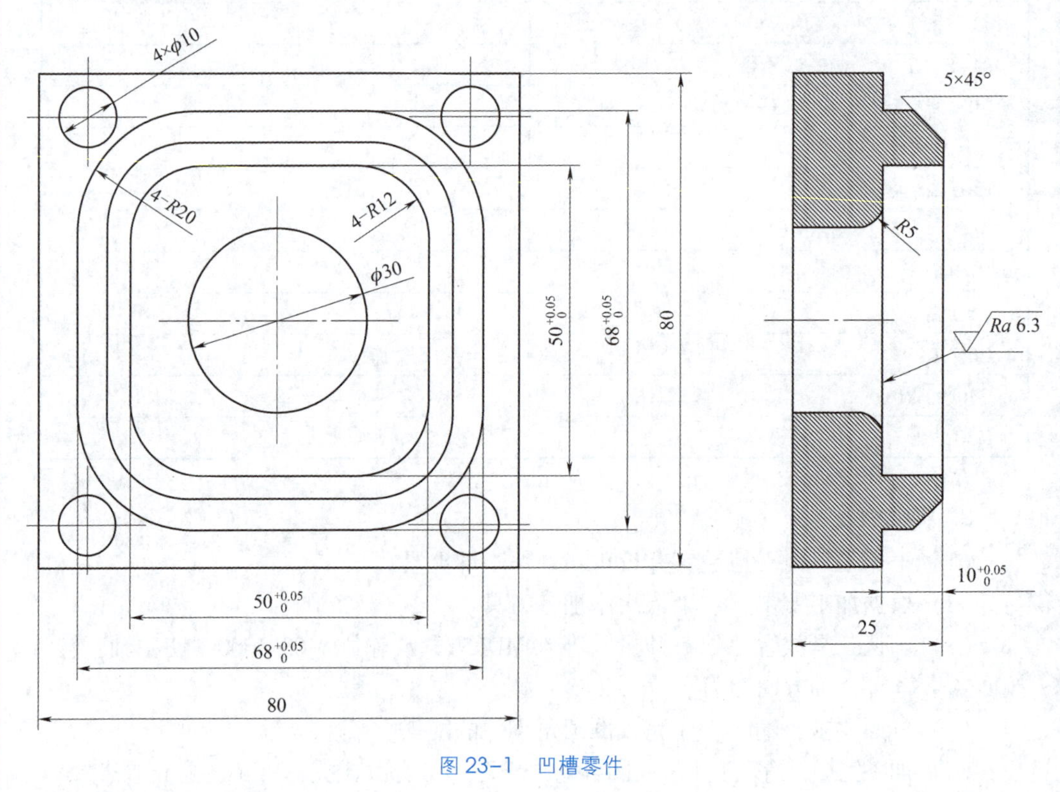

图23-1 凹槽零件

2. 学习目标

（1）熟悉自动编程流程，掌握常见零件的自动编程。

（2）明确操作规范和实训室使用规范，使学生养成良好的职业习惯。

二、任务准备

1. 零件建模

根据凹槽零件的特点，主要采用拉伸增料、拉伸除料以及倒角造型建模，如图 23-2 所示。

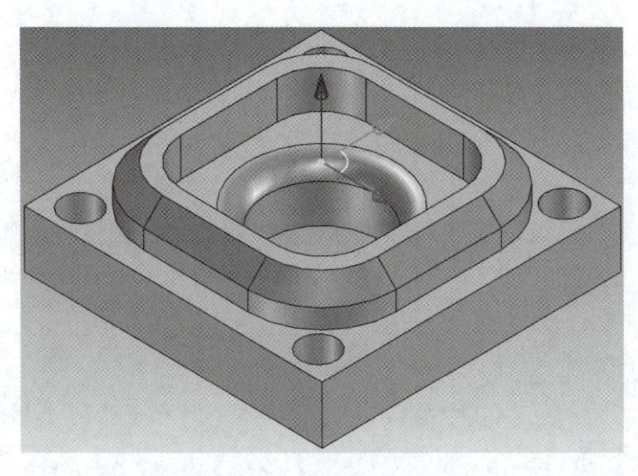

图 23-2　凹槽零件建模

2. 设置毛坯

单击毛坯按钮→弹出创建毛坯对话框→单击拾取参考模型→弹出面拾取对话框→用鼠标拾取零件模型后单击确定按钮→毛坯创建完毕，如图 23-3 所示。

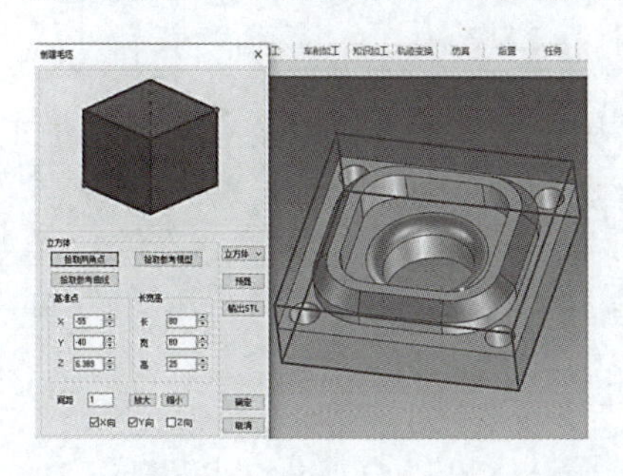

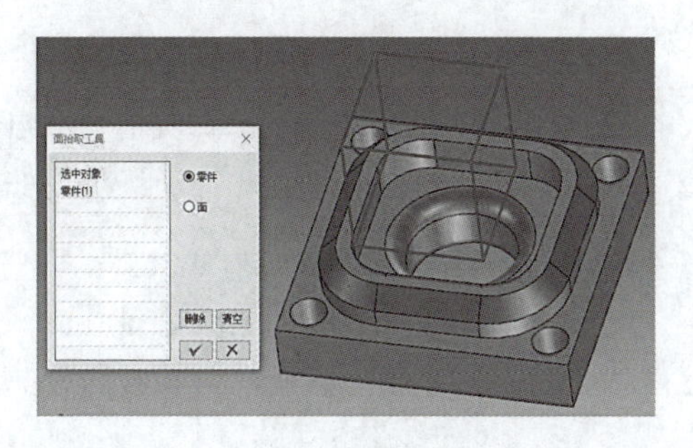

图 23-3　设置毛坯

3. 两轴加工方法

两轴加工方法主要采用平面区域粗加工、平面轮廓精加工与钻孔加工，加工过程包括粗、精加工轨迹生成及校验、后置处理及加工代码生成。

（1）平面区域粗加工。

平面区域粗加工方法属于两轴加工，优点是不必有三维模型，只要给出零件的外轮廓和岛屿，就可以生成加工轨迹，支持轮廓与岛屿的分别清根设置，生成加工

轨迹速度较快，主要用于铣平面、型腔和铣槽加工，也可进行斜度的设置。轮廓与岛屿应在同一平面内，不支持岛中岛的加工，即不支持岛屿的嵌套。平面区域粗加工刀路轨迹如图 23-4 所示。

图 23-4 平面区域粗加工刀路轨迹

（2）平面轮廓精加工。

平面轮廓精加工参数适用 2/2.5 轴轮廓精加工，不必有三维模型，只要给出零件的外轮廓和岛屿，就可以生成加工轨迹。支持具有一定拔模斜度的轮廓轨迹生成，生成加工轨迹速度较快，加工时间较短。平面轮廓精加工刀路轨迹如图 23-5 所示。

图 23-5 平面轮廓精加工刀路轨迹

（3）钻孔加工。

2022 版本 CAXA 制造工程师具有孔加工、固定循环加工，以及 G01 钻孔加工功能，均可以实现钻孔。钻孔加工刀路轨迹如图 23-6 所示。

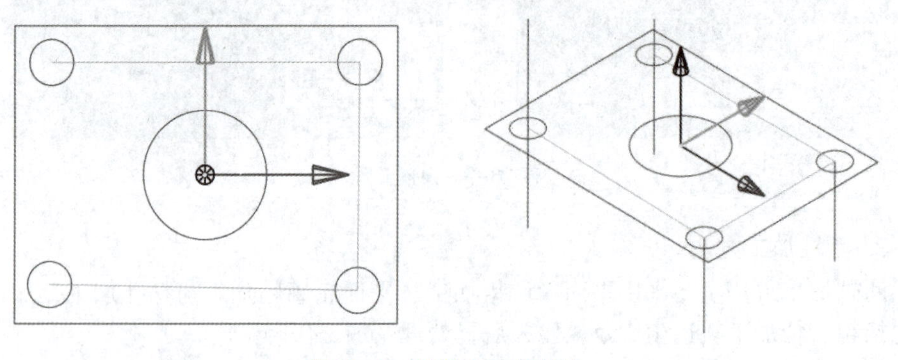

图 23-6 钻孔加工刀路轨迹

4. 三轴加工方法

（1）等高线粗加工。

等高线粗加工指令是刀具路径在同一高度内完成一层切削，遇到曲面或实体时，将绕过并下降一个高度进行下一层的切削。等高线粗加工在数控加工应用最为广泛，适用于大部分的粗加工，通常用于快速大量地去除多余材料和为半精加工或精加工留下较小的余量等，在实际加工中90%以上粗加工是应用等高线粗加工完成的。等高线精加工只生成一层的轨迹而粗加工要生成多层的轨迹，应用案例如图 23-7 所示。

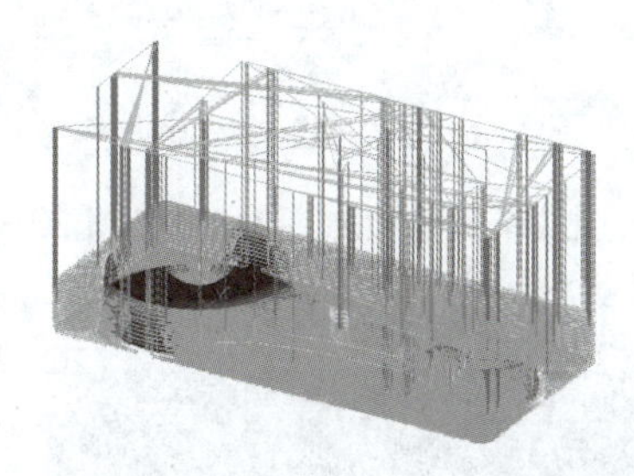
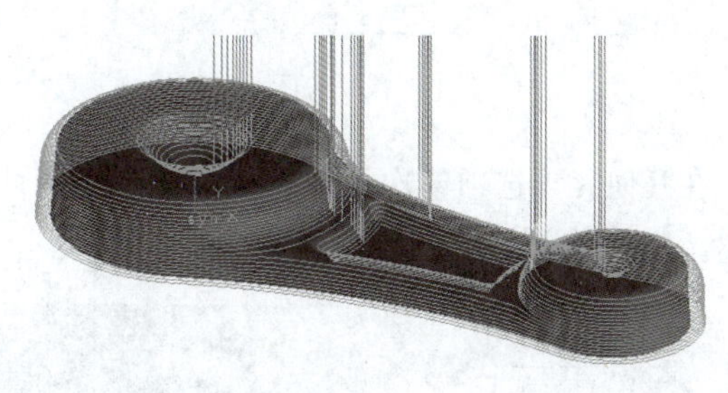

图 23-7　连杆粗、精加工刀路轨迹

（2）参数线精加工。

参数线精加工是生成单个或多个曲面的，按曲面参数线行进的刀具轨迹。对于自由曲面一般采用参数曲面方式表达，因此按参数分别变化生成加工刀位轨迹便利合适，运用案例如图 23-8 所示。

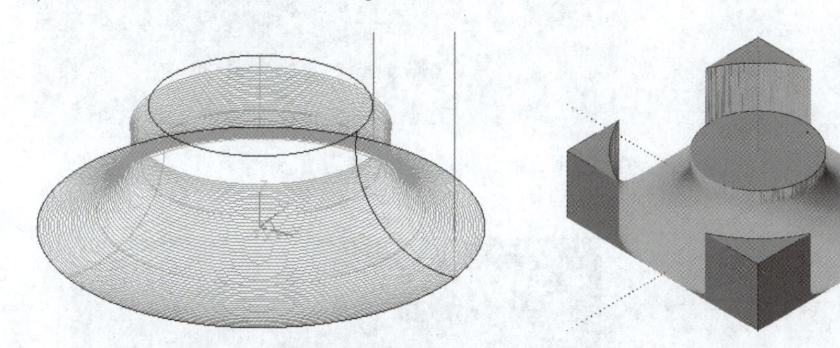

图 23-8　圆台曲面刀路轨迹及仿真加工效果

三、任务实施

1. 加工 68 mm×68 mm 轮廓零件

（1）粗加工 68 mm×68 mm 轮廓零件。

将工件坐标系定位至工件的上表面几何中心处，保证与数控机床坐标系重合。单击平面区域粗加工指令按钮设置相关参数，清根参数、接近返回、下刀方式、坐标系的参数默认即可，加工参数及刀具参数如图 23-9 所示。

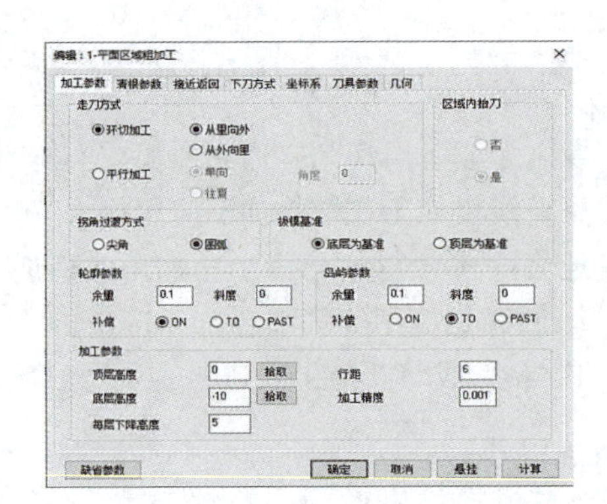

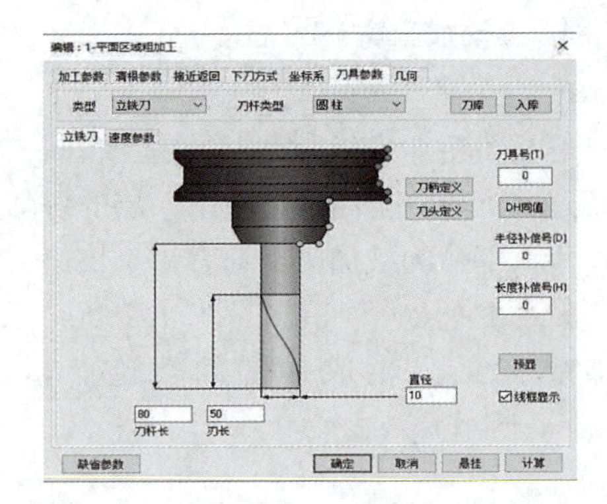

图 23-9 加工参数及刀具参数

在几何元素选项依次拾取轮廓曲线和岛屿曲线，拾取步骤如图 23-10、图 23-11 所示。

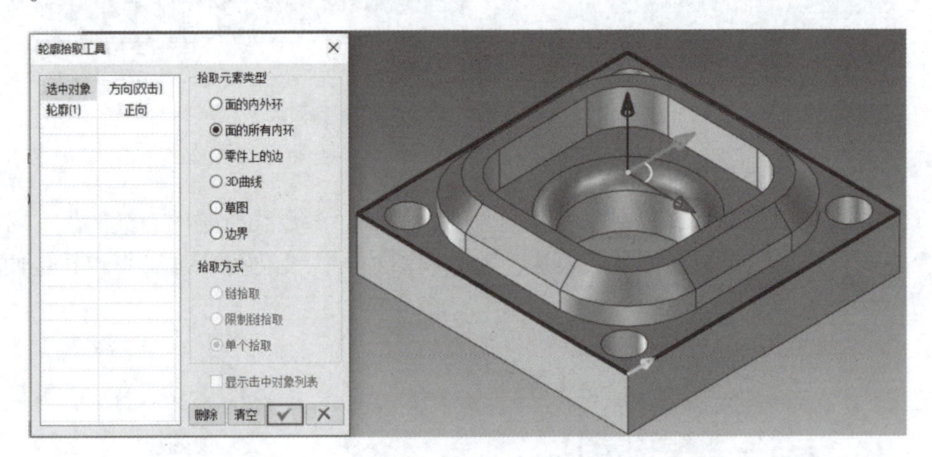

图 23-10 拾取轮廓曲线步骤

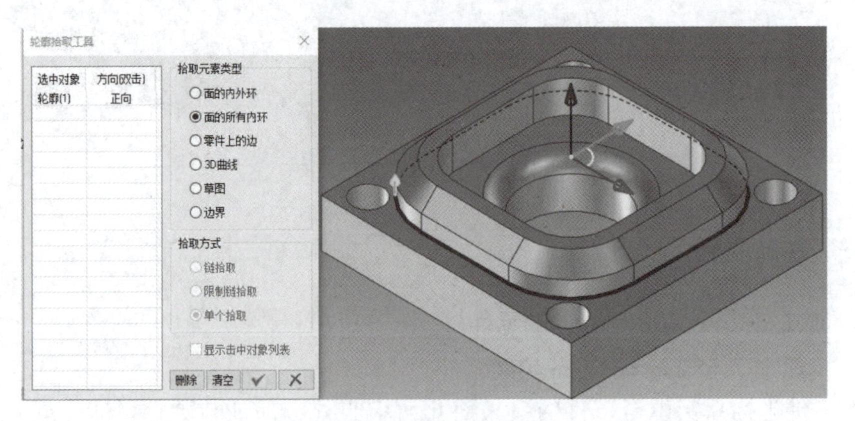

图 23-11 拾取岛屿曲线步骤

以上参数设置完毕，单击确定按钮，生成图 23-12 所示刀路轨迹路径。

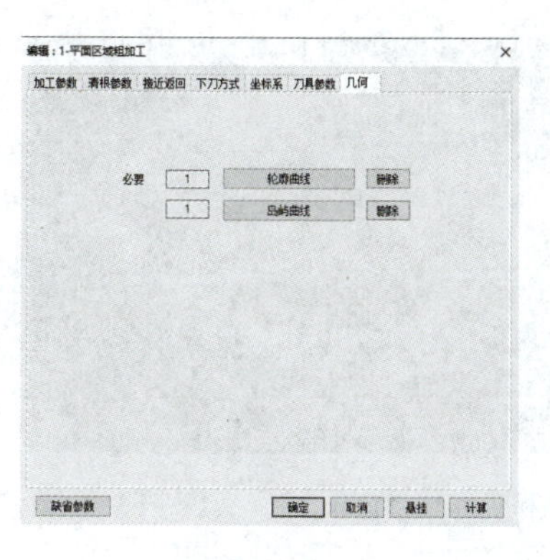

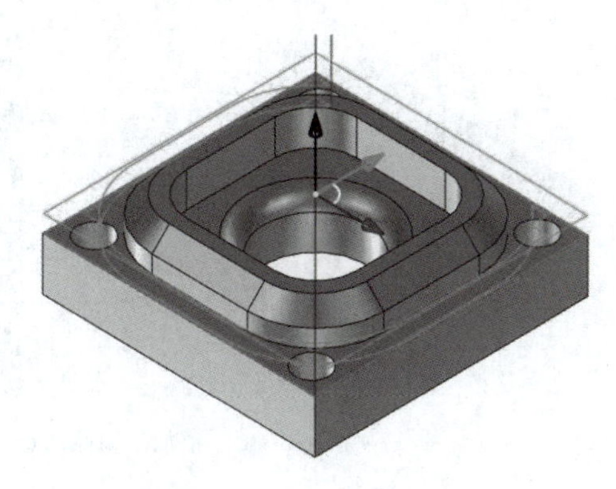

图 23-12　刀路轨迹路径

选择刀路轨迹，单击实体仿真或线框仿真按钮即可进行仿真加工。在仿真校验无误后，再次选择对应刀路轨迹，单击后置处理按钮即可生成数控加工 G 代码程序，如图 23-13 所示。

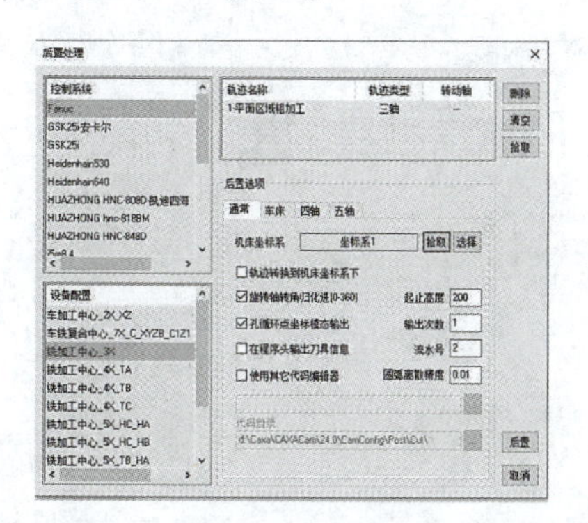

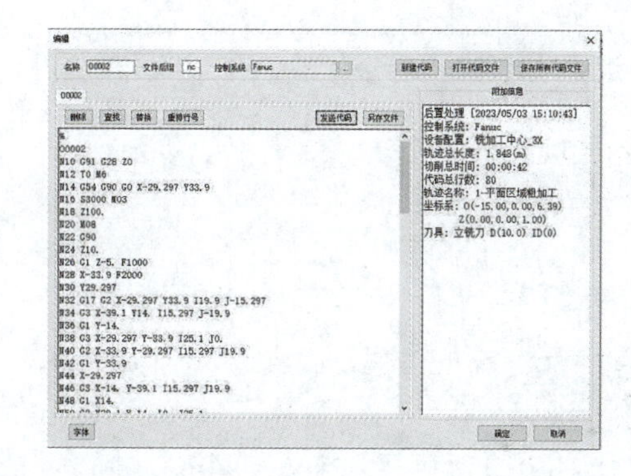

图 23-13　后置处理

（2）精加工 68 mm×68 mm 零件轮廓。

单击平面轮廓精加工指令按钮设置相关参数，起始点、切入切出、空切区域、轨迹变化、坐标系的参数默认即可，刀具选择选择直径为 10 mm 的立铣刀，加工参数及轮廓曲线设置如图 23-14 所示。

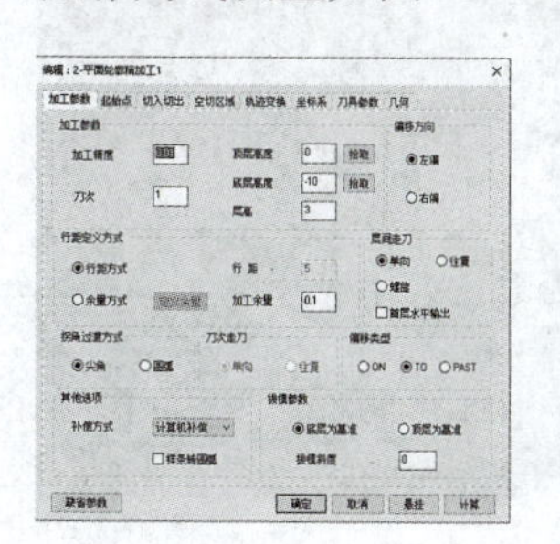

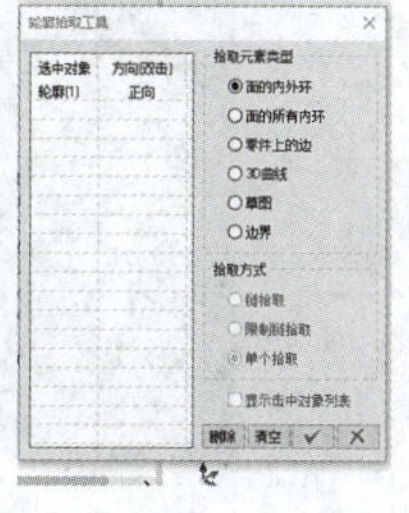

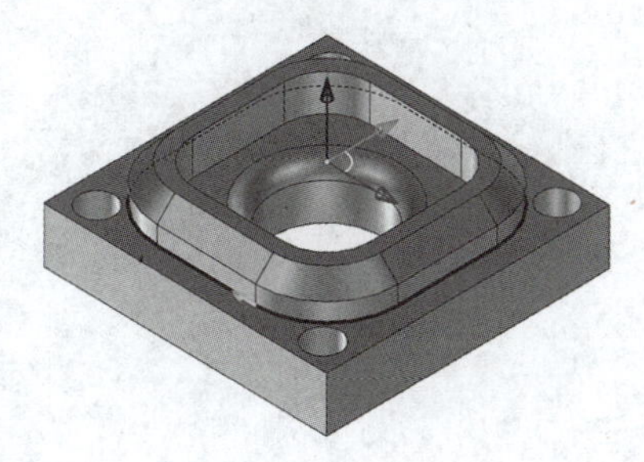

图 23-14　加工参数及轮廓曲线设置

单击确定按钮后，生成精加工刀路轨迹路径和仿真加工效果，如图 23-15 所示。

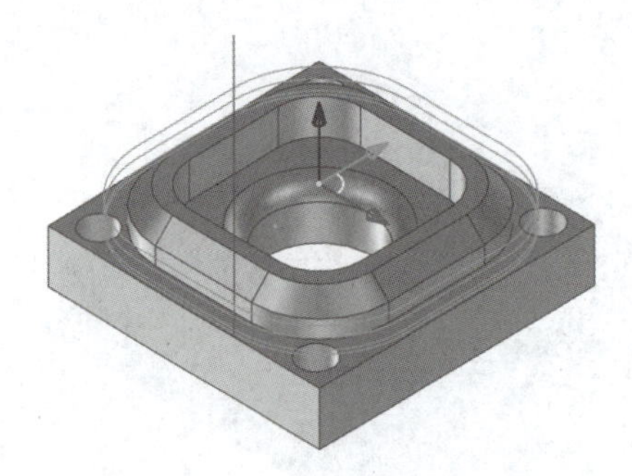

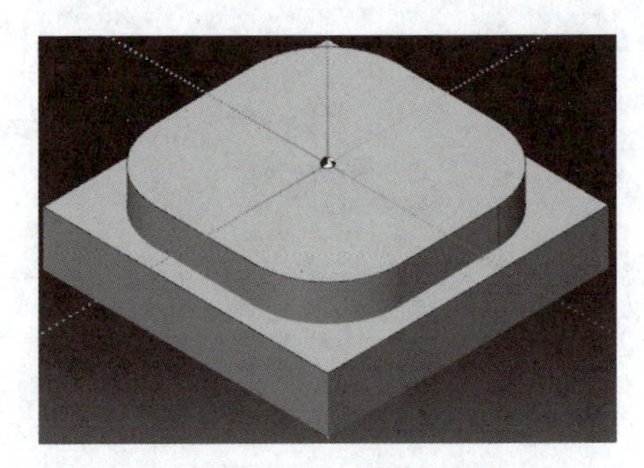

图 23-15　精加工刀路轨迹路径和仿真加工效果

2. 加工 50 mm×50 mm 轮廓

（1）粗加工 50 mm×50 mm 型腔余料。

利用上述所学，选择直径为 12 mm 的立铣刀，主要加工参数设置的如图 23-16 所示。

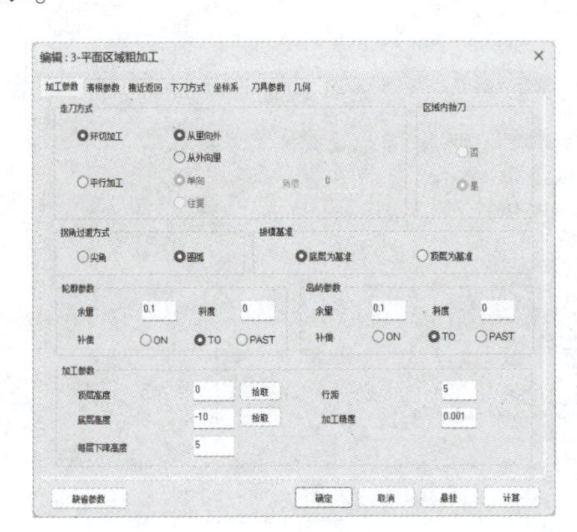

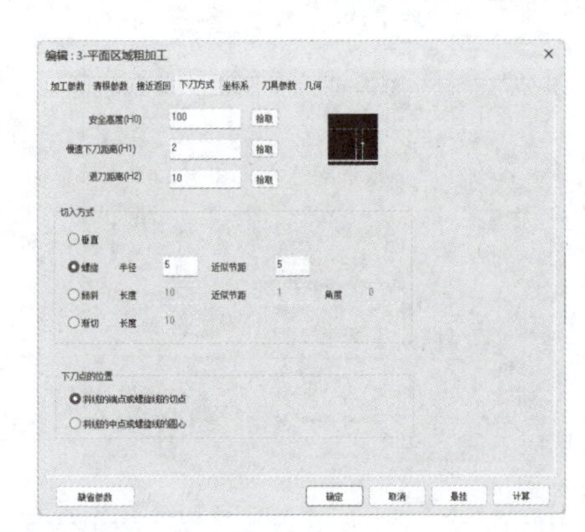

图 23-16　平面区域粗加工主要加工参数设置

如图 23-14 所示，拾取轮廓曲线后，单击确定按钮生成的刀路轨迹，如图 23-17 所示。

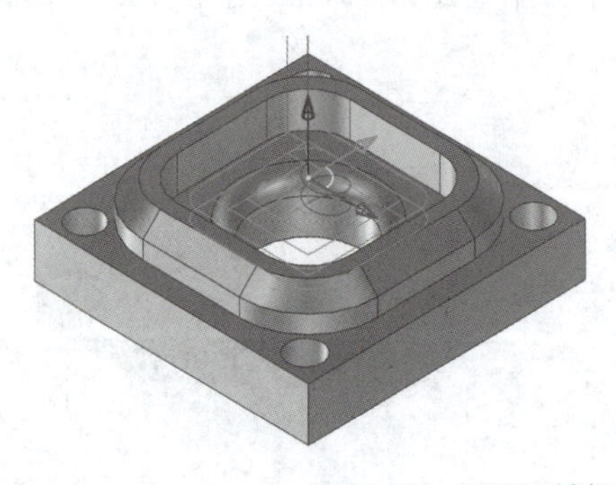

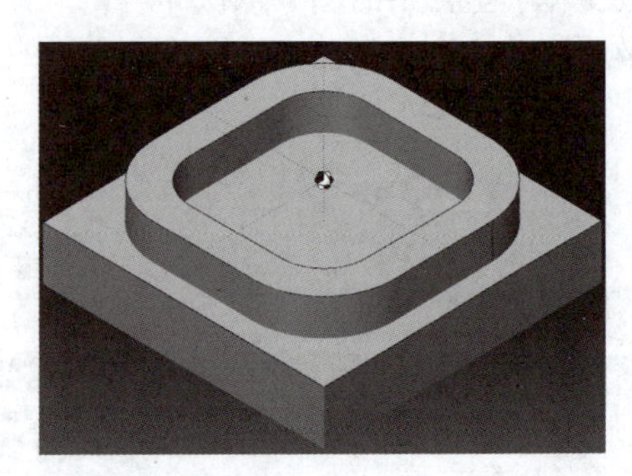

图 23-17　平面区域粗加工拾取轮廓曲线刀路轨迹

（2）精加工 50 mm×50 mm 型腔轮廓。

单击平面轮廓精加工指令按钮设置相关参数，起始点、切入切出、空切区域、轨迹变化、坐标系的参数默认即可，刀具选择直径为 12 mm 立铣刀，加工参数和轮廓选择如图 23-18 所示。

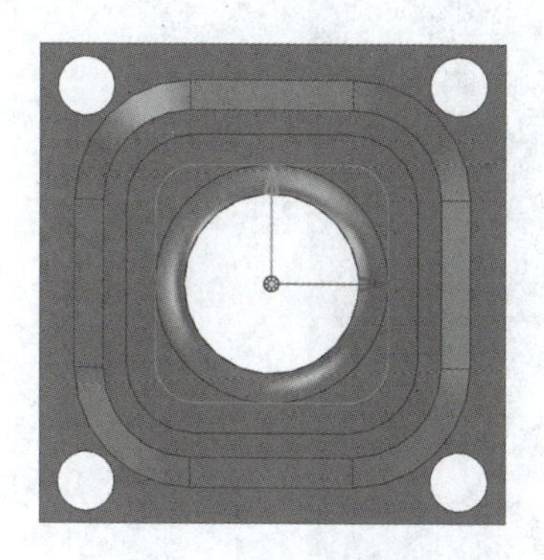

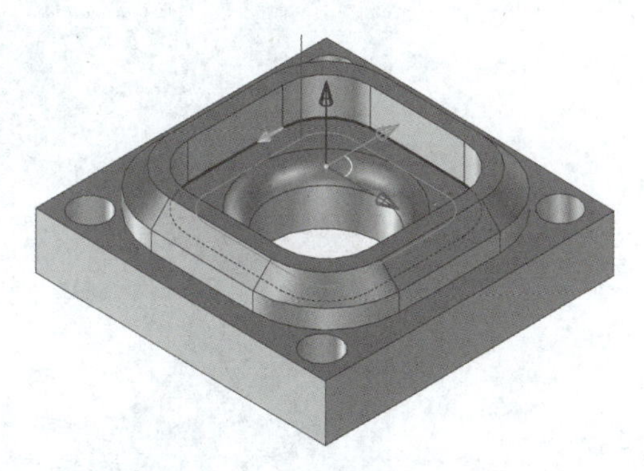

图 23-18　精加工 50 mm×50 mm 型腔轮廓加工参数和轮廓选择

3. 加工 ϕ30 mm 整圆

加工 ϕ30 mm 整圆可以采用平面区域粗加工和平面轮廓精加工完成加工，也可以采用铣圆孔指令完成加工。

单击孔加工按钮→选择铣圆孔加工→依次设置加工参数→切入切出→空切区域→坐标系→刀具参数→圆孔拾取工具设置，如图 23-19 所示。

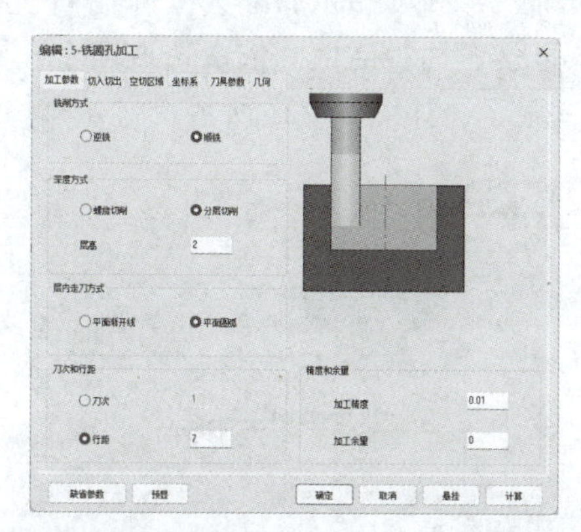

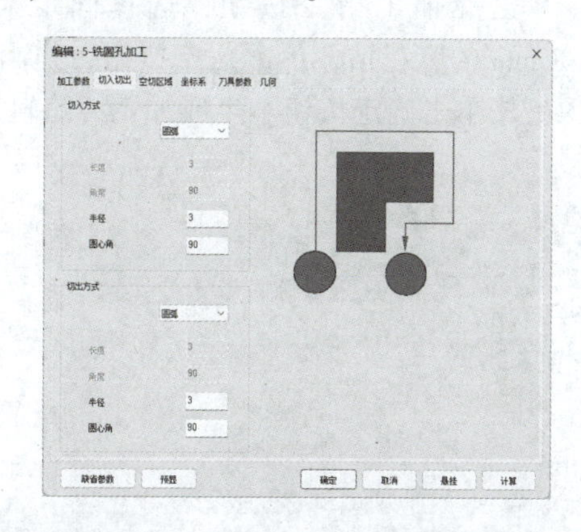

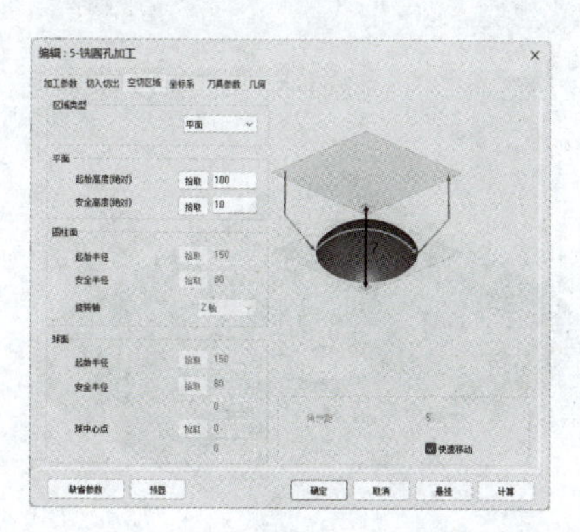

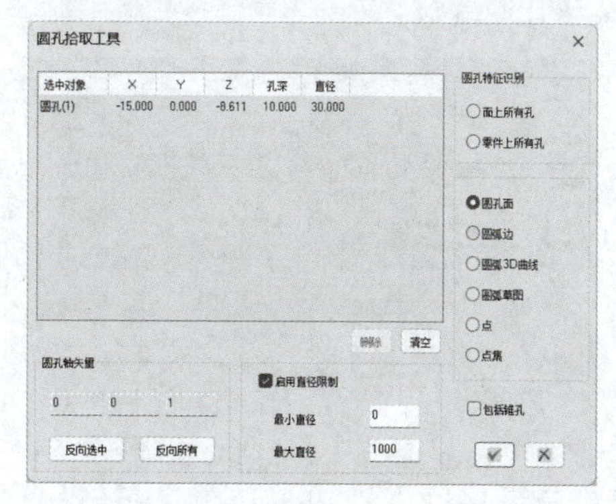

图 23-19　铣圆孔加工各参数设置

学习笔记

参数设置完毕后，单击确定按钮，生成刀路轨迹及仿真效果如图 23-20 所示。

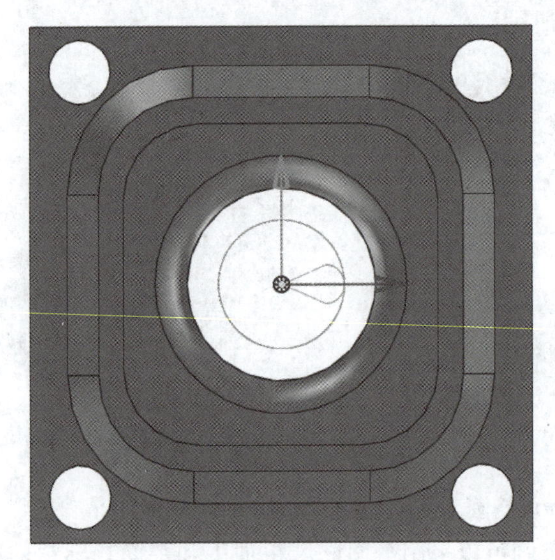

图 23-20　刀路轨迹及仿真效果

4. 钻孔 4×ϕ10 mm

单击孔加工指令按钮，选择固定循环加工，输入加工参数，选取直径为 ϕ9.8 mm 的麻花钻，单击孔点按钮，弹出点拾取工具对话框，依次选取四个孔圆，选取完毕单击确定按钮。生成加工刀路轨迹并显示，如图 23-21 所示。

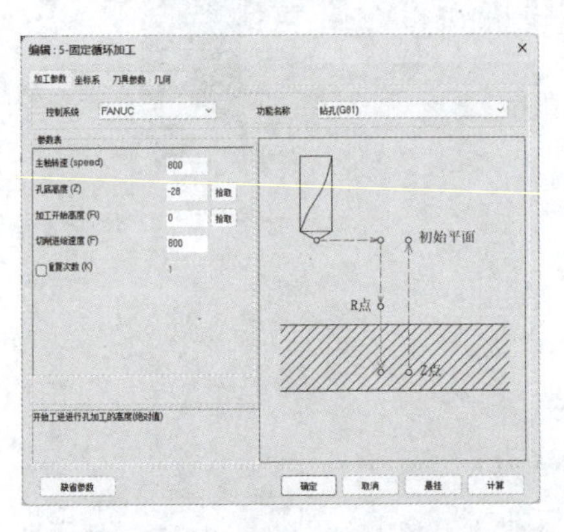

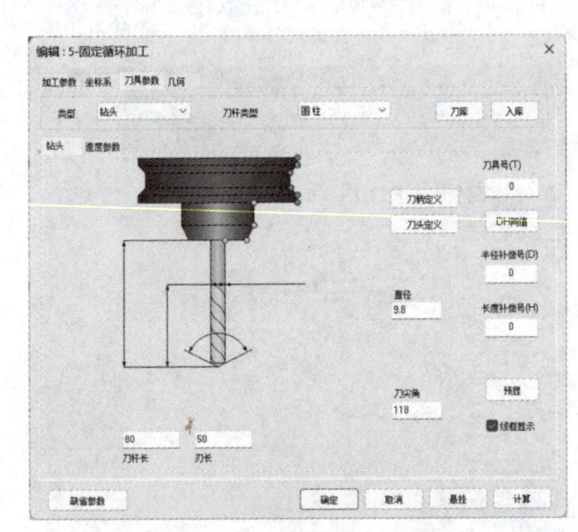

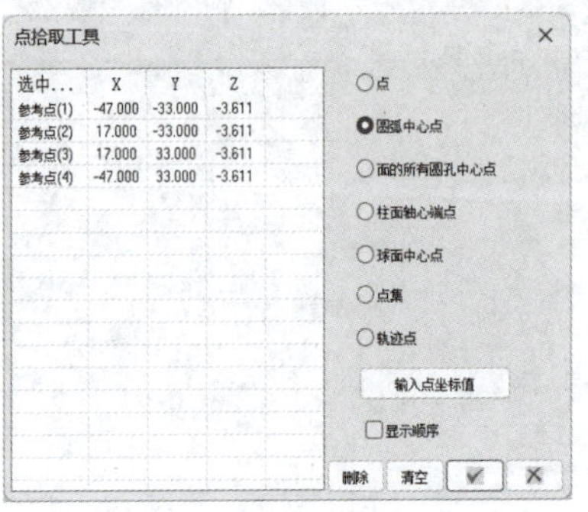

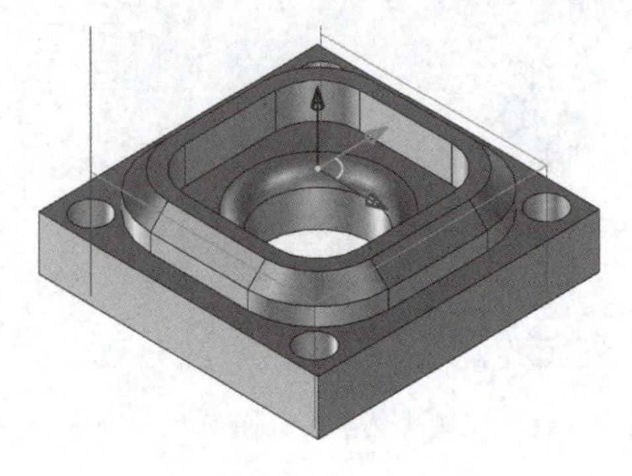

图 23-21　4×ϕ10 mm 孔加工刀路轨迹

5. *R*5 倒圆角加工

CAXA 制造工程师具有专门的倒角命令。单击两轴加工按钮弹出倒圆角加工对话框，选择直径为 10 mm 的球头铣刀，加工参数输入对应数值，在几何选项中选择正确轮廓曲线，其他选项可默认，如图 23-22 所示。

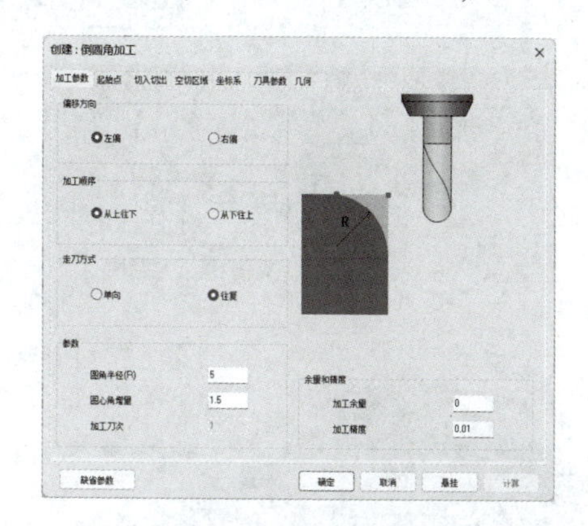

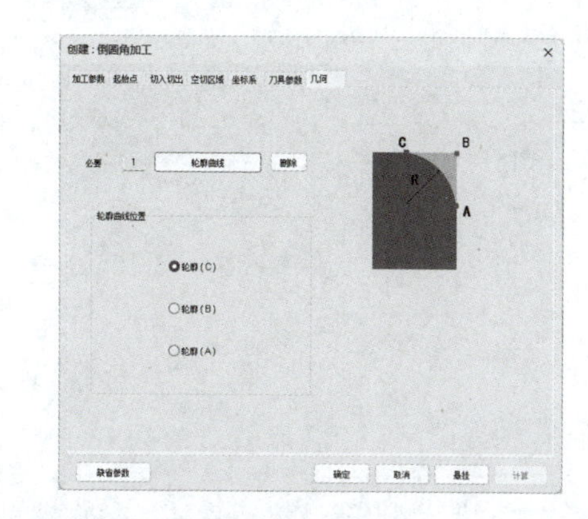

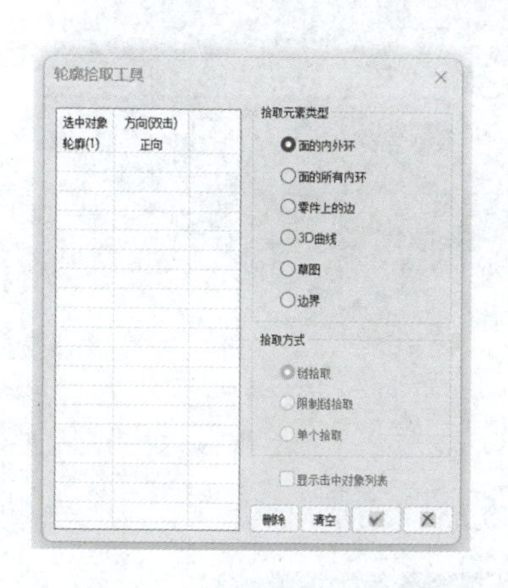

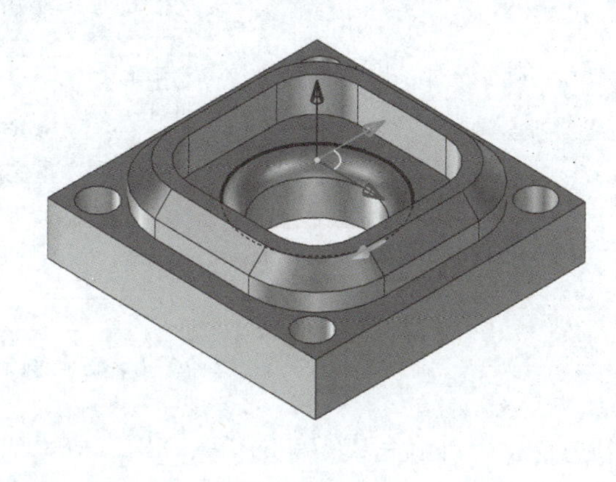

图 23-22　倒圆角加工参数设置

单击确定按钮后，生成刀路轨迹如图 23-23 所示。

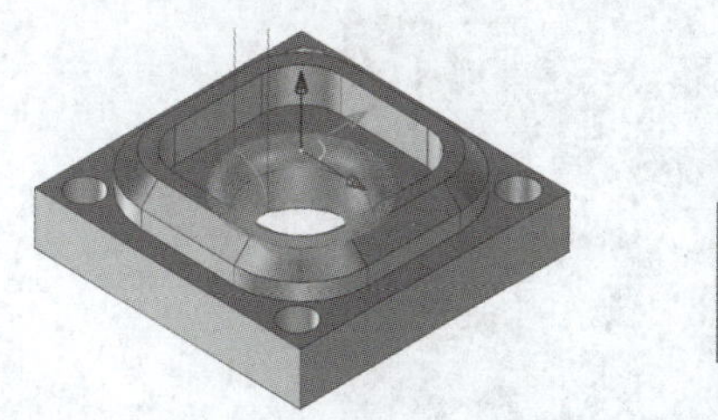

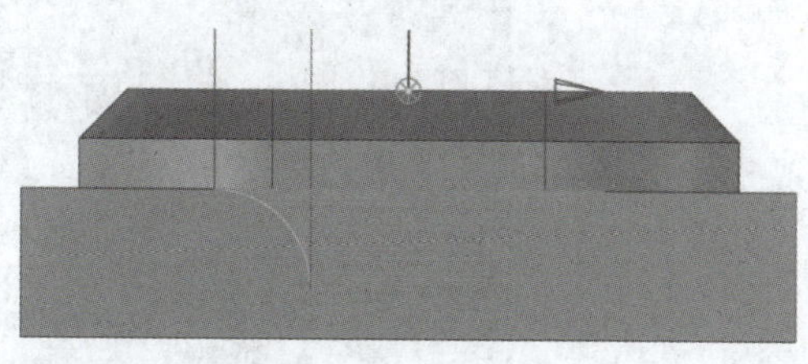

图 23-23　倒圆角刀路轨迹

6. 5×45°倒圆角加工

在三轴加工选项里，单击参数线精加工按钮填写加工参数，刀具选择 ϕ10 mm 的立铣刀，接近返回参数、坐标系、下刀方式等参数按钮默认即可。全部参数填写完毕后，单击确定按钮，如图 23-24 所示。

学习笔记

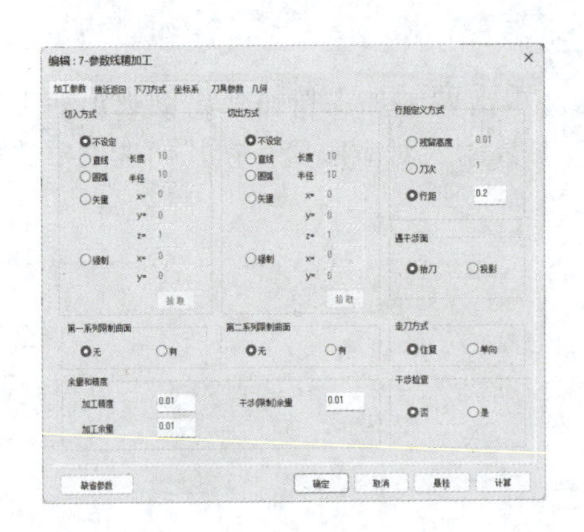

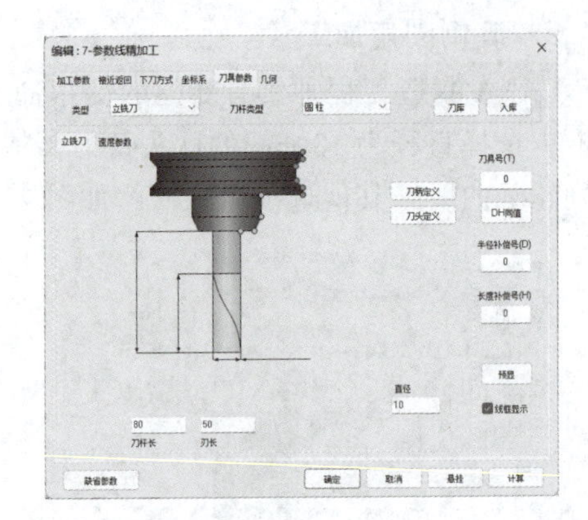

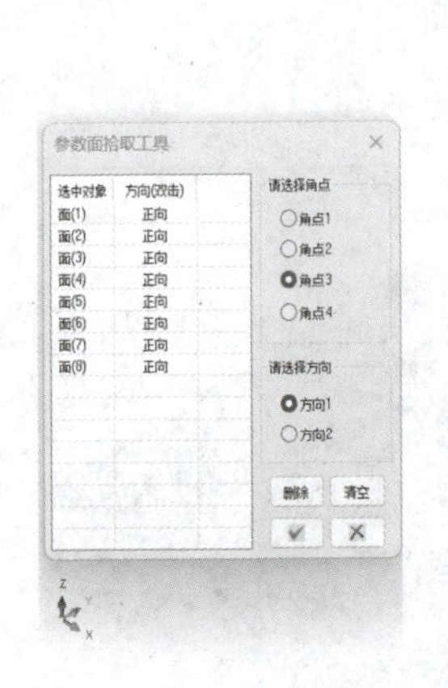

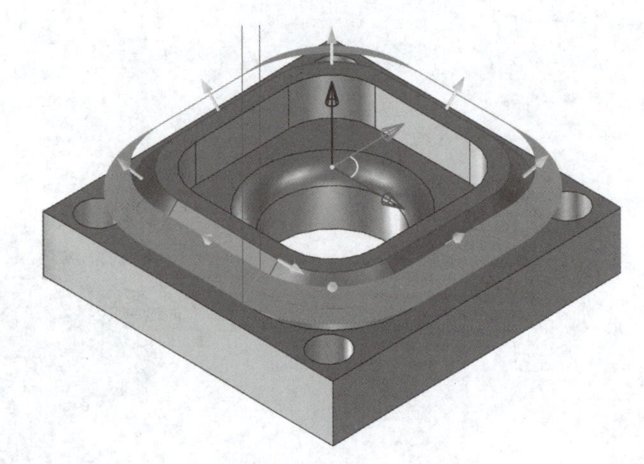

图 23-24　5×45°倒圆角加工轨迹

通过以上讲解完成零件的仿真加工，效果如图 23-25 所示。

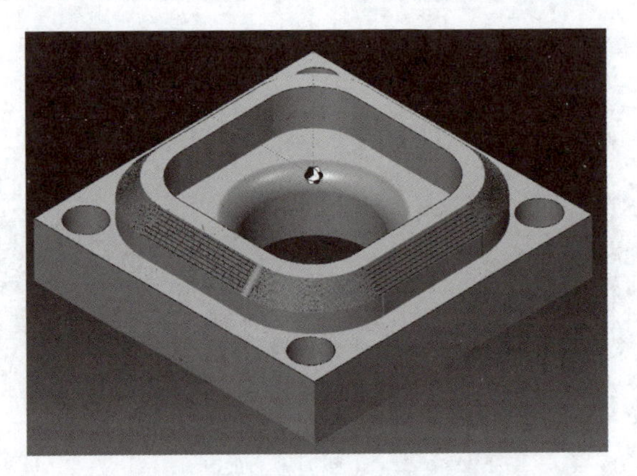

图 23-25　凹槽零件的仿真加工效果

7. 实践操作

（1）采用平口钳夹持毛坯并校正，确保工件夹紧。

（2）根据加工要求，主轴依次添加各类铣刀。

（3）开机，进入 MDI 方式，输入 M03 2000，使主轴正转，按照完成对刀。

（4）按照要求，机床通信，传输程序完成凹槽零件的加工。

（5）加工完毕，清理卫生，关闭各电源开关，填写完成附录表 1 实践过程记录表。

四、任务测评

见附录表 2 任务评测表。先自己检测完成任务的情况，再与同学互检，合格后交指导教师评分，教师签字后方可进行下一任务的实训。

五、拓展练习

利用上述所学，试完成图 23-26 所示零件的自动编程与仿真加工。

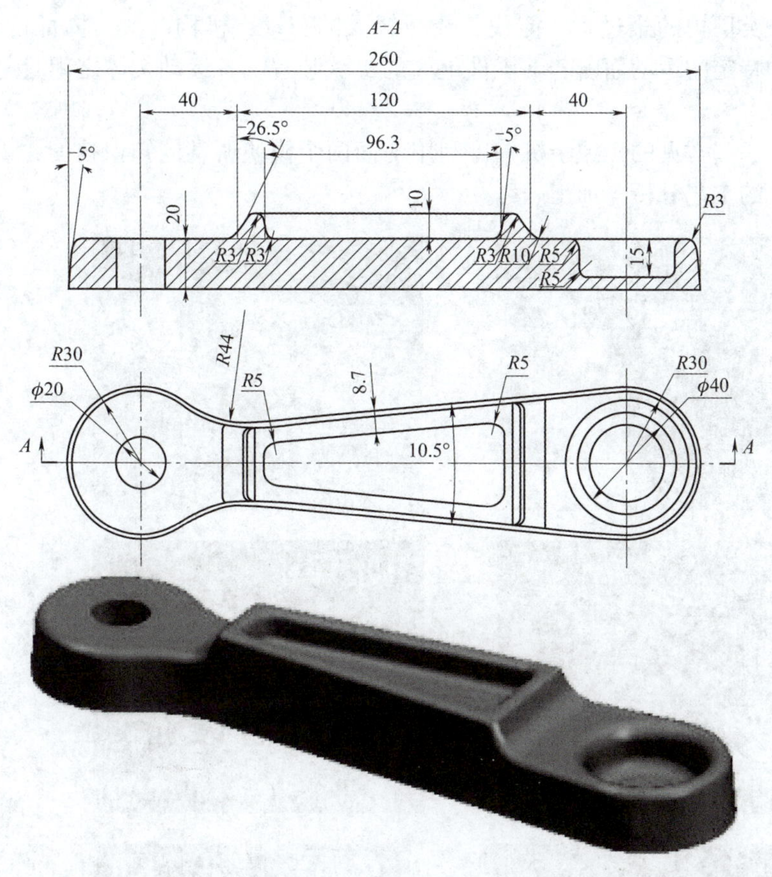

图 23-26 连杆模具

模块三

数控车铣复合组件编程与加工

机器贯穿人类历史的全过程，能代替或减轻人的劳动，机构一般为内部传递、转换或实现某种特定的运动而由若干零件组成的机械装置，各运动实体之间具有确定的相对运动。

本模块设计一些常见的机械小机构，利用前面两个模块所学的知识技能，试完成如下相关零件的工艺分析与加工。

项目六　典型数控车铣复合组件编程与加工

项目描述

本项目通过对平口钳、压印机以及摇杆滑块机构三个典型机构进行数控工艺分析与加工，全面检验学生综合运用所学知识和技能，进一步巩固前面所学知识。

通过任务实施，学生能够将所学的专业知识进行系统的整理、融合，并应用于实际问题的解决中。本项目提高学生综合素质，如实验研究和数据处理的能力、独立思考和解决问题的能力、团队协作和组织协调的能力等。

任务 24　平口钳的加工

平口钳的加工

一、工作任务

1. 任务描述

设计一台平口钳的组成如图 24-1 所示，利用所学完成平口钳的数控加工并装配调试运行。

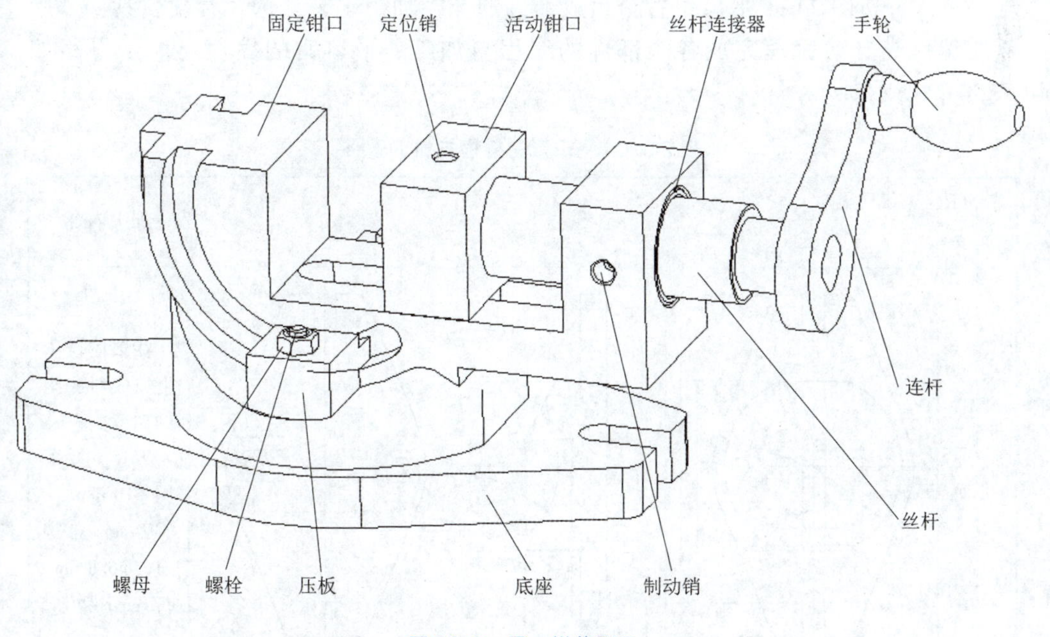

图 24-1　平口钳装配图

学习笔记

2. 学习目标

（1）能熟练分析机械产品的数控加工工艺，完成零件的数控加工与零件装配。

（2）具备明确的操作规范和实训室使用规范，使学生养成良好的职业习惯。

二、任务准备

依据图 24-1，读懂平口钳的组成和工作原理，分析各个组成部件的数控加工工艺，完成备料工作，平口钳的备料清单如表 24-1 所示。

表 24-1 平口钳的备料清单

序号	规格	数量	材料	备注
1	152 mm×92 mm×43 mm	1	45#	
2	128 mm×42 mm ×56 mm	1	45#	
3	41mm×36 mm×21 mm	1	45#	
4	28 mm×20 mm×15 mm	2	45#	
5	65 mm×32 mm×8 mm	1	45#	
6	ϕ25 mm×105 mm	1	45#	
7	ϕ20 mm×80 mm	1	45#	
8	ϕ30 mm×30 mm	1	45#	
9	M8×50 外六角螺栓	2	—	
10	M8 六角螺母	2	—	

三、任务实施

依次分析图 24-1 平口钳各个组成部件的数控加工工艺，选择合理刀具，采用手工编程或自动编程完成各个部件的编程与加工。平口钳的编程与加工思路如表 24-2 所示。

表 24-2 平口钳的编程与加工思路

序号	任务	零件图	加工内容
1	底座	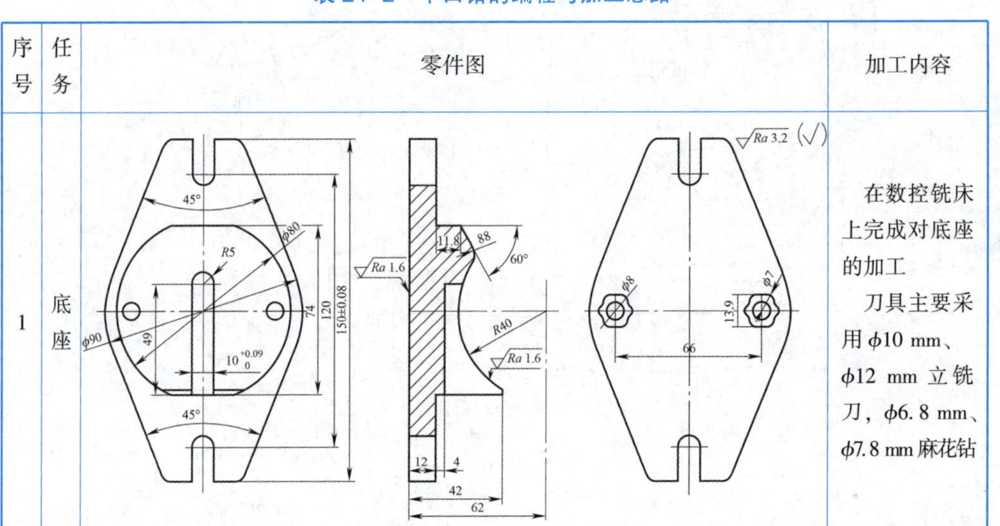	在数控铣床上完成对底座的加工 刀具主要采用 ϕ10 mm、ϕ12 mm 立铣刀，ϕ6. 8 mm、ϕ7.8 mm 麻花钻

续表

序号	任务	零件图	加工内容
2	固定钳口	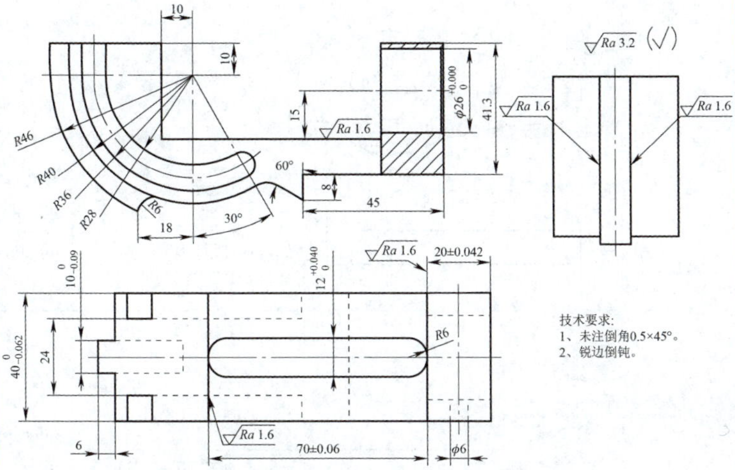 10 10 15 Ra 1.6 $\phi26^{+0.000}_{0}$ 41.3 R46 R40 R36 R28 R6 18 30° 60° 8 45 Ra 3.2 (√) Ra 1.6 Ra 1.6 $10^{0}_{-0.09}$ $12^{+0.040}_{0}$ Ra 1.6 20±0.042 $40^{0}_{-0.062}$ 24 R6 Ra 1.6 6 70±0.06 $\phi6$ 技术要求： 1、未注倒角0.5×45°。 2、锐边倒钝。	在数控铣床上完成对固定钳口的加工 刀具主要采用 $\phi8$ mm、$\phi12$ mm 立铣刀，$\phi9.8$ mm、$\phi23$ mm 麻花钻
3	压板	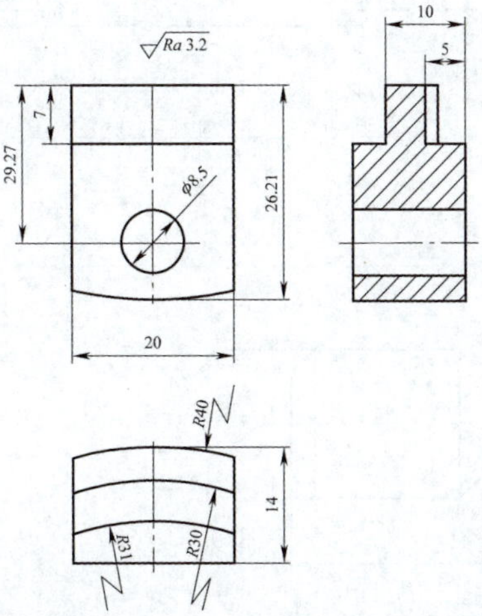 Ra 3.2 10 5 7 29.27 $\phi8.5$ 26.21 20 R40 14 R31 R30	在数控铣床上完成对压板的加工 刀具主要采用 $\phi8$ mm、$\phi12$ mm 立铣刀，$\phi7.8$ mm 麻花钻
4	活动钳口	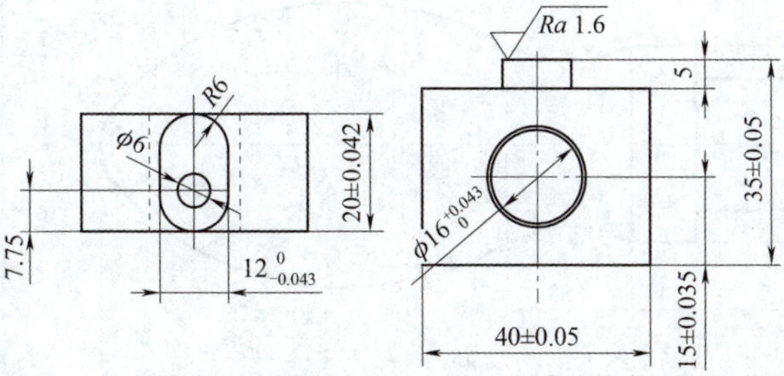 R6 $\phi6$ 20±0.042 7.75 $12^{0}_{-0.043}$ Ra 1.6 5 $\phi16^{+0.043}_{0}$ 35±0.05 40±0.05 15±0.035	在数控铣床上完成对活动钳口的加工 刀具主要采用 $\phi12$ mm 立铣刀，$\phi12$ mm 麻花钻

续表

序号	任务	零件图	加工内容
5	连杆	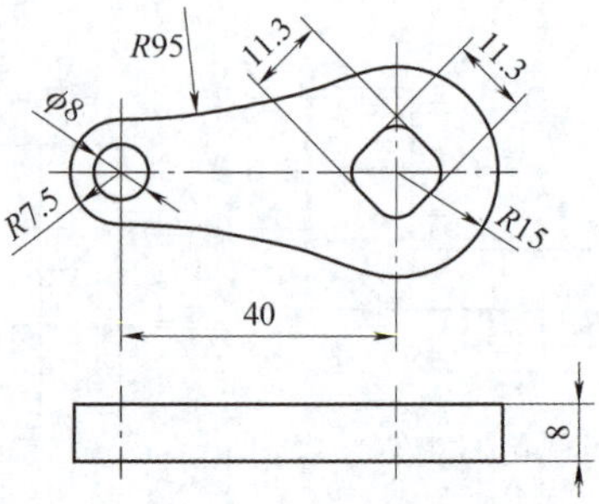	在数控铣床上完成对连杆的加工 刀具主要选用ϕ12 mm、ϕ8 mm 立铣刀，ϕ7.8 mm 麻花钻
6	丝杠	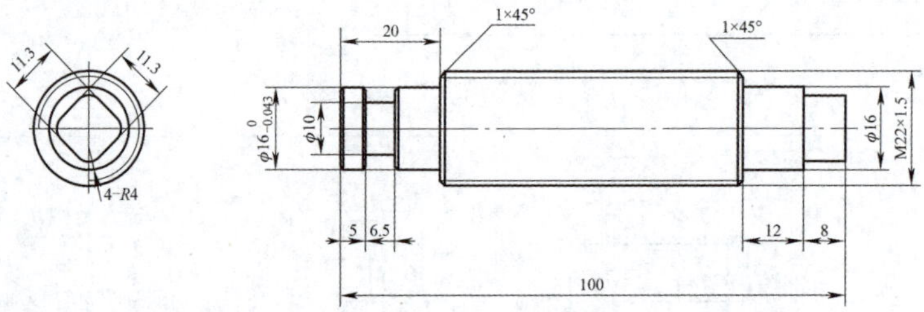	先在数控车床完成大部分加工，然后在数控铣床上完成铣削旋转矩形 刀具主要选用外圆刀、切槽刀、螺纹刀、立铣刀
7	圆柱定位销	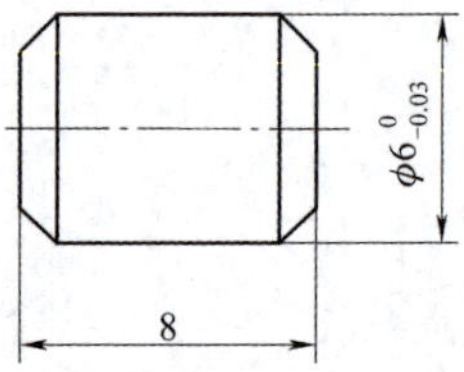	在数控车床上完成对圆柱定位销的全部加工 刀具选用 90° 外圆刀和切槽刀
8	手柄	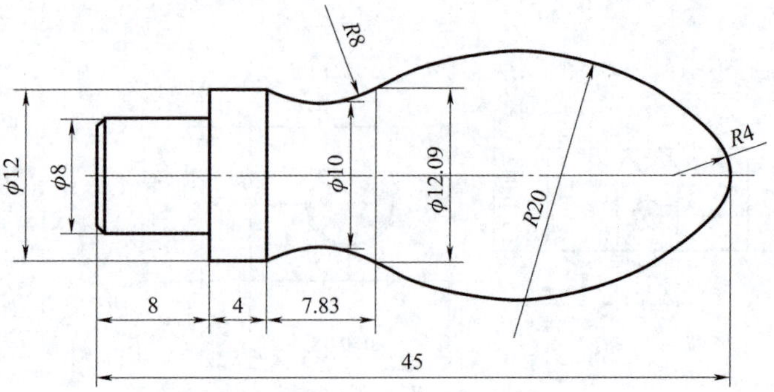	在数控车床上完成手柄的全部加工 刀具选用 35°外圆刀

续表

序号	任务	零件图	加工内容
9	丝杆连接套	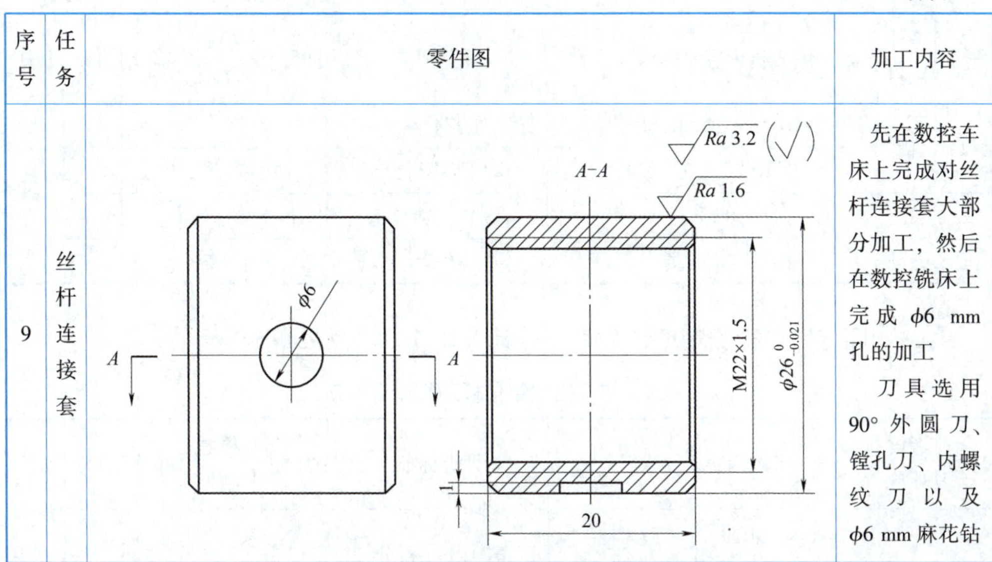	先在数控车床上完成对丝杆连接套大部分加工，然后在数控铣床上完成 ϕ6 mm 孔的加工 刀具选用 90° 外圆刀、镗孔刀、内螺纹刀以及 ϕ6 mm 麻花钻

四、任务测评

平口钳评分表如下所示。

（1）平口钳装配评分表（90 分，见表 24–3）。

表 24–3　平口钳装配评分表

序号	考核项目	考核内容及要求	评分标准	配分	检测结果	扣分	得分	备注
1	装配	各零件能实现装配	不能实现装配的零件，每件扣 5 分	50				
2	功能	摇动手柄，活动钳口可前后移动	不能实现运动不得分，不流畅扣 5 分	20				
		松开螺母，固定钳口能灵活转动	不能实现运动不得分，不灵活扣 5 分	20				

（2）底座检测精度评分表（合计：16 分，见表 24–4）。

表 24–4　底座检测精度评分表

序号	考核项目	考核内容及要求		评分标准	配分	检测结果	扣分	得分	备注
1	外形	150、74、	IT	未加工不得分	2				
		135°、45°	IT	共四处，每处 1 分，未加工不得分	4				
		R40、ϕ90	IT	未加工不得分	2				

续表

序号	考核项目	考核内容及要求	评分标准	配分	检测结果	扣分	得分	备注
2	槽	槽 2-10、120、12	未加工不得分	2				
		槽 $10^{+0.09}_{0}$、9、$R40$	未加工不得分	4				
3	孔	$\phi8$、$\phi7$	未加工不得分	2				
记录员		检验员	复核		统分			

（3）固定钳口检测精度评分表（合计：18 分，见表 24-5）。

表 24-5　固定钳口检测精度评分表

序号	考核项目	考核内容及要求		评分标准	配分	检测结果	扣分	得分	备注
1	外形	R46、R28、R6、R8、8	IT	未加工不得分	5				
		40、12、10、20、70	IT	未加工不得分	5				
2	槽	槽 $R40$、$R36$、24		未加工不得分	4				
		槽 12、58		未加工不得分	2				
3	孔	$\phi26$、15		未加工不得分	2				
记录员		检验员		复核		统分			

（4）连杆检测精度评分表（合计：8 分，见表 24-6）。

表 24-6　连杆检测精度评分表

序号	考核项目	考核内容及要求	评分标准	配分	检测结果	扣分	得分	备注
1	外形	$R7.5$、$R15$、$R95$	每处 1 分； 未加工不得分	4				
		56	未加工不得分	1				
		8	未加工不得分	1				
2	孔	$\phi8$	未加工不得分	1				
		11.31×11.31	未加工不得分	1				
记录员		检验员	复核		统分			

学习笔记

（5）活动钳口检测精度评分表（合计：8 分，见表 24-7）。

表 24-7 活动钳口检测精度评分表

序号	考核项目	考核内容及要求	评分标准	配分	检测结果	扣分	得分	备注
1	外形	35、40	未加工不得分	2				
		5、12、*R*6	未加工不得分	3				
2	孔	ϕ16、12	未加工不得分	2				
		ϕ6	未加工不得分	1				
记录员		检验员		复核		统分		

（6）丝杠连接套检测精度评分表（合计：5 分，见表 24-8）。

表 24-8 丝杠连接套检测精度评分表

序号	考核项目	考核内容及要求	评分标准	配分	检测结果	扣分	得分	备注
1	外形及螺纹	ϕ16、20	未加工不得分	2				
		M22×1.5	未加工不得分	2				
2	孔	ϕ10	未加工不得分	1				
记录员		检验员		复核		统分		

（7）手柄检测精度评分表（合计：6 分，见表 24-9）。

表 24-9 手柄检测配精度评分表

序号	考核项目	考核内容及要求		评分标准	配分	检测结果	扣分	得分	备注
1	外形	ϕ8、8	IT	未加工不得分	1				
			*Ra*1.6	降一级不得分	1				
		ϕ12、4、		未加工不得分	1				
		ϕ10、*R*8、*R*20、*R*4		未加工不得分	1				
		45		未加工不得分	1				
2	倒角	1×35°		未加工不得分	1				
记录员		检验员		复核		统分			

（8）丝杠检测精度评分表（合计：8 分，见表 24-10）。

表 24-10　丝杠检测精度评分表

序号	考核项目	考核内容及要求	评分标准	配分	检测结果	扣分	得分	备注
1	圆柱面	$\phi16$、20	未加工不得分	1				
		$\phi10$、6.5	未加工不得分	1				
		$\phi16$、12	未加工不得分	1				
		100	未加工不得分	1				
2	螺纹	M22×1.5	未加工不得分	2				
3	方头	11.3×11.3	未加工不得分	1				
4	倒角	1×45°	未加工不得分	1				
记录员		检验员		复核		统分		

（9）压板检测精度评分表（合计：4 分×2 件，见表 24-11）。

表 24-11　压板检测精度评分表

序号	考核项目	考核内容及要求	评分标准	配分	检测结果	扣分	得分	备注
1	外形	20、26.21、14、	未加工不得分	1				
		7、$R31$、$R30$、5、10	共两处，每处 1 分，未加工不得分	1				
		其余轮廓	未加工不得分	1				
2	孔	$\phi8.5$	未加工不得分	1				
记录员		检验员		复核		统分		

（10）定位销检测精度评分表（合计：2 分×2 件，见表 24-12）。

表 24-12　定位销检测精度评分表

序号	考核项目	考核内容及要求	评分标准	配分	检测结果	扣分	得分	备注
1	外形	$\phi6$、8	未加工不得分	2				
记录员		检验员		复核		统分		

五、拓展练习

在平口钳加工完毕后，试撰写产品的设计和使用说明书，设计 PPT 完成汇报。

学习笔记

任务 25 压印机的加工

一、工作任务

1. 任务描述

设计一台压印机，如图 25-1 所示，试利用所学完成压印机的数控加工并装配调试运行。

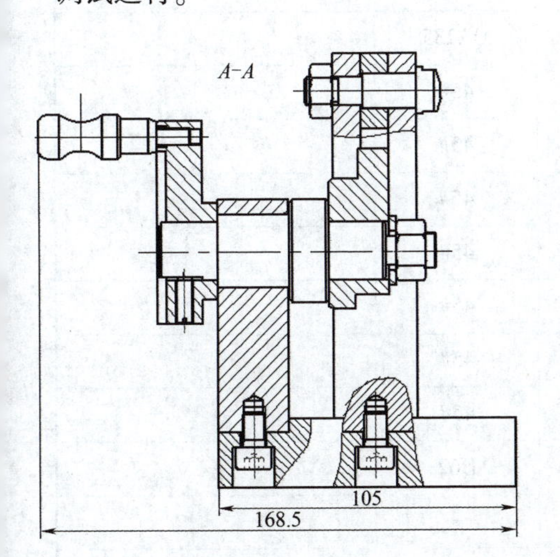

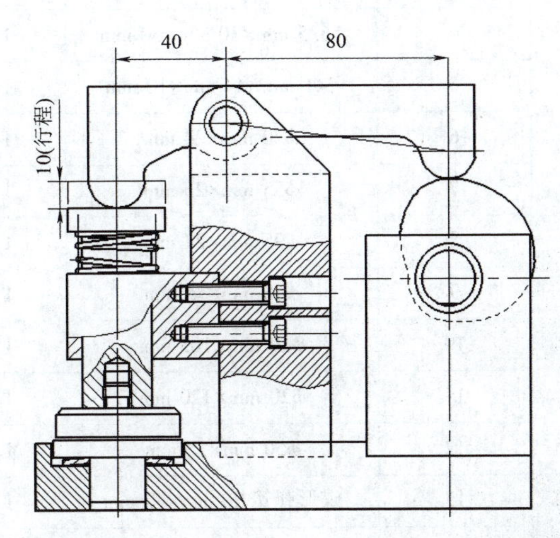

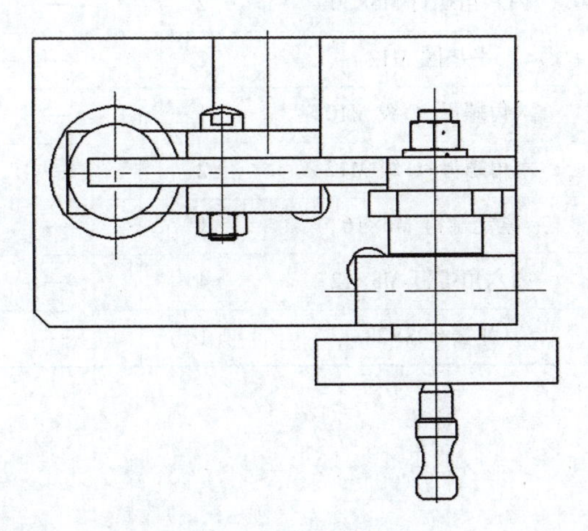

图 25-1 压印机装配图

2. 学习目标

（1）能熟练分析机械产品的数控加工工艺，完成各个零件的数控加工与装配。

（2）具备明确的操作规范和实训室使用规范，使学生养成良好的职业习惯。

二、任务准备

加工图 25-1 压印机的备料清单如表 25-1 所示。

表 25-1　压印机的备料清单

序号	规格	数量	材料	备注
1	180 mm×105 mm×24 mm	1	QA235	
2	131 mm×50 mm×30 mm	1	QA235	
3	77.5 mm×60 mm×35 mm	1	QA235	
4	56.5 mm×30 mm×30 mm	1	QA235	
5	141 mm×44 mm×10 mm	1	45#	
6	ϕ70 mm×24 mm	1	45#	
7	ϕ55 mm×25 mm	1	45#	
8	ϕ95 mm×27 mm	1	45#	
9	ϕ45 mm×75 mm	1	45#	
10	ϕ40 mm×105 mm	1	45#	
11	ϕ20 mm×120 mm	1	45#	
12	ϕ50 mm×25 mm	1	H62	
13	碟形弹簧 20 mm×42 mm	1	—	
14	内六角螺钉 M6×30	2	—	
15	平垫圈 M12	2	—	
16	六角螺母-C 级 M10	1	—	
17	六角螺母-C 级 M12	2	—	
18	紧定螺钉 M6×16	1	—	
19	内六角螺钉 M8×12	4	—	
20	弹簧 ϕ28×28	1	—	

学习笔记

三、任务实施

依次分析图 25-1 平口钳各个组成部件的数控加工工艺，选择合理刀具，采用手工编程或自动编程完成各个部件的编程与加工，平口钳的编程与加工思路如表 25-2 所示。

表 25-2　平口钳的编程与加工思路

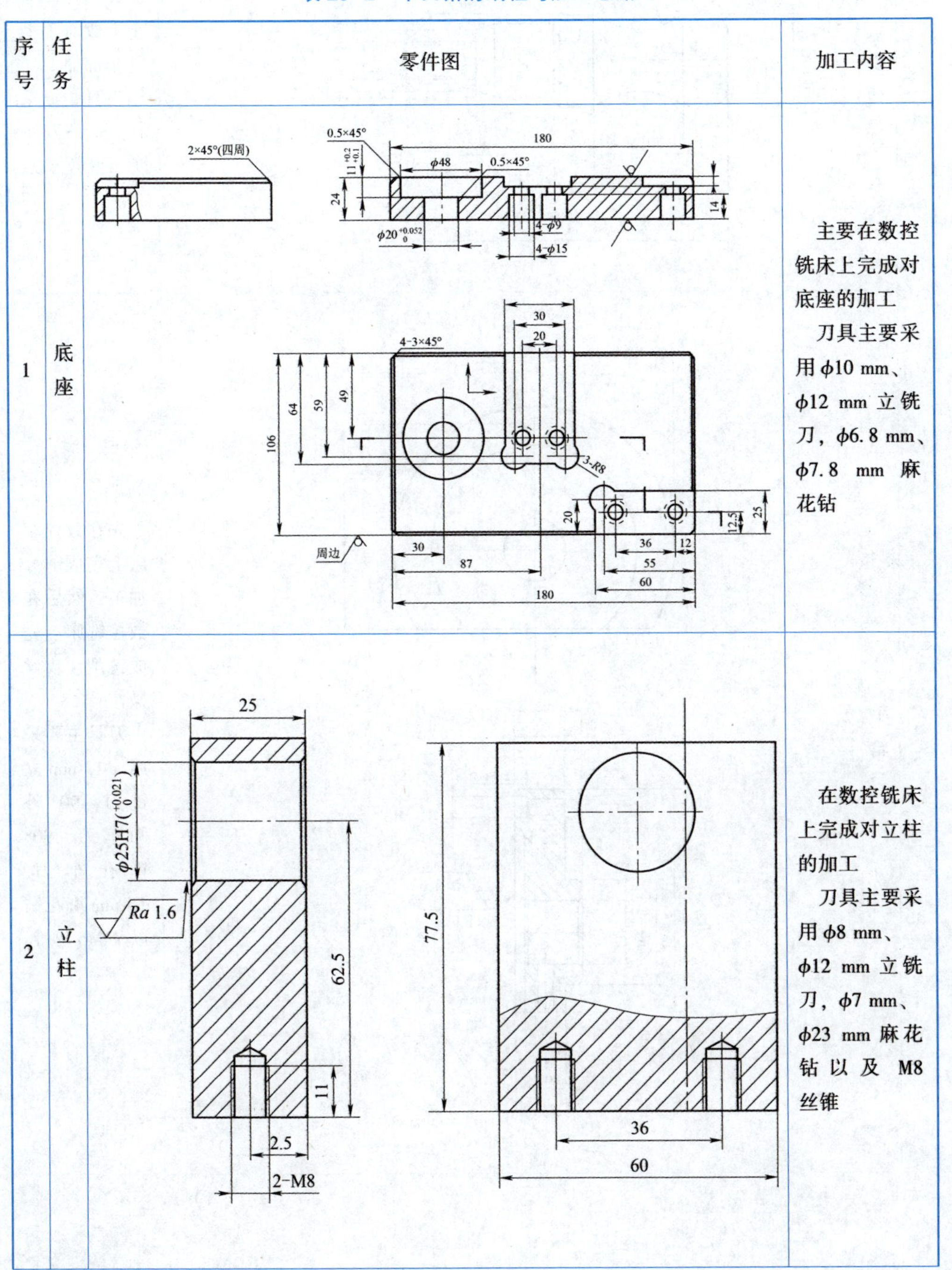

序号	任务	零件图	加工内容
1	底座		主要在数控铣床上完成对底座的加工 刀具主要采用 ϕ10 mm、ϕ12 mm 立铣刀，ϕ6.8 mm、ϕ7.8 mm 麻花钻
2	立柱		在数控铣床上完成对立柱的加工 刀具主要采用 ϕ8 mm、ϕ12 mm 立铣刀，ϕ7 mm、ϕ23 mm 麻花钻以及 M8 丝锥

续表

序号	任务	零件图	加工内容
3	手柄	R3；Ra 1.6；R12.5；1×45°；0.5×45°；$\phi 15^{0}_{-0.05}$；M6；$\phi 10$；$\phi 12$；7.5；15；3；29；13；53.5；Ra 1.6 (√)	在数控车床上完成对手柄的全部加工 刀具主要采用35°外圆车刀、螺纹车刀
4	手轮	$\phi 90$；M6；$\phi 66$；$\phi 90$；39.5；25；21.5；16；4；2-1×45°；$\phi 7H8(^{+0.022}_{0})$；R3；Ra 1.6；70；$\phi 33$；$\phi 20H8(^{+0.033}_{0})$；3-1×45°；M6；3；6.5；16 技术要求： 1. 锐边倒钝。 2. Ra 3.2 (√)	先在数控车床上完成部分加工，然后在数控铣床上完成铣削、攻丝操作 刀具主要采用 $\phi 12$ mm立铣刀、90°外圆车刀、90°镗孔车刀、$\phi 5$ mm麻花钻以及M6丝锥

续表

序号	任务	零件图	加工内容
5	轴	技术要求： 1. 未注倒角为1×45°。 2. Ra 3.2 (√)	先在数控车床上完成大部分外圆加工，然后在数控铣床上完成铣削平面加工 刀具主要选用 ϕ12 mm 立铣刀、90° 外圆车刀、4 mm 宽切槽刀、60° 外螺纹车刀
6	销轴	技术要求： 1. 锐边倒钝。 2. Ra 3.2 (√)	在数控车床完成对销轴大部分的加工，然后在数控铣床上完成铣削平面加工 刀具选用 ϕ12 mm 立铣刀、外圆车刀、切槽刀以及螺纹刀
7	支柱		在数控铣床上完成对支柱全部的加工 刀具选用 ϕ8 mm 立铣刀、ϕ12 mm 立铣刀、M8 丝锥，ϕ6.75 mm、ϕ7 mm、ϕ10 mm 麻花钻

学习笔记

续表

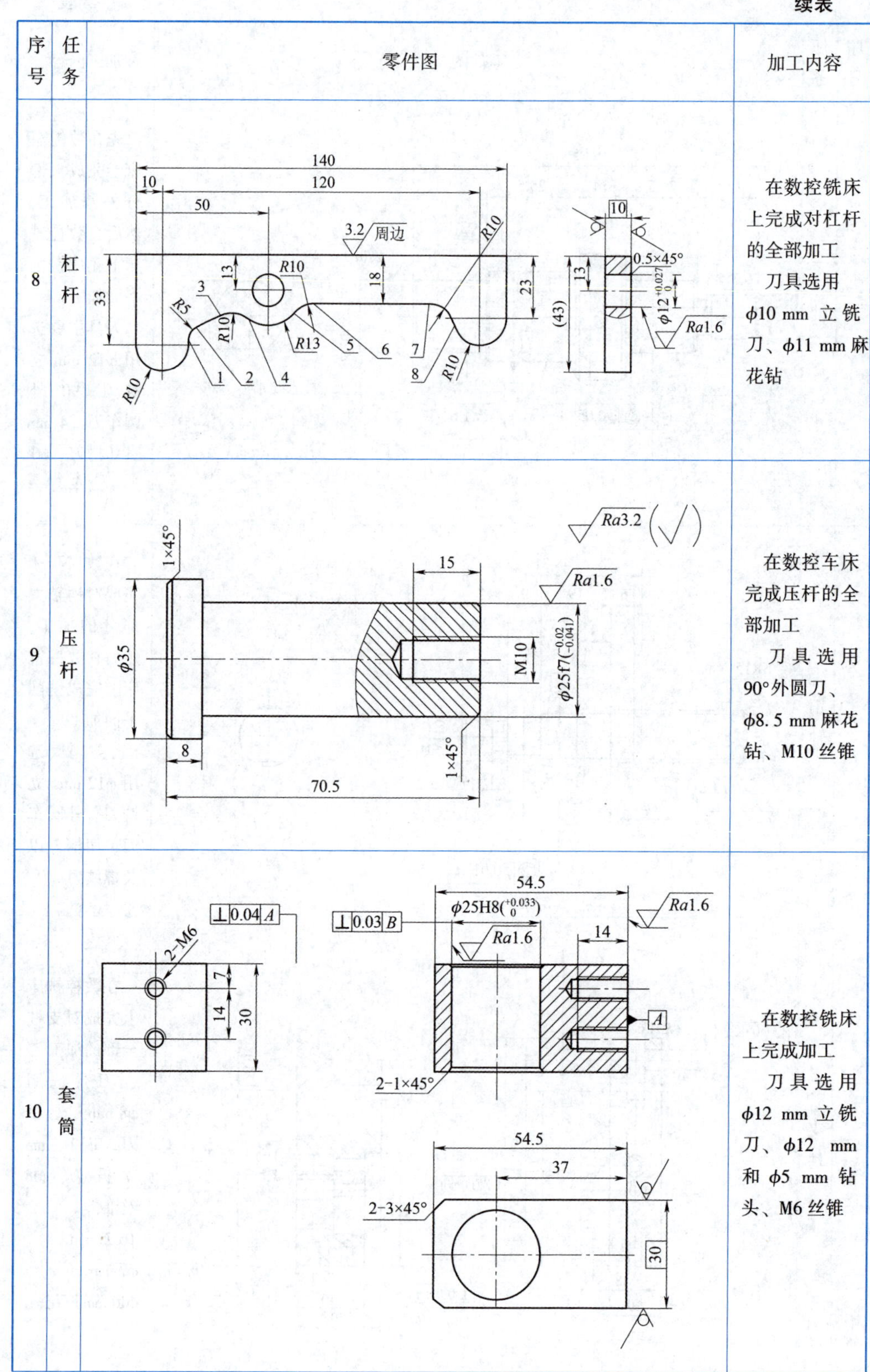

序号	任务	零件图	加工内容
8	杠杆		在数控铣床上完成对杠杆的全部加工 刀具选用 ϕ10 mm 立铣刀、ϕ11 mm 麻花钻
9	压杆		在数控车床完成压杆的全部加工 刀具选用 90°外圆刀、ϕ8.5 mm 麻花钻、M10 丝锥
10	套筒		在数控铣床上完成加工 刀具选用 ϕ12 mm 立铣刀、ϕ12 mm 和 ϕ5 mm 钻头、M6 丝锥

续表

序号	任务	零件图	加工内容
11	压垫	$\phi47$；18；12；3-1×45°；Ra1.6；$\phi20e8(^{-0.04}_{-0.073})$	在数控车床完成压垫的全部加工 刀具选用90°外圆刀
12	凸轮	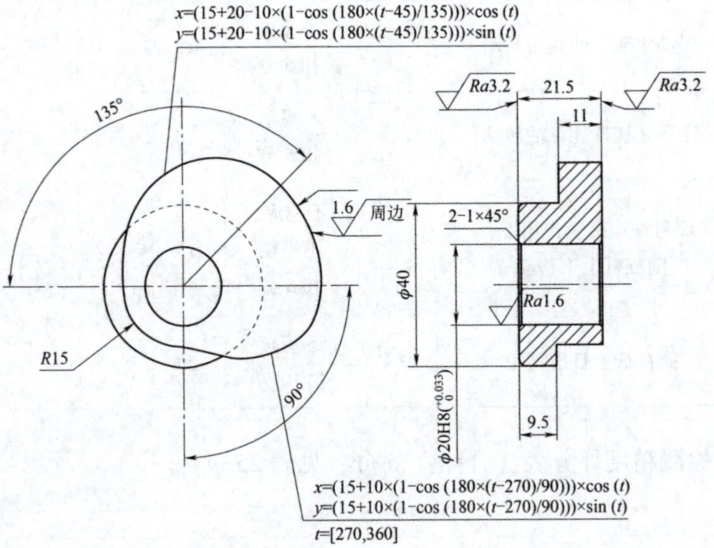 x=(15+20-10×(1-cos (180×(t-45)/135)))×cos (t) y=(15+20-10×(1-cos (180×(t-45)/135)))×sin (t) 135°；1.6 周边；R15；90°；Ra3.2；21.5；11；2-1×45°；$\phi40$；Ra1.6；$\phi20H8(^{+0.033}_{0})$；9.5 x=(15+10×(1-cos (180×(t-270)/90)))×cos (t) y=(15+10×(1-cos (180×(t-270)/90)))×sin (t) t=[270,360]	在数控铣床上完成加工 刀具选用$\phi12$ mm立铣刀
13	钢印	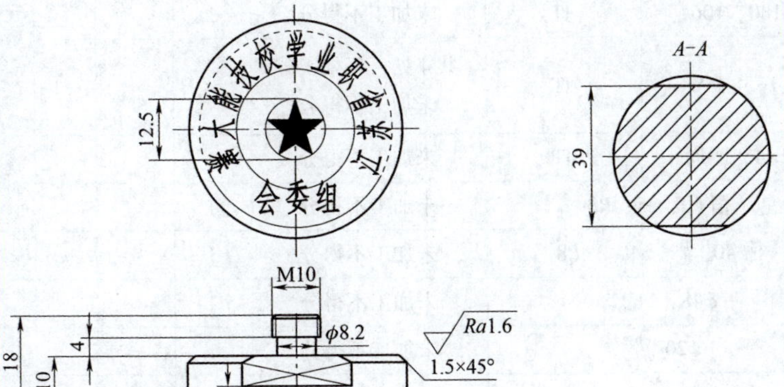 辽宁省职业学校技能大赛组委会；12.5；A-A；39；M10；$\phi8.2$；Ra1.6；18；4；10；4；1.5×45°；Ra1.6；$\phi45$	先在数控车床完成钢印部分加工，然后在数控铣床上完成铣削加工 刀具选用$\phi12$ mm立铣刀、外圆车刀、切槽刀以及螺纹刀

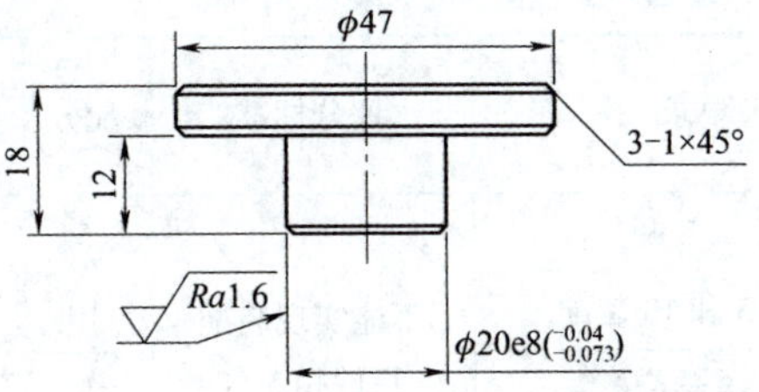

学习笔记

四、任务测评

(1) 压印机的装配评分表（合计：90分，见表25-3）。

表25-3　压印机的装配评分表

<table>
<tr><th>序号</th><th>考核项目</th><th>考核内容及要求</th><th colspan="2">评分标准</th><th>配分</th><th>检测结果</th><th>扣分</th><th>得分</th><th>备注</th></tr>
<tr><td rowspan="4">1</td><td rowspan="4">装配</td><td>完成序号1、2装配</td><td colspan="2" rowspan="4">不能实现装配每件扣5分</td><td>5</td><td></td><td></td><td></td><td></td></tr>
<tr><td>完成序号3、4、5和13装配</td><td>10</td><td></td><td></td><td></td><td></td></tr>
<tr><td>完成序号7、8装配</td><td>5</td><td></td><td></td><td></td><td></td></tr>
<tr><td>完成序号9~12装配</td><td>10</td><td></td><td></td><td></td><td></td></tr>
<tr><td rowspan="4">2</td><td rowspan="4">功能</td><td>摇动手轮，凸轮可转动</td><td rowspan="4">不能实现功能不得分</td><td>不流畅扣5分</td><td>15</td><td></td><td></td><td></td><td></td></tr>
<tr><td>序号8杠杆能灵活转动</td><td>不灵活扣5分</td><td>10</td><td></td><td></td><td></td><td></td></tr>
<tr><td>序号9在弹簧作用下，随杠杆上下移动</td><td>不响应、不平衡扣5分</td><td>15</td><td></td><td></td><td></td><td></td></tr>
<tr><td>能在纸上打出钢印</td><td>不清晰扣10分</td><td>20</td><td></td><td></td><td></td><td></td></tr>
</table>

(2) 底板检测精度评分表（合计：15分，见表25-4）。

表25-4　底板检测精度评分表

<table>
<tr><th>序号</th><th>考核项目</th><th colspan="2">考核内容及要求</th><th>评分标准</th><th>配分</th><th>检测结果</th><th>扣分</th><th>得分</th><th>备注</th></tr>
<tr><td rowspan="3">1</td><td rowspan="3">外形</td><td>180、106</td><td>IT</td><td>未加工不得分</td><td>2</td><td></td><td></td><td></td><td></td></tr>
<tr><td>4-3×45°</td><td>IT</td><td>共4处，每处1分
未加工不得分</td><td>4</td><td></td><td></td><td></td><td></td></tr>
<tr><td>2×45°四周</td><td>IT</td><td>未加工不得分</td><td>1</td><td></td><td></td><td></td><td></td></tr>
<tr><td rowspan="2">2</td><td rowspan="2">槽</td><td colspan="2">槽60、25、$R8$</td><td>未加工不得分</td><td>1</td><td></td><td></td><td></td><td></td></tr>
<tr><td colspan="2">槽$40^{+0.1}_{+0.05}$、64、3-$R8$</td><td>未加工不得分</td><td>1</td><td></td><td></td><td></td><td></td></tr>
<tr><td rowspan="2">3</td><td rowspan="2">孔</td><td colspan="2">$\phi48$、$11^{+0.2}_{+0.1}$</td><td>未加工不得分</td><td>1</td><td></td><td></td><td></td><td></td></tr>
<tr><td colspan="2">$\phi20^{+0.052}_{0}$</td><td>未加工不得分</td><td>1</td><td></td><td></td><td></td><td></td></tr>
<tr><td>4</td><td>沉孔</td><td colspan="2">4-$\phi15$、4-$\phi9$</td><td>共4处，每处1分，
未加工不得分</td><td>4</td><td></td><td></td><td></td><td></td></tr>
<tr><td>记录员</td><td></td><td>检验员</td><td></td><td>复核</td><td></td><td>统分</td><td colspan="3"></td></tr>
</table>

学习笔记

（3）手柄检测精度评分表（合计：7 分，见表 25-5）。

表 25-5　手柄检测精度评分表

序号	考核项目	考核内容及要求		评分标准	配分	检测结果	扣分	得分	备注
1	外圆面	$\phi15_{-0.05}^{0}$、29	IT	未加工不得分	1				
			$Ra1.6$	降一级不得分	1				
		$R3$、1×45°		未加工不得分	1				
2	螺纹	M6		未加工不得分	1				
3	圆弧槽	$R12.5$、15		未加工不得分	1				
		$Ra1.6$		降一级不得分	1				
4	锥面	$\phi10$、3		未加工不得分	1				
记录员		检验员		复核		统分			

（4）手轮检测精度评分表（合计：14 分，见表 25-6）。

表 25-6　手轮检测精度评分表

序号	考核项目	考核内容及要求		评分标准	配分	检测结果	扣分	得分	备注
1	外形	$\phi90$、21.5		未加工不得分	1				
		2-1×45°		共两处，每处 1 分 未加工不得分	2				
		圆缺 25		未加工不得分	1				
2	螺孔	M6		共两处，每处 1 分 未加工不得分	2				
3	外圆	$\phi33$		未加工不得分	1				
4	孔	$\phi20H8$	IT	未加工不得分	1				
			$Ra1.6$	降一级不得分	1				
		3-1×45°		共 3 处，每处 1 分 未加工不得分	3				
5	沉孔	$\phi7H8$		未加工不得分	1				
6	圆槽	$\phi66$、$R3$、3		未加工不得分	1				
记录员		检验员		复核		统分			

（5）轴检测精度评分表（合计：7 分，见表 25-7）。

表 25-7　轴检测精度评分表

序号	考核项目	考核内容及要求	评分标准	配分	检测结果	扣分	得分	备注
1	圆柱面	$\phi20g7$、20.5	未加工不得分	1				
		$\phi35$、14	未加工不得分	1				
		$\phi25h7$、25.5	未加工不得分	1				
		$\phi20h8$	未加工不得分	1				
2	槽	$\phi9\times4$	未加工不得分	1				
3	平面	19、15.5	未加工不得分	1				
4	螺纹	M12	未加工不得分	1				
记录员		检验员		复核		统分		

（6）销轴检测精度评分表（合计：8 分，见表 25-8）。

表 25-8　销轴检测精度评分表

序号	考核项目	考核内容及要求	评分标准	配分	检测结果	扣分	得分	备注
1	圆柱面	$\phi12_{-0.04}^{-0.01}$、19	未加工不得分	1				
		$\phi12h7$、6	未加工不得分	1				
		$2\times\phi16$	未加工不得分	1				
		$\phi10_{-0.07}^{-0.04}$、9	未加工不得分	1				
2	螺纹	M10、12	未加工不得分	1				
3	球	SR15	未加工不得分	1				
4	槽	$4\times\phi8$	未加工不得分	1				
5	平面	14	未加工不得分	1				
记录员		检验员		复核		统分		

（7）支柱检测精度评分表（合计：15 分，见表 25-9）。

表 25-9　支柱检测精度配分表

序号	考核项目	考核内容及要求	评分标准	配分	检测结果	扣分	得分	备注
1	外形	130.5、50、30	未加工不得分	1				
		$R13$	未加工不得分	1				
		64.5	未加工不得分	1				
		46.17°	未加工不得分	1				

学习笔记

续表

序号	考核项目	考核内容及要求		评分标准	配分	检测结果	扣分	得分	备注
2	槽	$10^{+0.2}_{+0.1}$、22.5		未加工不得分	1				
3	销孔	$\phi10^{+0.015}_{0}$	IT	未加工不得分	1				
			*Ra*1.6	降一级不得分	1				
		ϕ12H7	IT	未加工不得分	1				
			*Ra*1.6	降一级不得分	1				
4	沉孔	2-ϕ7		共两处，每处1分 未加工不得分	2				
		2-ϕ11.8		共两处，每处1分 未加工不得分	2				
5	螺孔	2-M8		共两处，每处1分 未加工不得分	2				
记录员		检验员		复核		统分			

（8）杠杆检测精度评分表（合计：7分，见表25-10）。

表25-10 杠杆检测精度配分表

序号	考核项目	考核内容及要求		评分标准	配分	检测结果	扣分	得分	备注
1	外形	140、43、10		未加工不得分	1				
		2-*R*10		共两处，每处1分 未加工不得分	2				
		其余轮廓		未加工不得分	1				
2	孔	$\phi12^{+0.027}_{0}$	IT	未加工不得分	1				
			*Ra*1.6	降一级不得分	1				
		2-0.5×45°		共两处，每处1分 未加工不得分	1				
记录员		检验员		复核		统分			

（9）钢印检测精度评分表（合计：18 分，见表 25-11）。

表 25-11　钢印检测精度配分表

<table>
<tr><th rowspan="2">序号</th><th rowspan="2">考核项目</th><th rowspan="2" colspan="2">考核内容及要求</th><th rowspan="2">评分标准</th><th rowspan="2">单件配分</th><th colspan="2">检测结果</th><th rowspan="2">扣分</th><th rowspan="2">得分</th><th rowspan="2">备注</th></tr>
<tr><th>件 1</th><th>件 2</th></tr>
<tr><td rowspan="4">1</td><td rowspan="4">外圆面</td><td rowspan="2">$\phi45$、10</td><td>IT</td><td>未加工不得分</td><td>1</td><td></td><td></td><td></td><td></td><td rowspan="4"></td></tr>
<tr><td>$Ra1.6$</td><td>共三处，每处 1 分
降一级不得分</td><td>3</td><td></td><td></td><td></td><td></td></tr>
<tr><td colspan="2">倒角 1.5×45°</td><td>未加工不得分</td><td>1</td><td></td><td></td><td></td><td></td></tr>
<tr><td>$\phi8.2$、4</td><td>IT</td><td>未加工不得分</td><td>1</td><td></td><td></td><td></td><td></td></tr>
<tr><td>2</td><td>螺纹</td><td colspan="2">M10</td><td>未加工不得分</td><td>1</td><td></td><td></td><td></td><td></td><td></td></tr>
<tr><td>3</td><td>平面</td><td colspan="2">39</td><td>未加工不得分</td><td>1</td><td></td><td></td><td></td><td></td><td></td></tr>
<tr><td>4</td><td>刻字</td><td colspan="2">字、五角星</td><td>有明显缺陷扣 5 分
未加工不得分</td><td>10</td><td></td><td></td><td></td><td></td><td></td></tr>
<tr><td colspan="2">记录员</td><td colspan="2">检验员</td><td>复核</td><td colspan="2"></td><td colspan="2">统分</td><td colspan="2"></td></tr>
</table>

（10）凸轮检测精度评分表（合计：15 分，见表 25-12）。

表 25-12　凸轮检测精度配分表

<table>
<tr><th>序号</th><th>考核项目</th><th colspan="2">考核内容及要求</th><th>评分标准</th><th>配分</th><th>检测结果</th><th>扣分</th><th>得分</th><th>备注</th></tr>
<tr><td rowspan="2">1</td><td rowspan="2">凸轮面</td><td rowspan="2">凸轮轮廓、11</td><td>IT</td><td>有明显缺陷扣 3 分
未加工不得分</td><td>6</td><td></td><td></td><td></td><td rowspan="6"></td></tr>
<tr><td>$Ra1.6$</td><td>降一级不得分</td><td>1</td><td></td><td></td><td></td></tr>
<tr><td rowspan="3">2</td><td rowspan="3">孔</td><td rowspan="2">$\phi20H8$</td><td>IT</td><td>未加工不得分</td><td>1</td><td></td><td></td><td></td></tr>
<tr><td>$Ra1.6$</td><td>降一级不得分</td><td>1</td><td></td><td></td><td></td></tr>
<tr><td colspan="2">倒角 2-1×45°</td><td>共两处，每处 1 分
未加工不得分</td><td>2</td><td></td><td></td><td></td></tr>
<tr><td>3</td><td>外圆</td><td colspan="2">$\phi40$、9.5</td><td>共两处，每处 1 分
未加工不得分</td><td>4</td><td></td><td></td><td></td></tr>
<tr><td colspan="2">记录员</td><td colspan="2">检验员</td><td>复核</td><td colspan="2"></td><td>统分</td><td colspan="2"></td></tr>
</table>

（11）其他零件检测精度评分表（合计：5+6+8+6=25 分，见表 25-13）。

表 25-13　其他零件检测精度配分表

序号	考核项目	考核内容及要求		评分标准	配分	检测结果	扣分	得分	备注
1	立柱	外形 77.5、60、25		未加工不得分	1				
		孔 ϕ25H7	IT	未加工不得分	1				
			*Ra*1.6	降一级不得分	1				
		螺纹 2-M8		共两处，每处 1 分，未加工不得分	2				
2	压杆	外圆	ϕ35、8	未加工不得分	1				
			ϕ25f7、70.2	未加工不得分	1				
		螺纹 M10		未加工不得分	1				
		1×45°		共两处，每处 1 分，未加工不得分	2				
		*Ra*1.6		降一级不得分	1				
3	套筒	外形 30、30、54.5		未加工不得分	1				
		倒角 2-3×45°		共两处，每处 1 分，未加工不得分	2				
		孔 ϕ25H8	IT	未加工不得分	1				
			*Ra*1.6	降一级不得分	1				
		倒角 2-1×45°		共两处，每处 1 分，未加工不得分	2				
		2-M6		共两处，每处 1 分，未加工不得分	2				
		外形 30、30、54.5		未加工不得分	1				
		倒角 2-3×45°		共两处，每处 1 分，未加工不得分	2				
		孔 ϕ25H8	IT	未加工不得分	1				
			*Ra*1.6	降一级不得分	1				
		倒角 2-1×45°		共两处，每处 1 分，未加工不得分	2				
		2-M6		共两处，每处 1 分，未加工不得分	2				
4	压垫	ϕ47、18		未加工不得分	1				
		ϕ20e8、2		未加工不得分	1				
		3-1×45°		共两处，每处 1 分，未加工不得分	3				
		*Ra*1.6		降一级不得分	1				
记录员		检验员		复核		统分			

五、拓展练习

在压印机加工完毕后，试优化设计，撰写产品的设计和使用说明书，设计 PPT 完成汇报。

任务 26 摇杆滑块机构的加工

一、工作任务

1. 任务描述

设计一台摇杆滑块机构，如图 26-1 所示，试利用所学完成摇杆机构的数控加工并装配调试运行。

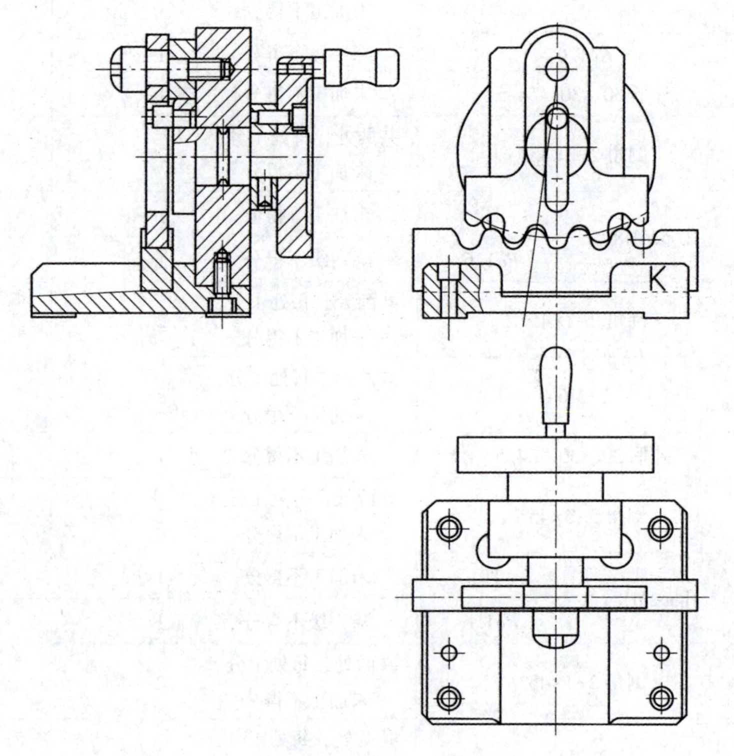

图 26-1　摇杆滑块机构装配图

2. 学习目标

摇杆滑块机构

（1）能熟练分析机械产品的数控加工工艺，完成各个零件的数控加工与装配。

（2）具备明确的操作规范和实训室使用规范，使学生养成良好的职业习惯。

二、任务准备

加工摇杆滑块机构的备料清单如表 26-1 所示。

表 26-1　加工摇杆滑块机构的备料清单

规格	数量	材料	备注
120 mm×100 mm×28 mm	1	QA235	
115 mm×60 mm×25 mm	1	QA235	
100 mm×90 mm×10 mm	1	QA235	
134 mm×32 mm×14 mm	1	QA235	
ϕ95 mm×20 mm	1	45#	
ϕ30 mm×65 mm	2	45#	
ϕ55 mm×100 mm	2	45#	
ϕ20 mm×85 mm	2	45#	
内六角圆柱头螺 M6×16	3	—	
开槽平端紧定螺钉 M6×12	1	—	
内六角圆柱头螺钉 M6×20	2	—	

三、任务实施

摇杆滑块机构的编程与加工思路如表 26-2 所示。

表 26-2　摇杆滑块机构的编程与加工思路

序号	名称	零件图	加工内容
1	底板	$50^{+0.15}_{+0.1}$　4-ϕ11　2-R5　7　2×45°(两边)　2　4-ϕ7 120　$60^{+0.03}_{-0.03}$　Ra1.6　Ra1.6　54　36　12.5　4-5×45°　12　36 ± 0.03　$25^{+0.1}_{0}$　22　2-R8　Ra1.6　Ra1.6　100　14(配铣)　96 ± 0.03　76　20　2-ϕ8H7($^{+0.015}_{0}$)　Ra1.6　96 (24)　6　$10^{0}_{-0.05}$　80　4-5×45°　2-ϕ11　2-ϕ7　12.5 ± 0.03　60　4-R8　4×45°　Ra1.6　2 技术要求： 1. 宽14槽与件YGJG-11齿条相配，配合间隙0.05~0.09 mm 2. 锐边倒钝 3. $\sqrt{Ra\ 6.3}$ ($\sqrt{}$)	主要在数控铣床上完成对底板的加工 刀具选用ϕ10 mm、ϕ12 mm立铣刀，ϕ7.8 mm麻花钻，ϕ8 mm铰刀

续表

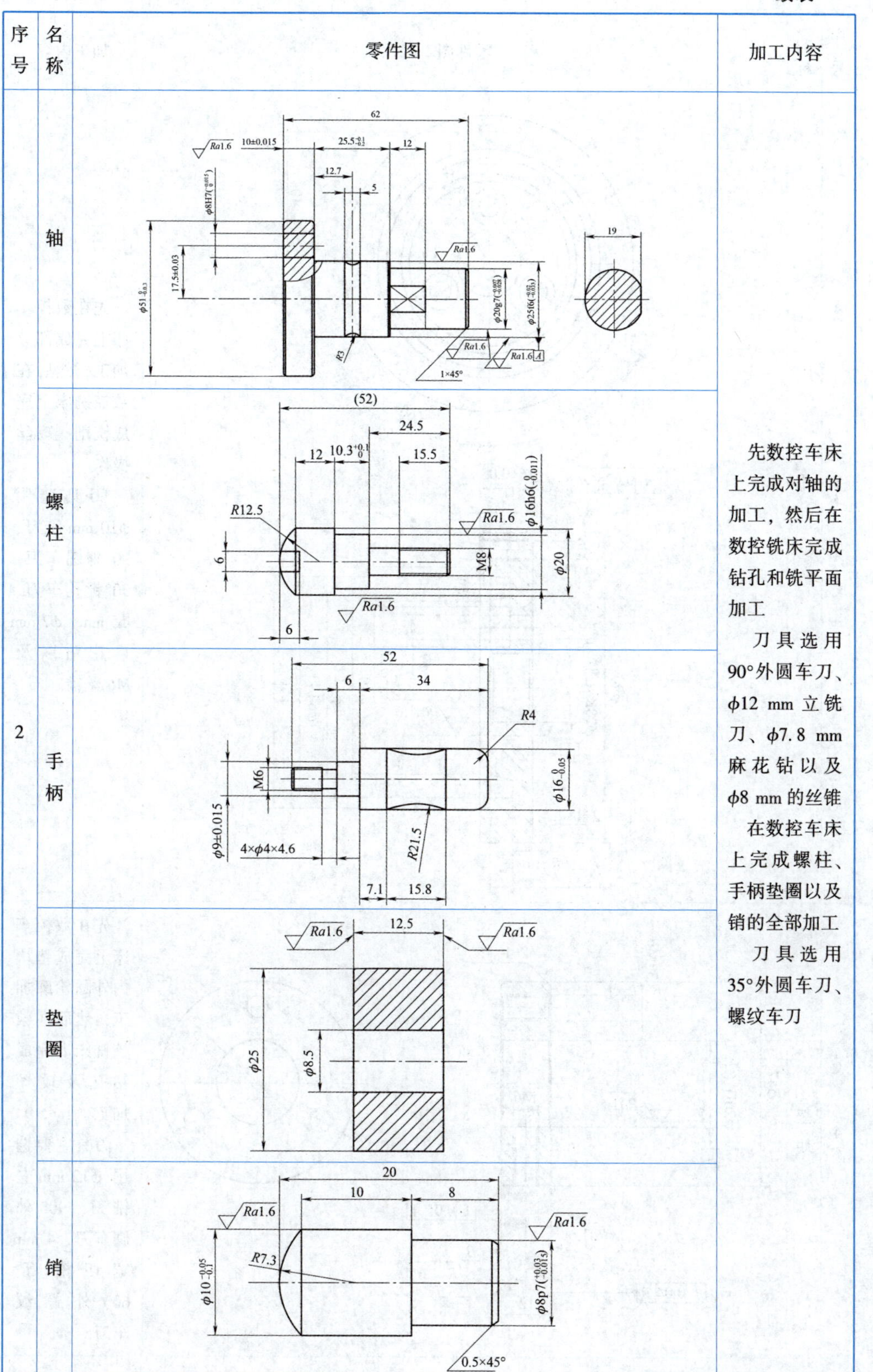

序号	名称	零件图	加工内容
2	轴		先数控车床上完成对轴的加工，然后在数控铣床完成钻孔和铣平面加工 刀具选用90°外圆车刀、ϕ12 mm立铣刀、ϕ7.8 mm麻花钻以及ϕ8 mm的丝锥 在数控车床上完成螺柱、手柄垫圈以及销的全部加工 刀具选用35°外圆车刀、螺纹车刀
	螺柱		
	手柄		
	垫圈		
	销		

续表

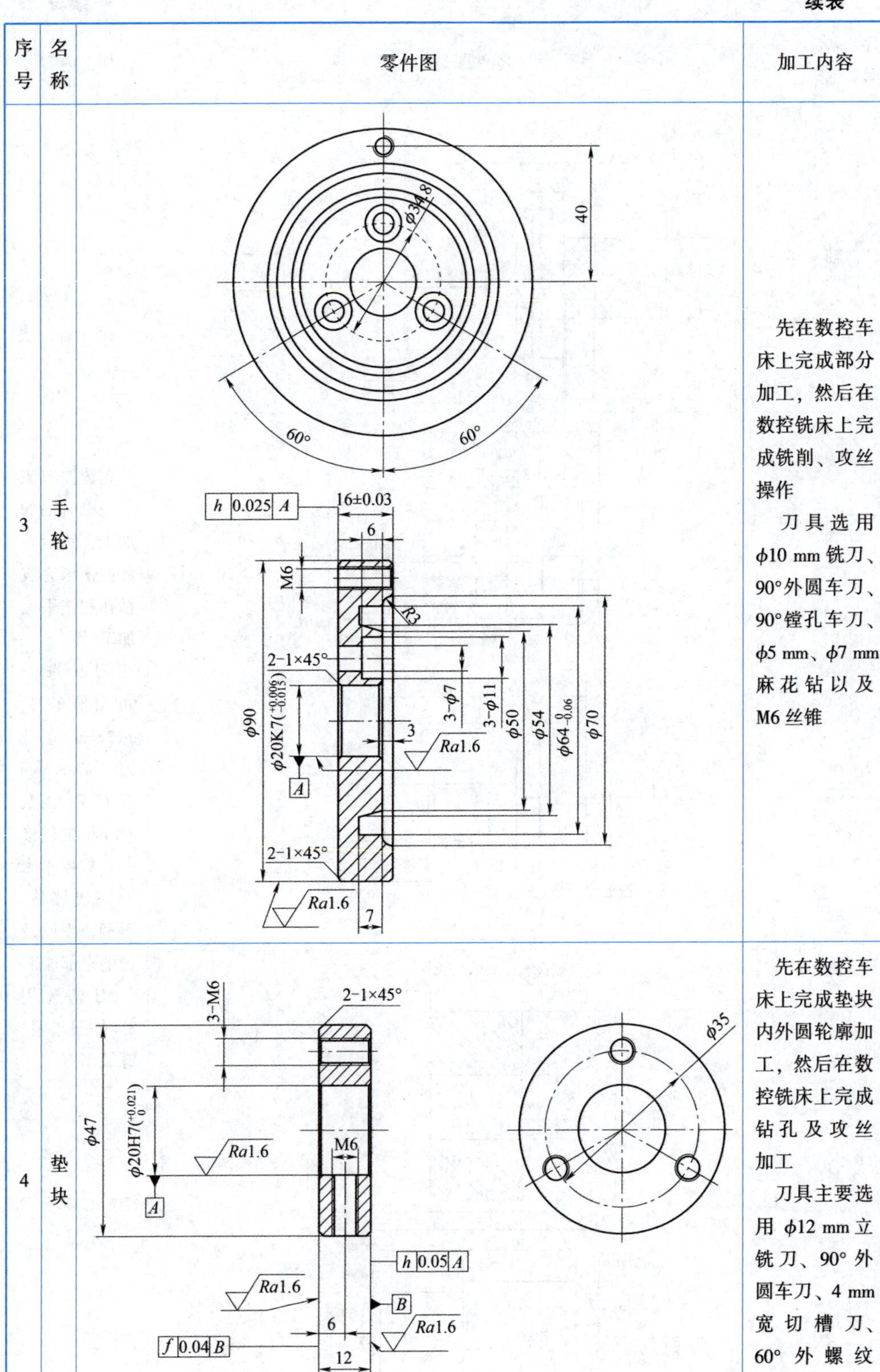

序号	名称	零件图	加工内容
3	手轮		先在数控车床上完成部分加工，然后在数控铣床上完成铣削、攻丝操作 刀具选用 φ10 mm 铣刀、90°外圆车刀、90°镗孔车刀、φ5 mm、φ7 mm 麻花钻以及 M6 丝锥
4	垫块		先在数控车床上完成垫块内外圆轮廓加工，然后在数控铣床上完成钻孔及攻丝加工 刀具主要选用 φ12 mm 立铣刀、90° 外圆车刀、4 mm 宽切槽刀、60° 外螺纹车刀

续表

序号	名称	零件图	加工内容
5	摆轮	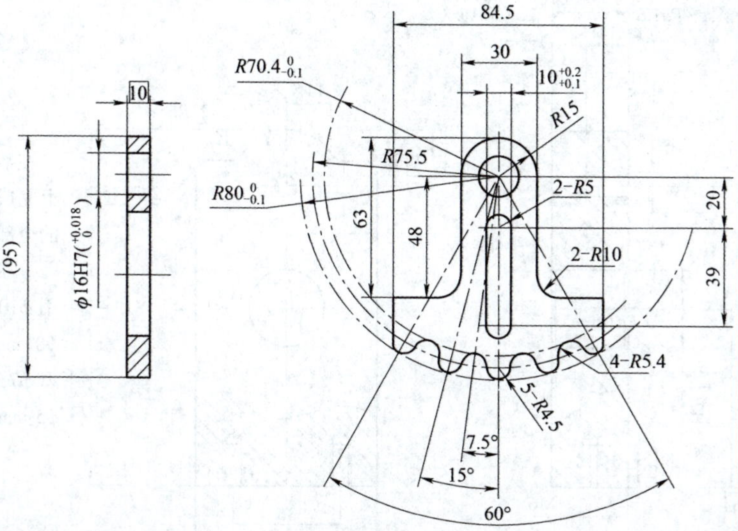 84.5; 30; $10^{+0.2}_{+0.1}$; $R70.4^{\ 0}_{-0.1}$; 10; R15; R75.5; 2-R5; $R80^{\ 0}_{-0.1}$; 20; 63; 48; (95); $\phi16H7(^{+0.018}_{\ 0})$; 2-R10; 39; 4-R5.4; 5-R4.5; 7.5°; 15°; 60°	在数控铣床上完成摆轮的全部加工 刀具选用 ϕ10 mm 立铣刀
6	齿条	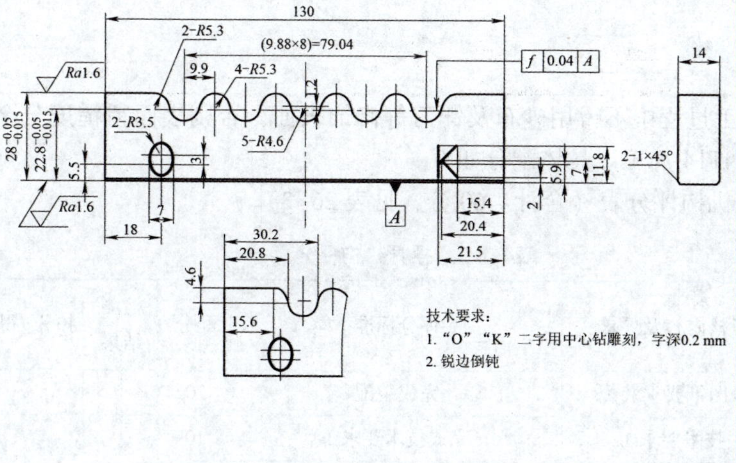 130; 2-R5.3; (9.88×8)=79.04; 9.9; 4-R5.3; 2.2; f 0.04 A; 14; Ra1.6; 2-R3.5; 5-R4.6; $28^{-0.05}_{-0.015}$; $22.8^{-0.05}_{-0.015}$; 5.5; 3; 11.8; 7; 5.9; 2-1×45°; 2; 15.4; 20.4; 21.5; 18; 7; A; 30.2; 20.8; 4.6; 15.6 技术要求： 1. “O”“K”二字用中心钻雕刻，字深0.2 mm 2. 锐边倒钝	在数控铣床上完成对齿条轮廓的全部加工 刀具选用 ϕ8 mm 立铣刀、中心钻

续表

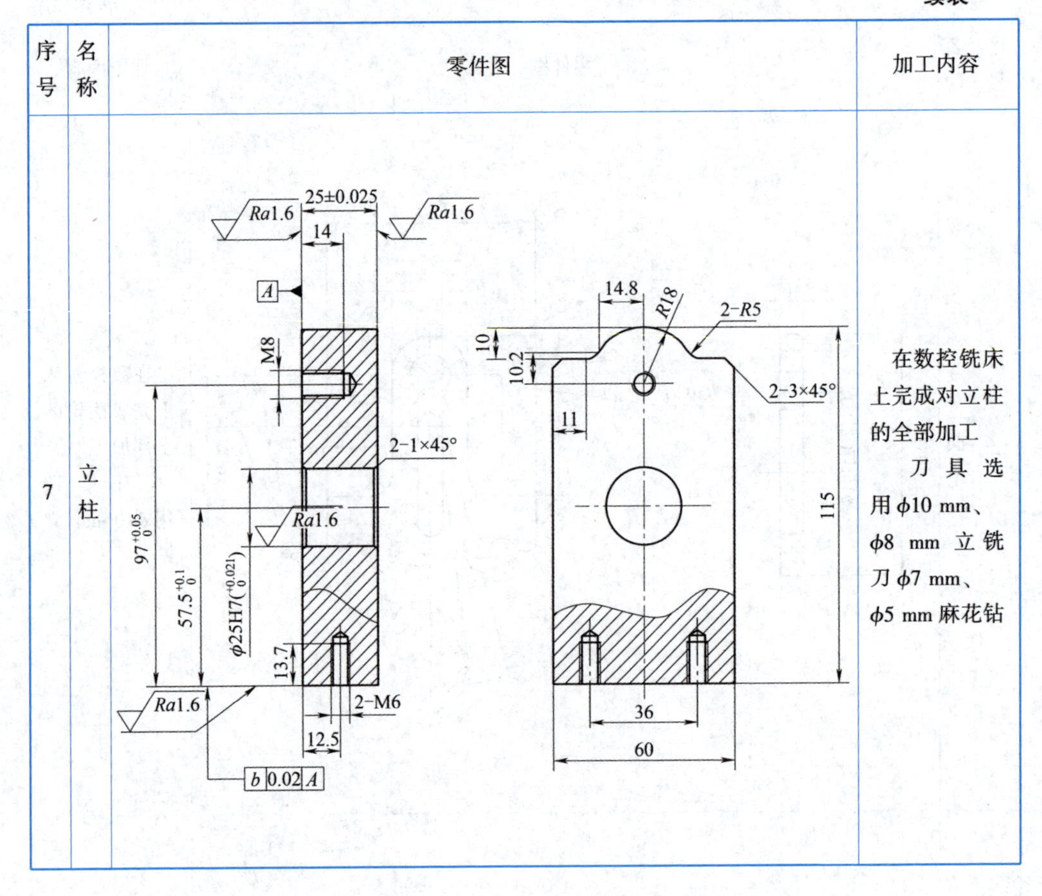

序号	名称	零件图	加工内容
7	立柱		在数控铣床上完成对立柱的全部加工 刀具选用 ϕ10 mm、ϕ8 mm 立铣刀 ϕ7 mm、ϕ5 mm 麻花钻

四、任务测评

在零件加工过程中不得用砂布及锉刀等修饰表面，否则表面粗糙度分全扣。未注公差尺寸按 IT14 加工。具体配分如下。

（1）摇杆机构评分表（合计：60 分，见表 26-3）。

表 26-3　摇杆机构评分表

序号	考核项目	考核内容及要求	评分标准	配分	检测结果	扣分	得分	备注
1	装配	按图纸要求装配	完成装配	20				
2	功能	技术要求 1	完成技术要求 1	10				
		技术条件 2	齿轮齿条啮合	10				
			齿条左右移动，显示 OK	10				
		技术条件 3	完成技术条件 3	10				
记录员		检验员		复核		统分		

（2）底板检测精度评分表（合计：25分，见表26-4）。

表 26-4　底板检测精度评分表

序号	考核项目	考核内容及要求		评分标准	配分	检测结果	扣分	得分	备注
1	外形	120、100	IT	未加工不得分	2				
		4-5×45°	IT	每处1分，未加工不得分	4				
		2×45°	IT	共两处，每处1分未加工不得分	2				
2	槽	配铣槽14、36±0.03、12		未加工不得分	1				
		槽$60^{+0.03}_{-0.03}$、22、2-R8		未加工不得分	1				
3	斜面	$50^{+0.15}_{+0.1}$、2		未加工不得分	2				
4	凸台	2-R5、4×45°		共两处，每处1分，未加工不得分	2				
		2×45°		未加工不得分	1				
5	沉孔	2-ϕ11，2-ϕ7		共6处，每处1分，未加工不得分	6				
6	销孔	2-ϕ8H7		共两处，每处1分，未加工不得分	2				
7	底座	80、60、4-R8		共4处，每处1分，未加工不得分	2				
记录员		检验员		复核		统分			

（3）齿条检测精度评分表（合计：9分，见表26-5）。

表 26-5　齿条检测精度评分表

序号	考核项目	考核内容及要求	评分标准	配分	检测结果	扣分	得分	备注
1	外形	$28^{-0.05}_{-0.015}$、14、130	未加工不得分	1				
		倒角2-1×45°	共两处，每处1分未加工不得分	2				
2	刻字	字O	有明显缺陷扣1分	2				
		字K	有明显缺陷扣1分	2				
3	圆弧齿	79.04、4-R5.3	有明显缺陷扣1分，未加工不得分	2				
记录员		检验员	复核		统分			

（4）摆轮检测精度评分表（合计：7分，见表26-6）。

表26-6　摆轮检测精度评分表

序号	考核项目	考核内容及要求	评分标准	配分	检测结果	扣分	得分	备注
1	孔槽	孔 $\phi16H7$	有明显缺陷扣1分	2				
		$10^{+0.2}_{+0.1}$、39、2-$R5$	未加工不得分	1				
2	外形	84.5、95、10、30、$R15$、63、2-$R10$	有明显缺陷扣1分，未加工不得分	2				
3	圆弧齿	4-$R5.4$、5-$R4.5$	有明显缺陷扣1分，未加工不得分	2				
记录员		检验员		复核		统分		

（5）轴检测精度评分表（合计：5分，见表格26-7）。

表26-7　轴检测精度评分表

序号	考核项目	考核内容及要求	评分标准	配分	检测结果	扣分	得分	备注
1	圆柱面	$\phi51^{0}_{-0.03}$、10±0.015	未加工不得分	1				
		$\phi25f6$、$25^{-0.1}_{-0.2}$	未加工不得分	1				
		$\phi20g7$	未加工不得分	1				
2	圆弧槽	$R3$、5	未加工不得分	1				
3	平面	19、12	未加工不得分	1				
记录员		检验员		复核		统分		

（6）手柄检测精度评分表（合计：6分，见表26-8）。

表26-8　手柄检测精度评分表

序号	考核项目	考核内容及要求	评分标准	配分	检测结果	扣分	得分	备注
1	圆柱面	$\phi16^{0}_{-0.05}$、34	未加工不得分	1				
		$\phi9$±0.015、6	未加工不得分	1				
2	螺纹	M6	未加工不得分	1				
3	圆弧	圆弧槽 $R21.5$、15.8	未加工不得分	1				
		$R4$	未加工不得分	1				
4	槽	$\phi4×4.6$	未加工不得分	1				
记录员		检验员		复核		统分		

（7）手轮检测精度评分表（合计：12 分，见表 26-9）。

表 26-9　手轮检测精度评分表

序号	考核项目	考核内容及要求	评分标准	配分	检测结果	扣分	得分	备注
1	外形	ϕ90、16±0.03	未加工不得分	1				
		2-1×45°	共两处，每处 1 分 未加工不得分	2				
2	螺孔	M6	未加工不得分	1				
3	孔	ϕ20K7	未加工不得分	1				
		2-1×45°	共两处，每处 1 分 未加工不得分	2				
4	沉孔	3-ϕ7、3-ϕ11	共 3 处，每处 1 分 未加工不得分	3				
5	端面槽	$\phi64_{-0.06}^{0}$、 ϕ54、7、ϕ50	未加工不得分	1				
6	圆槽	ϕ70、R3、3	未加工不得分	1				
记录员		检验员	复核		统分			

（8）螺柱检测精度评分表（合计：5 分，见表 26-10）。

表 26-10　螺柱检测精度评分表

序号	考核项目	考核内容及要求	评分标准	配分	检测结果	扣分	得分	备注
1	圆柱面	ϕ20、12	未加工不得分	1				
		ϕ16h6、$10.3_{0}^{+0.1}$	未加工不得分	1				
2	螺纹	M8	未加工不得分	1				
3	圆弧	R12.5	未加工不得分	1				
4	槽	6	未加工不得分	1				
记录员		检验员	复核		统分			

（9）立柱检测精度评分表（合计：10 分，见表 26-11）。

表 26-11 立柱检测精度评分表

序号	考核项目	考核内容及要求	评分标准	配分	检测结果	扣分	得分	备注
1	外形	60、115、25±0.025	未加工不得分	1				
		*R*18	未加工不得分	1				
		2-3×45°	共两处，每处 1 分 未加工不得分	2				
2	螺孔	M8	未加工不得分	1				
		2-M6	共两处，每处 1 分	2				
3	孔	ϕ25H7	未加工不得分	1				
		2-1×45°	共两处，每处 1 分	2				
记录员		检验员		复核		统分		

（10）其他零件检测精度评分表（合计：12 分，见表 26-12）。

表 26-12 其他零件检测精度评分表

序号	考核项目	考核内容及要求	评分标准	配分	检测结果	扣分	得分	备注
1	销	圆柱 ϕ8p7、8	未加工不得分	1				
		0.5×45°	未加工不得分	1				
		圆柱 $\phi10_{-0.1}^{-0.05}$、10	未加工不得分	1				
		*R*7.3	未加工不得分	1				
2	垫圈	外形 ϕ25、12.5	未加工不得分	1				
		孔 ϕ8.5	未加工不得分	1				
3	垫块	外形 ϕ47、12、2-1×45°	未加工不得分	1				
		螺孔 M6、3-M6	共 4 处，每处 1 分	4				
		孔 ϕ20H7	未加工不得分	1				
记录员		检验员		复核		统分		

学习笔记

（11）球面块检测精度评分表（合计：13分，见表26-13）。

表26-13　球面块检测精度评分表

序号	考核项目	考核内容及要求		评分标准	配分	检测结果	扣分	得分	备注
1	球面	SR19	IT	未加工不得分	2				抽检球面块1和2中其一
			$Ra1.6$	降一级不得分	1				
2	长度	39±0.02	IT	超差0.01扣1分	1				
		内、外倒角2×45°		共4处，每处1分 未加工不得分	4				
3	孔	ϕ10、1	IT	未加工不得分	1				球面块1
		ϕ25、6.7	IT	未加工不得分	1				
		ϕ30、6.3	IT	未加工不得分	1				
4	其他	球面块2侧面上的平面		未加工不得分	1				
		球面块1、2切割分离		未加工不得分	1				
记录员		检验员		复核		统分			

（12）球头杆检测精度评分表（合计：12分，见表26-14）。

表26-14　球头杆检测精度评分表

序号	考核项目	考核内容及要求		评分标准	配分	检测结果	扣分	得分	备注
1	球面	SR19	IT	未加工不得分	3				
			$Ra1.6$	降一级不得分	1				
2	圆柱面	$\phi50_{-0.06}^{-0.03}$、10	IT	未加工不得分	1				
		倒角1×45°		共两处，每处1分 未加工不得分	2				
3	孔	4-ϕ7		共两处，每处1分 未加工不得分	4				
4	锥面	ϕ24、ϕ20、33.8		未加工不得分	1				
记录员		检验员		复核		统分			

（13）导杆检测精度评分表（合计：6+6=12 分，见表 26-15）。

表 26-15　导杆检测精度评分表

序号	考核项目	考核内容及要求		评分标准	单件配分	检测结果		扣分	得分	备注
						件 1	件 2			
1	外圆面	$\phi10_{-0.10}^{-0.05}$、90	IT	未加工不得分	1					共两件
			$Ra1.6$	降一级不得分	1					
		$\phi8_{-0.03}^{-0}$、110	IT	未加工不得分	1					
			$Ra1.6$	降一级不得分	1					
		倒角 1×45°		共两处，每处 1 分 未加工不得分	2					
记录员		检验员		复核		统分				

五、拓展练习

在摇杆滑块机构加工完毕后，试优化设计，撰写产品的设计和使用说明书，设计 PPT 完成汇报。

学习笔记

附　录

表 1　实践过程记录表

<table>
<tr><td colspan="2">加工内容</td><td colspan="2"></td><td>加工起止时间</td><td colspan="2">____时____分至____时____分</td></tr>
<tr><td colspan="2">设备名称</td><td></td><td>夹具名称</td><td></td><td>工件材料</td><td></td></tr>
<tr><td rowspan="11">加工步骤</td><td colspan="2">刀具装夹</td><td colspan="4">刀具规格：________________
刀具装夹注意事项：________________
________________</td></tr>
<tr><td colspan="2">工件装夹</td><td colspan="4">毛坯尺寸：________
工件装夹注意事项：________</td></tr>
<tr><td colspan="2">程序输入</td><td colspan="4"></td></tr>
<tr><td colspan="2">对刀及参数设置</td><td colspan="4">画出对刀点位置：(画在零件图样上)
G_ ：X_　Y_　Z_</td></tr>
<tr><td colspan="2">模拟检验
机床锁住空运行情况</td><td colspan="4"></td></tr>
<tr><td colspan="2">检验结果分析</td><td colspan="4"></td></tr>
<tr><td colspan="2">回零</td><td colspan="4"></td></tr>
<tr><td colspan="2">倍率开关设置</td><td colspan="4"></td></tr>
<tr><td colspan="2">自动加工
(1) 绘出刀具运动轨迹；
(2) 标出实际切削
速度及背吃刀量</td><td colspan="4"></td></tr>
<tr><td colspan="2">测量工具名称及规格</td><td colspan="4"></td></tr>
<tr><td colspan="2">加工结果分析</td><td colspan="4"></td></tr>
<tr><td></td><td colspan="2">关机</td><td colspan="4"></td></tr>
</table>

表 2　任务评测表

序号	项目与权重	技术要求	评分标准	配分	检测记录			得分
					自测	互测	实测	
1	学习纪律（20%）	准时到达学习场所	迟到全扣	5				
2		学习资料齐全	不合格全扣	5				
3		学习过程专注认真	不认真全扣	10				
4	程序与工艺（25%）	掌握相关指令	没掌握全扣	5				
5		程序格式规范	不规范全扣	10				
6		程序正确、完整	不正确全扣	5				
7		加工工艺合理	不合理全扣	5				
8	操作加工（30%）	机床操作熟练	不熟练全扣	5				
9		坐标系设定正确	不正确全扣	5				
10		进给参数设置合理	不合理全扣	5				
11		轮廓正确	不合格全扣	10				
12		零件测量	不合格全扣	5				
13	文明素养（25%）	操作规范	不规范全扣	10				
14		意外情况处理合理	不合理全扣	5				
15		机床维护保养	不合格全扣	5				
16		学习场所整理	不合格全扣	5				
合　　计				100				
教师点评								

说明：1. 先自己检测完成任务的情况，再与同学互检，合格后交指导教师评分，教师签字后方可进行下一任务的实训。

2. 计算得分：自测和互测成绩各占 30%，实测成绩占 40%。

参考文献

[1] 杜军 . FANUC 数控编程手册 [M]. 北京：化学工业出版社，2017.
[2] 徐文静，于海洋 . 数控机床操作教程 [M]. 北京：中国铁道出版社，2017.
[3] 周虹 . 使用数控车床的零件加工 [M]. 北京：高等教育出版社，2016.
[4] 张德红 . 数控机床编程与操作 [M]. 北京：机械工业出版社，2016.
[5] 任国兴 . 数控车床加工工艺与编程操作第 2 版 [M]. 北京：机械工业出版社，2014.
[6] 王志斌 . 数控铣床编程与操作 [M]. 北京：北京大学出版社，2013.
[7] 吕宜忠 . 数控编程与操作 [M]. 北京：机械工业出版社，2013.
[8] 张玉兰 . 数控加工编程与操作 [M]. 北京：机械工业出版社，2017.
[9] 张喜江 . 加工中心宏程序应用案例作 [M]. 北京：金盾出版社，2013.